《設計機器學習系統》的讚譽

要成為一名高效的機器學習工程師，需要了解的資訊實在是太多了。從龐雜的資訊中提取關鍵資訊十分困難，但 Chip 在這本書中做到了這一點，這令人佩服。如果你認真對待生產環境 ML，並且關心 ML 系統的端到端設計和實作，那麼這本書必不可少。

— *Laurence Moroney*，*Google AI 和 ML* 主管

此著作專注於生產環境的 ML 系統設計，是了解其背後首要法則的最佳資源之一。乃重點瀏覽工具和平台選項的必讀之作。

— *Goku Mohandas*，*Made With ML* 創辦人

Chip 的手冊是我們值得擁有的書，也正是我們現在需要的書。在蓬勃發展卻凌亂不堪的生態系統中，這本書所提供從端到端審視 ML 的原則性視角，既是我們的地圖，也是指南針。大型科技公司內外的從業人員必讀佳作 —— 尤其是那些在「具合理規模組織」中工作的從業人員。本書還將吸引那些還在「野外」、正在尋找有關如何部署、管理和監控系統最佳實踐的資料領導者。

— *Jacopo Tagliabue*，*Coveo* 人工智慧總監；紐約大學 *MLSys* 副教授

簡而言之，這是關於如何在公司構建、部署和擴展機器學習模型以獲得最大效益的最佳書籍。Chip 擁有無與倫比的知識廣度與深度，是一位大師級的老師。

— *Josh Wills*，*WeaveGrid* 軟件工程師和前任 *Slack* 資料工程總監

這是我希望能在初次擔任 ML 工程師時，就能讀到的一本書

— *Shreya Shankar*，*MLOps* 博士生

設計機器學習系統為應用機器學習的領域填上了人們期盼已久的一塊拼圖。該書為構建端到端機器學習系統的人們提供了詳細的指南。這是 Chip Huyen 構建並廣泛實踐機器學習應用程式的經驗之談。

— *Metis* 的資料科學講師 *Brian Spiering*

Chip 是真正的世界級機器學習系統專家，也是一位才華橫溢的作家。這兩點在本書一覽無遺，對於任何想了解該主題的人來說，這本書是極好的資源。

— *Andrey Kurenkov*，史丹佛人工智慧實驗室博士候選人

Chip Huyen 對機器學習文獻經典進行了重要的補充——她精通 ML 基礎知識，但具有比大多數人更具體和實用的方法。僅關注業務需求的著作有其價值，但此類著作不常見。對於 ML 入門工程師們，以及組織內任何試圖了解 ML 工作原理的人，這本書將引起他們的共鳴。

— *ML SRE* 高級工程總監 *Todd Underwood*，
Google 和 *Reliable Machine Learning* 的合著者

設計機器學習系統

迭代開發生產環境就緒的 ML 程式

Designing Machine Learning Systems

An Iterative Process for Production-Ready Applications

Chip Huyen 著

Arthur Cho 譯

目錄

前言

自從 2017 年，我在史丹佛大學首執機器學習課程教鞭，許多人向我諮詢如何在他們的組織中部署 ML 模型。這些問題可以是概括性的，例如：「我應該使用什麼模型？」、「我應該多久重新訓練一次我的模型？」、「如何檢測資料分布變化？」、「如何確保訓練期間使用的特徵與推理期間使用的特徵一致？」

這些問題也可以是具體性的，例如：「我相信從批量預測切換到在線預測將使我們的模型效能得到提升，但我如何說服經理讓我這樣做？」或者「我是公司最資深的資料科學家，最近的任務是建立第一個機器學習平台。我要從何開始？」

對於這些問題，我的簡短回應總是：「視情況而定。」而長篇回答通常涉及數小時的討論，以了解提問的來龍去脈、提問者實際想達成的目標、以及針對特定用例施行不同方法之優劣。

ML 系統既複雜又獨特。它們很複雜，因為它們由許多不同的組件（ML 演算法、資料、業務邏輯、評估指標、底層基礎設施等）組成，並涉及許多不同的利益相關者（資料科學家、機器學習工程師、商業領袖、用戶，還可能推展至社會層面）。ML 系統是獨一無二的，因為它們依賴於資料，而不同用例的資料又大有不同。

例如，兩家公司可能在同一個領域（電子商務）並且有相同的問題，他們希望以 ML 解決（推薦系統），但結果兩家公司的機器學習系統可能有著不同模型架構，使用不同特徵集，根據不同指標進行評估，並帶來不同的投資回報。

許多關於 ML 生產的部落格文章和教程都專注於回答一個特定問題。雖然聚焦討論有助於理解核心觀念，但這會給人一種「可以把這些問題單獨考慮」的印象。實際上，一個組件的更改可能會影響其他組件。因此，在嘗試做出任何設計決策時，有必要將系統作為一個整體來考慮。

本書對 ML 系統進行整體性的探討。它考慮了系統的不同組成部分，以及所涉利益相關者們的目標。本書以實際案例研究進行說明，其中許多是我親自參與的，有大量參考資料支持，並由學術界和業界的 ML 從業人員審閱。對於涉及深入了解某個主題的部分（例如：批量處理與串流處理、儲存和運算的基礎設施，以及負責任的人工智慧）則由專注於該主題的專家進一步審閱。換句話說，本書試圖對上述問題以及其他方面給出細緻入微的答案。

當我第一次為本書奠定基礎講義時，我的想法是：本書是為了我的學生撰寫，好讓他們未來作為資料科學家和 ML 工程師做好準備，以達相關職能需求。然而我很快意識到，我在這個過程中也學到了很多東西。與早期讀者分享的初稿，引發了許多對話，這些對話檢驗了我的假設，迫使我考慮不同的觀點，並引領我探知新的問題和方法。

既然這本書在你手裡，我希望這個學習過程能夠持續下去，因為你擁有自己獨特的經歷和觀點。若你對本書有任何回饋，請隨時透過以下方式與我分享：我負責運作的 MLOps Discord 服務器（*https://discord.gg/Mw77HPrgjF*）（你也可以在其中找到本書的其他讀者）、Twitter（*https://twitter.com/chipro*）、LinkedIn（*https://www.linkedin.com/in/chiphuyen*），或你可以在我的網站（*https://huyenchip.com*）上找到其他聯絡渠道。

本書適用對象

本書適用於任何想利用 ML 解決現實世界問題的人。書中提及的「ML」指的是深度學習和經典演算法，傾向於大規模 ML 系統，例如在中大型企業和快速成長型新創公司中看到的系統。規模較小的系統往往不那麼複雜，書中列出的綜合方法對此類系統的幫助可能較少。

因為我的背景是工程學，所以本書的語言面向工程師，包括 ML 工程師、資料科學家、資料工程師、ML 平台工程師和工程經理。你可能會遇到以下情況之一：

- 收到一個業務問題和一大堆原始資料。你想進行資料工程，並選擇正確的指標來解決此問題。

- 初始模型在離線實驗中效能良好，你希望部署它們。

- 部署後，幾乎沒有模型效能的反饋，你想找到一種方法來快速檢測、糾錯和解決模型在生產環境可能遇到的任何問題。

- 為團隊開發、評估、部署和更新模型的過程中，大多是手動、緩慢並且容易出錯的。你想自動化並改善此過程。

- 組織中的每個 ML 用例都各自使用自己的工作流程進行部署，你希望奠定跨用例共享和重用的基礎（例如：模型儲存庫、特徵儲存庫、監控工具）。

- 你擔心機器學習系統可能存在偏差，並希望這是負責任的系統！

如果你屬於以下群體之一，你也可以從本書中受益：

- 工具開發人員，想識別生產環境 ML 生態中服務不足的領域，希望弄清楚如何在生態系統中定位你的工具。

- 在行業中尋找 ML 相關職位的人。

- 正考慮採用 ML 解決方案以改進產品和 / 或業務流程的技術和業務領導者。沒有深厚技術背景的讀者可能從第 1、2 和 11 章獲益最多。

本書非入門教材

本書並非旨在介紹 ML。有很多關於 ML 理論的書籍、課程和資源，因此本書避開這些概念，而專注於 ML 實踐。具體來說，本書假定讀者對以下主題有基本了解：

- *ML 模型*，例如聚類、邏輯回歸、決策樹、協同過濾，以及各種神經網路架構，包括前饋、遞歸、卷積和 Transformer

- *ML 技術*，例如監督與非監督、梯度下降、目標函式 / 損失函式、正則化、泛化和超參數調整

- 指標如準確度、F1、精確度、取回率、ROC、均方誤差和對數似然

- 統計概念如標準差、機率和常態／長尾分布等

- 常見 *ML* 任務如建立語言模型、異常檢測、物體分類和機器翻譯等

你不必對這些主題瞭若指掌（對於要那些需要費力才能記住其確切定義的概念，例如 F1 分數，我們提供了簡短的註釋作為參考）但你應該對它們的涵義有粗略了解。

雖然本書提到了當前的工具，來說明某些概念和解決方案，但它不是一本教程書。技術隨著時間的推移而發展。工具更新換代很快，但解決問題的基本方法應該更持久。本書為你提供一個框架，來評估最適合用例的工具。當你想使用某個工具時，通常可以直接在網上找到它的教程。因此，本書的程式碼片段很少，而側重於提供大量關於權衡、利弊和具體示例的討論。

瀏覽本書

本書的章節排列方式映射了資料科學家在 ML 專案週期的進程，以及其中可能遇到的問題。前兩章為 ML 專案的成功奠定基礎，我們將從最基本的問題開始：你的專案需要 ML 嗎？它還包括如何為專案選擇目標，以及如何用更簡單的解決方案來構建問題。如果你已經熟悉這些注意事項，並且急於獲得技術解決方案，請跳過前兩章。

第 4 章到第 6 章涵蓋了 ML 專案部署之前的階段：從創建訓練資料、特徵工程、直到在開發環境中開發和評估模型。這是特別需要 ML 和問題領域專業知識的階段。

第 7 章到第 9 章介紹 ML 專案的部署，和部署後的階段。部署模型結束不等於部署過程的結束，許多讀者可能對此有同感，我們將透過一個故事了解這個句話的意思。部署的模型將需要受到監控並時常更新，以適應不斷變化的環境和業務需求。

第 3 章和第 10 章重點介紹 ML 系統所需的基礎設施，讓來自不同背景的利益相關者能夠協同工作，圓滿交付過程。第 3 章側重於資料系統，而第 10 章側重於運算基礎設施和 ML 平台。對此，我們花了很多時間爭論資料系統的探討該深入到什麼程度、又該放在書中哪個段落。資料系統包括資料庫、資料格式、資料移動和資料處理引擎，這些在 ML 課程中往往很少提及，因此許多資料科學家可

能認為它們是低級或無關緊要的。諮詢許多同事後，我肯定了「ML 系統依賴資料」的重要性，決定儘早介紹資料系統的基礎知識，這將有助我們在本書的餘下部分討論與資料相關的問題。

雖然本書涵蓋了 ML 系統的許多技術層面，但 ML 系統始終由人構建、為人構建，並且會對許多人的生活產生巨大影響。要是我寫了一本關於 ML 生產環境的書，卻沒有一章講述人類相關方面，那肯定是我的失職。這是第 11 章，也是最後一章的重點。

請注意，「資料科學家」是一個在過去幾年中發生了很大變化的角色，並且已經有很多討論來確定這個角色應該承擔什麼——我們將在第 10 章探討其中一些觀點。在本書，我們使用「資料科學家」作為總稱，包括從事開發和部署 ML 模型的任何人，其職位可能是 ML 工程師、資料工程師、資料分析師等等人員。

GitHub 儲存庫和社區

本書附有一個 GitHub 儲存庫（*https://oreil.ly/designing-machine-learning-systems-code*），其中包含：

- 基本 ML 概念回顧

- 本書中使用的參考文獻列表，其他進階或更新的資源

- 本書中使用的程式碼片段

- 解決工作流程中可能遇到特定問題的工具列表

我還設置了一個名為 MLOps 的 Discord 服務器（*https://discord.gg/Mw77HPrgjF*），希望你參與討論，並提出有關本書的問題。

本書編排方式

以下是本書使用的字體規則：

楷體字（*Italic*）
　　代表新術語、URL、電子郵件地址、檔案名稱及副檔名。

定寬字（Constant width）

代表程式，並且在文章中代表程式元素，例如變數或函式名稱、資料庫、資料類型、環境變數、陳述式，與關鍵字。

 這個圖示代表一般注意事項。

 這個圖示代表警告或小心。

使用程式碼範例

如前所述，本書的補充材料（程式碼範例、練習等）可於 *https://oreil.ly/designing-machine-learning-systems-cod*e 下載。

如使用程式碼範例時遇上困難，或有其他技術問題，請電郵至 *bookquestions@oreilly.com*。

本書旨在幫助您完成工作。通常，若此書附有程式碼範例，您可以在自己的程式和文件中使用它。除非您複製大部分程式碼，否則您不需要聯絡我們取得權限。例如，利用本書數段程式碼協助撰寫程式者，不需取得權限；出售或分發歐萊禮書中範例者，則需取得權限；引用此書並援引程式碼範例回答問題者，不需要取得權限；在產品文件中包含大量此書程式碼範例者，則需取得權限。

我們歡迎您提供版權聲明，儘管其不是必需。版權聲明通常包括書名、作者、出版商和 ISBN。例如：「《設計機器學習系統》Chip Huyen 著（歐萊禮）。版權所有 2022。Huyen Thi Khanh Nguyen，978-1-098-10796-3。」

如果您認為自己使用的程式碼範例超出公平使用或上述許可範圍，請隨時透過 *permissions@oreilly.com* 聯絡我們 。

致謝

這本書花了兩年時間寫成，動筆前也準備了很多年。回想起來，撰書期間得到很多幫助，讓我倍感驚訝和感激。所有幫助過我的人，我盡量把你們的名字都寫在這裡，但由於人類記憶的固有缺陷，我肯定遺漏了許多人。如果我忘了列出您的名字，那不是因為我不感謝您的貢獻，請提醒我，我將盡快更正！

首先，我要感謝幫助我開發本書所依據之課程和教材的課程工作人員：Michael Cooper、Xi Yin、Chloe He、Kinbert Chou、Megan Leszczynski、Karan Goel 和 Michele Catasta。我想感謝我的教授 Christopher Ré 和 Mehran Sahami，沒有他們，就沒有這個課程。我要感謝一大批審閱者，他們不僅給予我鼓勵，還大幅昇華了本書的內容：Eugene Yan、Josh Wills、Han-chung Lee, Thomas Dietterich, Irene Tematelewo, Goku Mohandas, Jacopo Tagliabue、Andrey Kurenkov、Zach Nussbaum、Jay Chia、Laurens Geffert、Brian Spiering、Erin Ledell、Rosanne Liu、Chin Ling、Shreya Shankar 和 Sara Hooker。

我要感謝所有閱讀本書的早期版本，並提供改進意見的讀者，包括 Charles Frye、Xintong Yu、Jordan Zhang、Jonathon Belotti 和 Cynthia Yu。

當然，沒有 O'Reilly 團隊就不可能完成這本書，尤其是我的開發編輯 Jill Leonard 和我的製作編輯 Kristen Brown、Sharon Tripp 和 Gregory Hyman。我要感謝 Laurence Moroney、Hannes Hapke 和 Rebecca Novack，他們幫助我將這本書從一個想法變成一個提案。

總而言之，這本書積累了我職業生涯至今學到的寶貴經驗。我將這些歸功於我在 Claypot AI、Primer AI、Netflix、NVIDIA 和 Snorkel AI 中極其稱職且耐心的同事以及前同事。與我共事過的每個人，都向我傳授一些關於將 ML 帶入現實世界的新知識。

特別感謝我的聯合創辦人 Zhenzhong Xu，為我們的新創公司解決了很多問題，讓我可以花時間寫這本書。謝謝你，Luke，不管我想做的一切有多困難，你總是支持我。

譯者的話

能夠完成翻譯此書，我要衷心感謝密大碩士課程的教育者們，他們激發了我對資料科學和人工智慧事業的追求，特別是 Elle O'Brien 講師和 Paul Resnick 教授；還要感謝 INTNT.AI 的夥伴們和新加坡 A*STAR 團隊，他們激發我進一步探索部署機器學習系統面臨的挑戰和解決方案。最後，謝謝碁峰編輯團隊幫忙校對指正。

翻譯時留意到許多術語在中文語境沒有對應詞彙，而英文術語也具有頗多歧義。希望更多人可以參與整理工作，幫助知識有效傳遞。感謝您的閱讀與支持，歡迎隨時電郵至 arthur.cho@outlook.com 和我聯繫，多多指教！

## 第一章

機器學習系統概覽

2016 年 11 月，Google 宣布將多語言神經機器翻譯系統（multilingual neural machine translation system）整合到旗下的 Google 翻譯（Google Translate）服務。Google 表示，這次更新將大幅提升翻譯品質，改進幅度比過去十年所有更新加起來還要大。這是大規模應用人工智能深度神經元網路（artificial neural networks）的首批成功案例之一[1]。

此事重新燃起各界對機器學習（Machine Learning，簡稱 ML）在大規模應用的興趣。更多企業打算以機器學習取代傳統技術方案來解決最具挑戰性的難題。短短五年間，以機器學習為核心的科技已迅速滲透到生活各個範疇，改變了我們獲取資訊、溝通、工作、甚至尋覓愛情的方式，很難想像沒有機器學習科技的生活是什麼樣子。雖說 ML 已獲廣泛應用，其技術在醫療保健、交通運輸、農業、宇宙研究[2] 等領域，尚有大量潛在用途等待我們去探索。

很多人一聽見 ML 系統，只會想到機器學習算法（algorithm），像是邏輯斯迴歸模型（logistic regression），或是各種神經網路架構（neural networks）。其實這些算法只佔 ML 系統實際運作中很小的部分。ML 專案始於業務需求，還包括用

---

1 Mike Schuster，Melvin Johnson 及Nikhil Thorat《Zero-Shot Translation with Google's Multilingual Neural Machine Translation System》，*Google AI Blog*，2016 年 11 月 22 日，*https://oreil.ly/2R1CB*。

2 Larry Hardesty，《A Method to Image Black Holes》，*MIT News*，2016 年 6 月 6 日，*https://oreil.ly/HpL2F*。

戶與開發人員介面、數據技術架構、模型的建立和管理邏輯，以及支持相關邏輯的基礎運算架構。圖 1-1 展示了 ML 系統的組成部分，和本書各章所涵蓋之處。

MLOps 與 ML 系統設計的關係

「MLOps」中的「Ops」來自「DevOps」一詞。「DevOps」全稱「Developments and Operations」，即「開發與運維」。所謂運維化（operationalize），即涉及部署、監控、維護等作業，MLOps 就括了把 ML 系統搬到實際運作環境的一系列最佳作業流程和工具。

至於 ML 系統設計（ML systems design），則以系統思維看待MLOps，綜觀全局，確保利益相關者充分合作，滿足各方目標和需求。

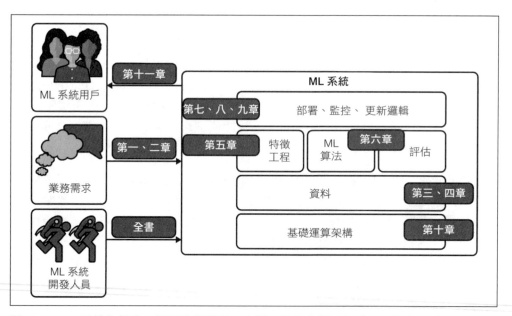

圖 1-1　ML 系統各部分。提到機器學習，人們一般只會想到起「ML 算法」，然而這只是 ML 系統的一小部分。

市面上不乏探討 ML 算法的芸芸好書。本書並不著眼於個別算法的細節，而是側重於協助讀者全面理解 ML 系統。換言之，不論哪種算法，讀者都可以按照本書提供的框架開發最佳的 ML 解決方案。即使演算法頻頻更迭，這套框架也可以適用。

本章旨在概述機器學習模型在實際環境運行的所需條件。探討 ML 系統開發前，應先仔細考慮使用案例是否適合套用 ML。關於這一點，我們會分享一些常見案例。接著我們會檢視 ML 在實際應用和學術研究領域的分別、還有 ML 系統與傳統軟體架構相異之處，來說明部署 ML 系統的挑戰。經常參與應用 ML 系統開發的讀者，對本章內容或許已有一定了解；但如果你的機器學習知識只集中在學術研究領域，本章將助你一窺 ML 實作之全貌，為開發首個成功應用系統打下基礎。

使用機器學習的時機

機器學習方案在業界的應用快速增長，證實 ML 的確有效解決多個範疇的問題，發展進程振奮各界，也帶來一些炒作。我們需要明白，ML 並非解決所有問題的「神器」。即使 ML 方案能解決問題，ML 也不一定就是最佳解方。啟動 ML 專案前，我們應先考慮兩點——ML 是否必需？ML 是否符合成本效益[3]？

要了解 ML 能做什麼，請先閱讀以下概述：

> 機器學習是指從（3）既有資料（1）學習（2）複雜規律模式，並利用習得模式（4）預測（5）未見資料的方法。

針對以上楷體字詞之涵義，可以進一步了解 ML 在解決什麼：

1. **學習：系統具備學習能力**

   關聯式資料庫（relational database）缺乏學習能力，因此不屬於 ML 系統。在關聯式資料庫內，你只能表明兩列的關係，但資料庫本身不能了解兩列的實際關係。

   要讓 ML 系統學習，就要有學習對象。大部分情況下，ML 系統透過資料學習。在監督式學習領域，ML 學習成對的輸入／輸出範例，然後基於任意未知資料，給出結果。假設你希望建立一個 ML 系統，預測 Airbnb 的房租價格，你需要提供一個資料集，輸入範例包括房源的特徵資料（平方英尺、房間數目、街區、提供的必需品、評價等），相對的輸出範例則為租金資料。訓練學習後，只需向 ML 系統提供新房源的特徵資料，便能評估其租金。

3　我沒有提及「有了 ML 是否就足以解決」這一點，因為答案是總是否定的。

2. 複雜規律模式：學習旨在了解簡中模式，模式複雜才值得學習

只有當規律模式（pattern）確實存在，ML 方案才有用武之地。正常人不會花錢開發預測投擲公正骰子結果的 ML 系統，因為這些結果的產生方式沒有規律可言[4]。至於股票的定價，卻涉及一定規律，很多公司投資數十億美元開發 ML 系統，就是希望透過 ML 學習，了解這些規律。

即使有了算法和資料集，也未必能夠捕捉現存規律模式。就好像要了解馬斯克（Elon Muck）的貼文如何影響加密貨幣價格，簡中或有規律模式，但我們還需要花很大心思反覆訓練和評估模型，才能驗證其存在。就算是訓練後的模型不能合理預測加密貨幣價格，也不意味著規律模式不存在。

模式複雜才值得學習。比方說，在 Airbnb 這樣的網站上有許多住宿房源，你希望按美國州份分類房源地點。只需根據房源的郵區編號（ZIP code），你就可查找出地點所在的州份。這樣的規律模式簡單得很，一個尋找表（lookup table）就可以解決問題，不需要 ML 系統。

但房源的特徵資料與房租的關係，就很難單靠手動操作實現規律模式。這種情況下，ML 是個好選擇。我們不用告訴 ML 系統如何根據地點特徵計算租金，只需把租金和地點特徵導入 ML 系統，系統即可自行學習各參數之間的模式，是故 ML 又名軟體 2.0[5]。圖 1-2 展示 ML 方案與一般軟體方案之異同。

ML 在一些需要了解複雜規律模式的任務，比如物件探測（object detection）和語音辨識（speech recognition）上的效果十分令人滿意。在此需說明一點，「複雜」一詞是針對機器而言。一些人類覺得困難的工作，對機器來說相對容易，比方說計算某數字的 10 次方；但很多我們覺得簡單的事情，像是判斷照片中是否有貓，從機器的角度來看，就是困難的任務。

4　規律模式（pattern）跟機率分布（distribution）的概念不同。我們知道擲骰子結果依循機率分布，但結果生成的方式是不規律的。

5　Andrej Karpathy，《Software 2.0》，*Medium*，2017 年 11 月 11 日，*https://oreil.ly/yHZrE*。

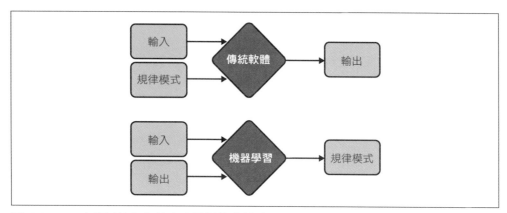

圖 1-2　ML 方案以輸入和輸出來了解箇中模式，而非透過輸入和模式來計算輸出。

3. 現存資料：要嘛是現有資料，要嘛可蒐集資料

既然 ML 系統是藉由學習資料來得出規律模式，我們就需要確保資料的供給。建立模型來預測一個人的年繳稅款，看似是個有趣的項目，但除非能夠訪問大量人口稅收和收入資料，否則是不可能建立這個模型的。

零樣本學習（zero-shot learning）（*https://oreil.ly/ZshSg*）（亦稱零資料學習，zero-data learning）能夠在沒有相關資料的情況下，讓 ML 系統給出良好的預測結果。然而，這種 ML 系統往往曾進行過另外的任務資料訓練，而這些任務通常與進行零樣本學習的任務相關。因此，即使不需要資料來學習手頭上的任務，從根本上來看，系統仍然依賴資料。

我們也可以在缺乏資料的情況下啟動 ML 系統。持續學習（continual learning）讓我們可以在沒有任何資料的情況下先部署 ML 模型，系統實際運作時，新資料便持續傳入模型以供學習[6]。但需留意訓練不足的模型會帶來一定風險，例如糟糕的客戶體驗。

要是沒有資料，又沒有持續學習架構，許多公司則會先推出提供預測的產品，後端沒有 ML，單靠人手操作。這種佯裝的套路還是能夠生成預測資料，假以時日，就可以利用這些資料來訓練 ML 模型了。

6　線上學習（online learning）將在第九章說明。

4. 預測：這是一個涉及預測的問題

   ML 模型旨在進行預測，因此它們只能解決需要預測答案的問題。如果問題能夠受惠於大量低成本而接近現實的預測，ML 可能特別有吸引力。在英語中，「預測」（predict）指「估計未來的價值」。比如，明天的天氣怎麼樣？誰將贏得今年的超級碗？用戶接下來想看什麼電影？

   隨著預測機器（例如 ML 模型）變得越來越有效，越來越多問題被重新定義為預測問題。無論你有什麼問題，你都可以將其界定為：「這個問題的答案是什麼？」問題可以是關於未來，現在，甚至過去的事情。

   運算密集型問題就是將問題重新界定為預測性問題中一個非常成功的例子。要運算一個過程的確切結果，可能比 ML 的計算成本更高、更耗時。與其運算確切結果，你可以將問題定義為：「這個過程的結果會是什麼樣子？」並使用 ML 模型生成近似答案。模型輸出將是實際輸出的近似值，但通常已經夠好了。你可以在圖形渲染中看到很多用例，例如：圖像去雜訊和屏幕空間著色[7]。

5. 未見的資料：未見的資料與訓練資料有著同樣的規律模式

   你的模型從現有資料學習到的規律模式，只有在未見的資料有著同樣規律模式時才有用。如果一個預測應用程式在 2020 年聖誕節會否被下載的模型，使用了 2008 年的資料進行訓練，那麼該模型的效能將不會很好，當時 App Store 上最受歡迎的應用程式是 Koi Pond。Koi Pond 是什麼東西？就是嘛。

   用術語來說，這意味著未見的資料和訓練資料應該來自相似的分布。你可能會問：「如果資料是未見的，我們怎麼知道它來自什麼分布？」我們確實不知道，但我們可以做出假設（比如我們可以假設用戶明天的行為與今天的用戶行為不會有太大差異）並希望我們的假設成立。如果這個假設不成立，我們將得到一個效能不佳的模型，我們可以透過監控（如第 8 章所述）以及在生產環境中進行測試（如第 9 章所述）來發現這一點。

---

7 Steke Bako、Thijs Vogels、Brian McWilliams、Mark Meyer、Jan Novák、Alex Harvill、Pradeep Sen、Tony Derose 和 Fabrice Rousselle，《Kernel-Predicting Convolutional Networks for Denoising Monte Carlo Renderings》，*ACM Transactions on Graphics* 36，no. 4 (2017): 97，*https://oreil.ly/EeI3j*；Oliver Nalbach、Elena Arabadzhiyska、Dushyant Mehta、Hans-Peter Seidel 和 Tobias Ritschel，《Deep Shading: Convolutional Neural Networks for Screen-Space Shading》，*arXiv*，2016 年，*https://oreil.ly/dSspz*。

基於當今大多數 ML 算法的學習方式，如果你的問題具有以下額外特徵，ML 解決方案將特別出色：

6. 問題是重複的

   人類非常擅長小樣本學習：你可以給孩子們看幾張貓的照片，他們中的大多數人下次看到貓時就會認出這是一隻貓。儘管小樣本學習研究取得了令人振奮的進展，但大多數 ML 算法仍需許多範例來學習規律模式。當一項任務是重複性的，每個模式都會重複多次，這使得機器更容易學習它。

7. 錯誤預測的代價很低

   除非 ML 模型的效能一直是 100%（這對於任何有意義的任務來說都是極不可能的），否則模型就會出錯。當錯誤預測的成本很低時，ML 尤其適用。例如當今 ML 最大的用例之一是推薦系統，因為即使推薦了糟糕的項目，這種錯誤通常是可以原諒的——用戶只是不會點擊它。

   如果一個預測錯誤可能導致災難性後果，但平均而言，正確預測的好處超過錯誤預測的成本，ML 可能仍然是一種合適的解決方案。開發自動駕駛汽車具有挑戰性，因為算法錯誤可能導致死亡。然而，許多公司仍然希望開發自動駕駛汽車，因為在統計學的角度，只要自動駕駛比真人駕駛更安全，就有可能挽救許多生命。

8. 具一定規模

   ML 解決方案通常需要對資料、運算、基礎設施和人才進行大量的前期投資。這些解決方案若能被大量的應用在案件中，才是有意義的。

   「具一定規模」對於不同的任務意味著不同的事情，總而言之，它意味著做出大量預測。包括每年對數百萬封電子郵件進行分類，或者每天預測應該將數千個支援個案轉發到哪些部門。

   一個問題可能看起來是單一的預測，但它實際上是一系列的預測。例如：一個預測誰將贏得美國總統大選的模型，似乎每四年才做出一次預測，但實際上它可能以每小時甚至更高的頻率做出預測，因為該預測必須不斷更新，以納入新的資訊。

   具一定規模的問題也意味著需要蒐集大量資料，這對於訓練 ML 模型很有用。

9. 規律模式不斷變化

文化在變、口味在變、科技在變。今天流行的東西，明天可能就是舊聞。以垃圾郵件分類的任務為例，今天看出垃圾郵件的端倪可能是「一位尼日利亞王子」，但明天可能是「一位心煩意亂的越南作家」。

如果你的問題涉及一種或多種不斷變化的規律模式，則寫死方案（hardcoded solutions，例如定下硬性規則）可能很快就會過時。要弄清問題發生了怎樣的變化，才相應更新硬性規則，這可能過於昂貴，甚至不可能。因為 ML 從資料中學習，所以你可以使用新資料更新 ML 模型，而不必弄清楚資料是如何變化的。你也可以設置系統來適應不斷變化的資料分布，我們將在第 264 頁「持續學習」中探討。

用例可以繼續增加，而隨著 ML 採用在行業變得成熟，列表只會變得更長。儘管 ML 可以很好地解決一部分問題，但它不能也 / 或不應該用於解決的問題也有很多。當今大多數 ML 算法不應在以下任何情況下使用：

- 不符合道德倫理的情況。我們將在第 343 頁的「案例研究 I：自動評級的偏誤」探討一個案例，在該案例中，使用 ML 算法可能是不符合道德倫理的。

- 使用更簡單的解決方案就可以搞定。在第 6 章，我們將介紹 ML 模型開發的四個階段，第一階段就是非 ML 解決方案。

- 這不符合成本效益。

然而，即使 ML 不能解決你的問題，也可以將你的問題分解成更小的部分，並使用 ML 來解決其中的一些問題。例如，如果你無法構建一個能回答客戶所有問題聊天機器人，可以先構建一個 ML 模型來預測客戶的問題是否與常見問題相符。如果相符，則引導客戶找到答案。如果不相符，則引導客戶聯繫客服。

我還想告誡一點：不要因為新技術的成本效益比現有技術低就放棄它。大多數技術進步都是漸進的。一種技術現在可能效率不高，但隨著時間推移，隨著投資增加，它的效率可能會提升。如果你等到這項技術向同業顯示其價值後再進入，最終可能落後競爭對手數年甚至數十年。

機器學習用例

ML 在企業和消費者應用程式的使用量越來越高。自 2010 年代中期以來，利用 ML 為消費者提供卓越（或以前不可能的）服務的應用程式呈爆炸式增長。

隨著資訊和服務的爆炸式增長，如果沒有 ML 的幫助，無論是在**搜索引擎**還是**推薦系統**中，我們都很難找到我們想要的東西。當你存取 Amazon 或 Netflix 等網站時，系統會向你推薦最符合你喜好的項目。如果你不喜歡任何推薦項目，你要搜索特定項目，搜索結果可能由 ML 支持的。

如果你有智慧型手機，ML 可能已經在許多日常活動中向你提供幫助。**預測字詞**讓你在手機上打字變得更輕鬆，這是一種機器學習系統，為你建議下一步可能想表達的內容。機器學習系統可能會在你的照片編輯應用程式中運行，以建議如何最好地增強你的照片。你可能會使用指紋或臉部來解鎖手機，這需要 ML 系統來預測指紋或臉部是否與你相匹配。

吸引我進入 ML 領域的用例是**機器翻譯**，這可自動將一種語言翻譯成另一種語言。它能讓來自不同文化的人們相互交流，消除語言障礙。我的父母不會說英語，但有了 Google 翻譯，他們現在可以閱讀我的作品，並跟我那些不會說越南語的朋友們交談。

有了 Alexa 和 Google Assistant 等智慧個人助理，更多 ML 出現在我們家中。智慧安全鏡頭可以在你的寵物離開家裡、或出現不速之客時通知你。一位朋友擔心他年邁的獨居母親（如果她摔倒了，沒有人可以扶她起來）所以他使用了一個家庭健康監測系統，來預測家裡是否有人摔倒。

儘管消費者 ML 應用程式市場正在蓬勃發展，但大多數 ML 用例仍在企業世界內。企業 ML 應用程式往往具有與消費者應用程式截然不同的需求和注意事項。雖然有很多例外，但在大多數情況，企業應用程式可能有更嚴格的準確性要求，但對延遲的要求更寬容。例如，將語音識別系統的準確率從 95% 提高到 95.5% 對大多數消費者來說可能並不明顯，但將資源分配系統的效率提高 0.1%，就可以幫助像 Google 或 General Motors 這樣的公司節省數百萬美元。同時，一秒鐘的延遲可能會讓消費者分心，並打開了其他東西，但企業用戶對高延遲的容忍度可能更高。對於有興趣用 ML 應用程式創業的人，消費者應用程式更容易發行廣傳、卻難以獲利。而大多數企業用例並不那麼明顯，除非你有相關經歷。

根據 Algorithmia 的 2020 年企業機器學習狀況調查，企業中的 ML 應用程式多種多樣，服務含括內部用例（降低成本、生成客戶洞見和情報、內部處理自動化）與外部用例（改善客戶體驗、留住客戶、與客戶互動），如圖 1-3 所示 [8]。

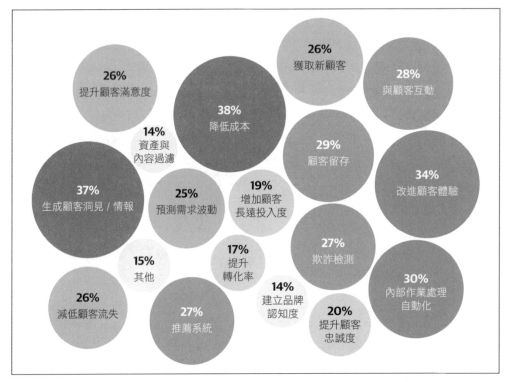

圖 1-3　2020 年企業機器學習狀態。資料來源：改編自 Algorithmia 圖像

詐欺檢測（*fraud detection*）是機器學習在企業界存在最久的應用之一。如果你的產品或服務涉及任何價值的交易，則很容易出現詐欺。透過利用 ML 解決方案進行異常檢測，你的系統可以從歷史詐欺交易中學習，並預測未來交易是否存在詐欺。

8　《2020 State of Enterprise Machine Learning》，*Algorithmia*，2020 年，*https://oreil.ly/wKMZB*。

要決定你的產品或服務收取多少費用，可能是最艱難的商業決策之一，何不讓 ML 幫幫忙？價格優化（*price optimization*）是指對於給定目標函數（例如公司的利潤率、收入或增長率），在特定時間段估算價格，以最大化函數的過程。基於 ML 的價格優化最適用於交易量大、需求波動大、消費者願意支付動態價格的情況——例如：互聯網廣告、機票、住宿預訂、拼車、節目活動等。

想要運作好一家企業，預測客戶的需求非常重要，這樣你才能準備預算、庫存、分配資源和更新定價策略。例如，假設你經營一家雜貨店，你希望有足夠的存貨以便顧客找到他們想要的東西，但又不想有過多的存貨，否則過多的存貨可能變質，進而導致虧損。

一名新用戶的獲取成本高昂。截至 2019 年，一款 app 要獲取一位會進行 app 內購買的用戶，平均成本為 86.61 美元[9]。Lyft 的獲取成本估計為 158 美元 / 人[10]。對於企業客戶而言，這一成本要高得多。客戶獲取成本被投資者稱為新創公司殺手[11]。只要少量降低客戶獲取成本，就可大幅增加利潤。這可以透過更好地識別潛在客戶、展示更有針對性的廣告、在合適的時間提供折扣等來實現——這些都是 ML 的合適任務。

耗費大筆資金而獲得的客戶，若是眼睜睜看他們流失就太可惜了。獲取新用戶的成本大約是保留現有用戶的 5 到 25 倍[12]。流失預測（*Churn prediction*）是指預測特定客戶何時停止使用你的產品或服務，以便採取適當行動來贏回他們。流失預測不僅可以用於客戶，也可以用於員工。

9　《Average Mobile App User Acquisition Costs Worldwide from September 2018 to August 2019, by User Action and Operating System》，*Statista*，2019 年，*https://oreil.ly/2pTCH*。

10　Jeff Henriksen，《Valuing Lyft Requires a Deep Look into Unit Economics》，福布斯，2019 年 5 月 17 日，*https://oreil.ly/VeSt4*。

11　David Skok，《Startup Killer: The Cost of Customer Acquisition》，*For Entrepreneurs*，2018 年，*https://oreil.ly/L3tQ7*。

12　Amy Gallo，《The Value of Keeping the Right Customers》，哈佛商業評論，2014 年 10 月 29 日，*https://oreil.ly/OlNkl*。

防止客戶流失的重點在於，當他們遇到問題時立即解決，讓他們開心。自動化支援個案分類可以協助解決這個問題。以前，當客戶創建支援個案或發送電子郵件時，需要先對其進行處理，然後傳遞給不同的部門，直到個案傳到可以解決它的人手上。ML 系統可以分析個案內容，並預測它應該去哪裡，這可以縮短回應時間，並提高客戶滿意度。它還可用於對內部 IT 個案進行分類。

ML 在企業中的另一個流行用例是品牌監控。品牌是企業的寶貴資產[13]。監測公眾和客戶對品牌的認知非常重要。例如品牌是何時 / 何地 / 如何被提及的，無論是明確的（例如有人提到「Google」時）還是隱含的（例如有人說「搜索巨頭」時），以及與之相關的情緒。如果突然在提及品牌同時伴隨大量負面情緒，則要盡快解決。情感分析是典型的 ML 任務。

最近令人十分振奮的一組 ML 用例發生在醫療保健領域。ML 系統可以檢測皮膚癌和診斷糖尿病。儘管許多醫療保健應用程式面向消費者，但由於程式對準確性和隱私的嚴格要求，其服務通常只透過醫療保健提供者（例如醫院）提供，或只用於協助醫生進行診斷。

了解機器學習系統

了解 ML 系統將有助於其設計和開發。在本節，我們將討論 ML 系統與「研究領域 ML」（或學校經常教授的機器學習）和傳統軟體兩者有何不同，這構成了撰寫本書的動機。

研究與生產環境中的機器學習

由於 ML 在行業中的使用情況還很新，大多數擁有 ML 專業知識的人都是透過學術界獲得的：參加課程、做研究、閱讀學術論文。如果這也是你的背景，那麼你可能很難理解在外部署 ML 系統的挑戰；在大量應對這些挑戰的解決方案中備感吃力的苦苦尋找。生產環境中的 ML 與研究性質的 ML 有很大不同。表 1-1 顯示了五個主要差異。

13　Marty Swant，《The World's 20 Most Valuable Brands》，福布斯，2020 年，*https://oreil.ly/4uS5i*。

表 1-1　研究性質 ML 與生產環境 ML 之間的主要區別

	研究	生產環境
需求	模型在基準資料集的效能達到領先水平	不同利益相關者，不同需求
運算優先級	快速訓練，高吞吐量	快速推理，低延遲
資料	靜態 [a]	常轉移
公平性	通常不是重點	必需考慮
可解釋性	通常不是重點	必需考慮

[a]　一個研究的子領域側重於持續學習：開發模型以處理不斷變化的資料分布。我們將在第 9 章介紹持續學習。

不同的利益相關者和要求

參與研究和「爭取排名」專案的人，通常會有一致的目標。最常見的目標是模型效能——開發一個在基準資料集上實現最領先結果的模型。為了爭取效能上的微小改進，研究人員經常採用使模型過於複雜，失去實用性技術。

ML 系統要進入生產階段，涉及許多利益相關者。每個利益相關者都有自己的需求。當系統有著不同且相互衝突的需求，可能會導致難以設計、開發和選取滿足所有需求的 ML 模型。

假設有一個向用戶推薦餐廳的流動應用程式。該應用程式透過向餐廳收取每筆訂單 10% 的服務費來賺錢。這意味著高價訂單比低價訂單為應用程式帶來的更多收入。該項目涉及 ML 工程師、銷售人員、產品經理、基礎設施工程師和一名經理：

ML 工程師

　想要一個用戶最有可能從推薦餐廳結果中下單的模型，相信可以透過使用具有更多資料、更複雜的模型來達標。

銷售團隊

　想要一個推薦更高價餐廳的模型，因為這些餐廳會帶來更高的服務費。

產品團隊

　注意到每次延遲增加，都會導致服務訂單減少，因此想要一個可以在不到 100 毫秒內返回推薦餐廳的模型。

ML 平台團隊

隨著流量增長，團隊因為現有系統規模化的問題常在半夜醒來，所以想推遲模型更新，以優先改進 ML 平台。

經理

想最大化利潤，實現這一目標的一種方法可能是放棄 ML 團隊 [14]。

「推薦用戶最有可能點擊的餐廳」和「推薦能為 app 帶來最多收益的餐廳」是兩個不同的目標，在第 40 頁「解耦目標」一節中，我們將討論如何開發滿足不同目標的 ML 系統。劇透：我們將為每個目標開發一個模型，並結合他們的預測。

現在讓我們想像一下，我們有兩個不同的模型。模型 A 用作推薦用戶最有可能點擊的餐廳，模型 B 用作推薦將為應用程式帶來最多收入的餐廳。A 和 B 可能是非常不同的模型。應該為用戶部署哪種模型？更難做出決定的是，A 和 B 都不滿足產品團隊提出的要求：他們不能在 100 毫秒內返回餐廳推薦。

開發 ML 專案時，ML 工程師必須了解所有利益相關者的需求，以及這些需求的嚴格程度。例如能夠在 100 毫秒內返回推薦是一項必須具備的要求（公司發現，如果模型花費超過 100 毫秒來推薦餐廳，10% 的用戶會失去耐心並關閉應用程式）那麼無論是模型 A 和模型 B 都行不通。但如果這只是一個錦上添花的需求，你可能仍要在模型 A 或模型 B 之間做出選擇。

成功的研究專案不總是用於生產環境，原因之一是生產與研究有著不同需求。例如，集成（ensembling）是一種在許多 ML 競賽（包括著名的 100 萬美元 Netflix 獎）獲勝者常用的技術，但它並未在生產環境廣泛應用。集成結合了「多種學習算法，以獲得比單獨算法組件更好的預測效能」[15]。雖然集成可以為你的 ML 系統帶來小幅度效能提升，但此法往往使系統過於複雜而無法用於生產環境，例如較慢的預測速度，或結果較難解釋。我們將在第 158 頁「集成」小節進一步討論。

14　機器學習和資料科學團隊在公司大規模裁員期間率先離職並不罕見，例如：IBM（*https://oreil.ly/AfUB5*）、Uber（*https://oreil.ly /t0QpY*）、Airbnb（*https://oreil.ly/q4M4E*）。另請參閱 Sejuti Das 的分析《How Data Scientists Are Also Susceptible to the Layoffs Amid Crisis》，*Analytics India Magazine*，2020 年 5 月 21 日，*https://oreil.ly/jobmz*。

15　維基百科，s.v. 《Ensemble learning》，*https://oreil.ly/5qkgp*。

對於許多任務，效能的小幅度改進可能會大大提高收入或節約成本。例如，產品推薦系統的點擊率提高 0.2%，可能會使電子商務網站的收入增加數百萬美元。但對於許多任務，用戶可能注意不到這些小改進。如果一個簡單模型可以完成合理的工作，那麼複雜模型帶來的效能提升必須有顯著性，才能合理化其複雜性。

對 ML 排行榜的批評

近年來，有很多人對 ML 排行榜提出批評，包括 Kaggle 等競賽，還有 ImageNet 或 GLUE 等研究排行榜。

一個顯而易見的論點是，這些競賽已經為你完成了許多構建 ML 系統所需的困難步驟。[16]。

另一個不太明顯的論點是，當你有多個團隊在同一個保留測試集上進行測試時，會發生多重假設測試場景，因此這可能只是碰巧有個模型，比其他模型做得更好 [17]。

研究人員已經注意到研究與生產之間的利益錯位。Ethayarajh 和 Jurafsky 在 EMNLP 2020 論文中認為，效能基準推動自然語言處理（NLP）進步，是在忽視了從業者看重其他品質（例如精巧程度、公平性和能源效益）[18] 的情況下，激勵人們創建「更準確」的模型。

計算優先級

設計 ML 系統時，過於重視模型開發，對模型部署和維護部分的關注不足，是沒有部署過 ML 系統的人常犯錯誤之一。

16　Julia Evans，《Machine Learning Isn't Kaggle Competitions》，2014 年，*https://oreil.ly/p8mZq*。

17　Lauren Oakden-Rayner，《AI Competitions Don't Produce Useful Models》，2019 年 9 月 19 日，*https://oreil.ly/X6RlT*。

18　Kawin Ethayarajh 和 Dan Jurafsky，《Utility Is in the Eye of the User: A Critique of NLP Leaderboards》，EMNLP , 2020, *https://oreil.ly/4Ud8P*。

在模型開發過程中，你可能會訓練出許多不同的模型，每個模型會傳遞訓練資料許多次。然後，每個經訓練的模型都會對驗證資料集生成一次預測，報告分數。驗證資料集通常比訓練資料集小得多。在模型開發過程中，訓練是瓶頸。然而，一旦部署了模型，它的工作就是生成預測，因此推理成了瓶頸。研究導向的 ML 系統通常優先考慮快速訓練，而生產導向的 ML 系統通常優先考慮快速推理。

其推論之一是研究導向的 ML 系統優先考慮高吞吐量，而生產導向的 ML 系統優先考慮低延遲。回顧一下，延遲是指從接收查詢到返回結果所花費的時間。吞吐量是指在特定時間段內處理了多少查詢。

術語衝突

一些書籍區分了延遲和回應時間。根據 Martin Kleppmann 在其《Designing Data-Intensive Applications》一書中的說法：「回應時間是客戶端看到的，除了實際處理請求的時間（服務時間）外，還包括網路延遲和排隊延遲。延遲是請求等待處理的持續時間，在此期間請求是潛伏的，正在等待服務」[19]。

為簡化討論並與 ML 社群術語保持一致，本書使用延遲來指代回應時間，因此請求的延遲即從請求發送開始，直至收到回應的時間長度。

例如，Google 翻譯的平均延遲是從用戶點擊翻譯到顯示翻譯的平均時間，而吞吐量是它每秒處理和服務的查詢數量。

如果你的系統總是一次處理一個查詢，則更高的延遲意味著更低的吞吐量。如果平均延遲為 10 毫秒，這意味著處理一個查詢需要 10 毫秒，則吞吐量為 100 個查詢 / 秒。如果平均延遲為 100 毫秒，則吞吐量為 10 個查詢 / 秒。

然而，由於大多數現代分布式系統把查詢批量化，將它們一起處理，通常是同時處理，因此更高的延遲也可能意味著更高的吞吐量。如果一次處理 10 個查詢，並且執行一個批量處理需要 10 毫秒，平均延遲遲仍然是 10 毫秒，但吞吐量現在高出 10 倍——每秒 1,000 個查詢。如果一次處理 50 個查詢，並且執行一個批量處理需要 20 毫秒，那麼平均延遲現在是 20 毫秒，吞吐量則提升至每秒 2,500 個查詢。延遲和吞吐量都增加了！圖 1-4 說明了一次一個查詢和批量處理在延遲和吞吐量權衡之差異。

19　Martin Kleppmann，《*Designing Data-Intensive Applications*》（Sebastopol, CA：O'Reilly，2017 年）

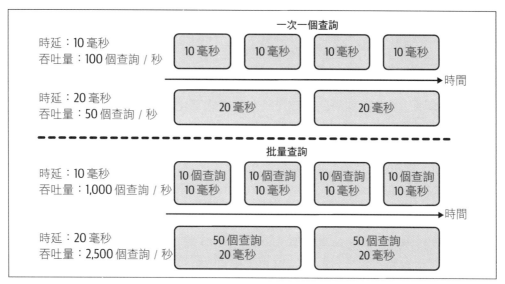

圖 1-4　當一次處理一個查詢時，更高的延遲遲意味著更低的吞吐量。然而，當批量處理查詢時，更高的延遲也可能意味著更高的吞吐量。

如果你想進行線上批量查詢，這就更複雜了。批量處理要求系統在處理查詢之前有足夠多的查詢到達，這進一步增加了延遲。

在研究領域，你更關心一秒鐘能處理多少樣本（吞吐量）而不是處理每個樣本所需的時間（延遲）。你願意增加延遲以增加吞吐量，例如積極的批量處理。

但是，一旦將模型部署到現實世界，延遲就很重要了。在 2017 年，Akamai 的一項研究發現，100 毫秒延遲會使轉化率降低 7%[20]。2019 年，Booking.com 發現延遲增加約 30% 會導致轉化率降低約 0.5%：「這是我們業務的相關成本。」[21]。2016 年，Google 發現超過一半的手機用戶會在頁面加載時間超過三秒時離開[22]。如今用戶或許更沒耐性。

20　Akamai Technologies，《Akamai Online Retail Performance Report: Milliseconds Are Critical》，2017 年 4 月 19 日，*https://oreil.ly/bEtRu*。

21　Lucas Bernardi、Themis Mavridis 和 Pablo Estevez，《150 Successful Machine Learning Models: 6 Lessons Learned at Booking.com》，KDD '19，2019 年 8 月 4 日至 8 日，Anchorage，*https://oreil.ly/G5QNA*。

22　《Consumer Insights》，Think with Google，*https://oreil.ly/JCp6Z*。

為減少生產中的延遲，你或許需要減少一次可以在同一硬體上處理的查詢量。如果硬體每次還可以處理更多的查詢，那麼使用它來處理更少的查詢意味著硬體利用率不足，從而增加了處理每個查詢的成本。

在考慮延遲的同時請務必記住，延遲不是一個單獨的數字，而是一個分布。透過使用單個數字（例如一個時間窗口內所有請求的平均（算術平均）延遲）簡化此分布，看似是個吸引人的想法，但這個數字可能會產生誤導。假設你有 10 個請求，其延遲分別為 100 毫秒、102 毫秒、100 毫秒、100 毫秒、99 毫秒、104 毫秒、110 毫秒、90 毫秒、3,000 毫秒、95 毫秒。平均延遲為 390 毫秒，這使你的系統看起來比實際慢。可能發生的一個情況是網路錯誤，導致一個請求比其他請求慢得多，你應該調查那個有問題的請求。

一般情況下，最好用百分位數來思考這個問題，因為它們會告訴你一些關於請求的特定百分比資訊。最常見的百分位數是第 50 個百分位數，縮寫為 p50。它也被稱為中位數。如果中位數是 100 毫秒，則一半的請求花費的時間超過 100 毫秒，而一半的請求花費的時間少於 100 毫秒。

較高的百分位數還可以幫助你發現異常值，這可能是出現問題的徵兆。你通常需要查看的百分位數是 p90、p95 和 p99。上述 10 個請求的第 90 個百分位 (p90) 是 3,000 毫秒，這就是一個異常值。

較高的百分位數很重要，因為即使它們只佔用戶的一小部分，但有時它們可能是最重要的用戶。例如，在 Amazon 網站上，請求最慢的用戶往往是那些賬戶擁有最多資料的用戶，因為他們購買了很多東西。也就是說，他們是最有價值的客戶 [23]。

使用高百分位數來指定系統效能要求是一種常見的做法。例如，產品經理可能會指定系統的第 90 個百分位或第 99.9 個百分位的延遲必須低於某個數字。

資料

在研究階段，你使用的資料集通常是整理好且具有正確格式的，這讓你可以專注於開發模型。它們本質上是靜態的，因此社群可以使用它們來對新架構和技術進行基準測試。這意味著許多人可能使用和討論過相同的資料集，資料集即使有怪

23　Kleppmann，《*Designing Data-Intensive Applications*》。

異之處，往往也為人所知。你甚至會找到開源腳本來處理這些資料，並將其直接輸入模型。

在生產環境中，資料（如果有的話）會更亂。它很雜亂，可能是非結構化的，並且不斷變化。它可能有偏誤，而且你可能不知道它是如何產生偏誤的。標籤（如果有的話）可能是稀疏的、不平衡的或不正確的。更改專案或業務需求時，可能也要更新部分或全部現有標籤。如果你處理用戶資料，還必須擔心隱私和監管問題。我們將在第 346 頁「案例研究 II：『匿名化』資料的危險」討論用戶資料處理不當的案例研究。

在研究領域中，你主要使用過往的資料，例如資料已經儲存在某處的現有資料。而在生產環境中，你很可能還要處理用戶和系統不斷生成的資料，以及第三方資料。

圖 1-5 改編自特斯拉的 AI 主管 Andrej Karpathy 一幅很棒的圖表，這對比了他在攻讀博士學位期間和在特斯拉工作期間遇到的資料問題。

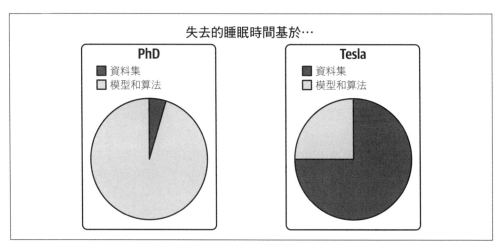

圖 1-5　研究領域的資料相對生產環境的資料。資料來源：改編自 Andrej Karpathy[24] 的圖表

24　Andrej Karpathy，「Building the Software 2.0 Stack」，2018 年 Spark+AI 峰會，影片，17:54，*https://oreil.ly/Z21Oz*。

公平性

在研究階段，模型還沒有人用，所以研究人員很容易將公平性推遲到事後才考慮：「讓我們先嘗試在技術上領先，然後在生產階段再考慮公平性吧。」當模型投入生產階段，便為時已晚。如果你優化模型來獲得更高的準確性或更低的延遲，你可以證明模型優於最領先水平。但是，在撰寫本書時，還沒有針對公平性的最領先水平指標。

在你生活中的某個人，或你本人，可能已經成為帶有偏見數學算法的受害者而不自知。可能你的貸款申請被拒絕，那是因為 ML 算法對郵政編碼有偏好，這體現了對一個人社經背景的偏見。可能你的簡歷排名被降低，那是因為僱主的排名系統根據你的名字拼寫進行選擇。你的抵押貸款可能有著更高的還款利率，因為貸款部分取決於信用評分，而信用評分對富人有利並懲罰窮人。現實中 ML 偏見的其他例子包括預測性警察活動算法、由潛在僱主管理的性格測試和大學排名。

在 2019 年，「伯克利研究人員發現，在 2008 年至 2015 年間，面對面和線上放貸人共拒絕了 130 萬名信譽良好的黑人和拉丁裔申請人。」當研究人員「使用被拒絕申請的收入和信用評分而刪除種族相關識認標記，抵押貸款申請被接受了 [25]。」想了解更多這樣可怕的例子，我推薦 Cathy O'Neil 的《*Weapons of Math Destruction*》[26]。

ML 算法所做的不是預測未來，而是編碼過去，從而不斷固化資料中的偏見。當 ML 算法被大規模部署時，歧視行為的規模也變得更大。如果真人操作員一次只能對幾個人做出全面判斷，ML 算法在幾秒鐘內就可以對數百萬人做出全面判斷。少數群體受此傷害尤深，因為即使錯誤分類他們，也只會對模型整體效能指標產生很小的影響。

如果一個算法已經可以對 98% 的人口做出正確預測，而改進對另外 2% 人口的預測將產生多倍成本，很不幸的，有些公司可能因此選擇不改善。在麥肯錫公司於 2019 年的一項研究中，只有 13% 的受訪大公司表示他們正在採取措施減輕平

---

25 Khristopher J. Brooks，《Disparity in Home Lending Costs Minorities Millions, Researchers Find》，*CBS News*，2019 年 11 月 15 日，*https://oreil.ly/UiHUB*。

26 Cathy O'Neil，*Weapons of Math Destruction*（New York：Crown Books，2016 年）。

等性和公平性的風險，例如算法偏見和歧視 [27]。然而，這種情況正在迅速改變。我們將在第 11 章探討「負責任的 AI」的公平性與其他層面。

可解釋性

2020 年初，圖靈獎得主 Geoffrey Hinton 教授提出了一個備受爭議的問題，即 ML 系統中可解釋性的重要性：「假設你得了癌症，你必須在黑匣子 AI 外科醫生和人類外科醫生之間做出選擇。前者無法解釋它如何工作，但有 90% 的治愈率，後者則只有 80% 治愈率。你希望 AI 外科醫生是非法的嗎？」[28]

幾週後，當我向非科技上市公司的 30 名技術高管提出這個問題時，只有一半人希望高效但無法解釋的 AI 外科醫生為他們做手術。另一半選擇人類外科醫生。

雖然我們大多數人在不了解微波爐工作原理的情況下都能習慣使用微波爐，但許多人對 AI 的看法卻不盡相同，尤其是當 AI 為他們的生活做出重要決定時。

由於大多數 ML 研究仍然基於單一目標（即模型效能）來進行評估，因此研究人員沒有太大動力研究模型的可解釋性。然而，對於行業中的大多數 ML 用例，可解釋性不只是可選項目，而是一項需求。

首先，可解釋性對於用戶（包括業務領導者和最終用戶）來說很重要，因為他們可以理解決定背後的原因，才對模型建立信任，並檢測前面提到的潛在偏見 [29]。其次，這也有助開發人員除錯和改進模型。

儘管可解釋性是一項需求，但並不意味著每個人都已附諸實行。直到 2019 年，只有 19% 大企業開展了提高算法可解釋性的工作 [30]。

27　Stanford University Human-Centered Artificial Intelligence (HAI)，*The 2019 AI Index Report*，2019 年，*https://oreil.ly/xs8mG*。

28　Geoffrey Hinton (@geoffreyhinton) 的貼文，2020 年 2 月 20 日，*https://oreil.ly/KdfD8*。

29　對於某些國家的某些用例，用戶擁有「獲取解釋權」：對於算法的輸出，用戶有權獲取解釋。

30　Stanford HAI，*The 2019 AI Index Report*。

討論

有些人可能會爭辯說，只了解 ML 學術的一面是可以的，因為在研究領域有很多工作。第一部分（可以只知道 ML 學術的一面）這是正確的。但第二部分是錯誤的。

雖然追求純粹的研究很重要，但除非它能帶來短期的商業應用，否則大多數公司都負擔不起。尤其現在研究界採取「愈大愈好」的方法。通常，新模型需要大量資料，僅運算就需要耗費數千萬美元。

隨著 ML 研究和「取下即用」模型變得更容易獲取，更多組織和個別人士希望為它們找到應用場景，生產環境 ML 的需求也應運而生。

絕大多數與 ML 相關的工作，會是把 ML「生產環境化」（productionizing），現在也的確如此。

機器學習系統與傳統軟體

由於 ML 是軟體工程（SWE）的一部分，而軟體已經成功在生產階段應用了半個多世紀，因此有些人可能想知道為什麼我們不直接採用軟體工程中久經考驗的最佳實踐方式，並將其應用到 ML。

這是個好主意。事實上，如果 ML 專家是更好的軟體工程師，ML 在生產階段的情況會比現在好得多。許多傳統的 SWE 工具可用於開發和部署 ML 應用程式。

然而，許多挑戰是 ML 應用程式所獨有的，需要它們自己的工具。SWE 有一個潛在的假設，即程式碼和資料是分離的。事實上，在 SWE，我們希望盡可能保持模塊化和分離化（請參閱關於關注點分離的維基百科頁面（*https://oreil.ly/kH67y*））。

相反，ML 系統是部分程式碼、部分資料，以及由兩者創建的產出物。過去十年的趨勢表明，使用最多 / 最佳資料開發的應用程式占優。大多數公司不會專注於改進 ML 算法，而是專注於改進他們的資料。由於資料變化很快，ML 應用程式需要適應不斷變化的環境，這可能需要更快的開發和部署週期。

在傳統 SWE，你只需要專注程式碼測試和版本控制。在 ML，我們也必須測試和版本化我們的資料，而這是困難的部分。如何對大型資料集進行版本控制？如何知道資料樣本對系統孰好孰壞？並非所有資料樣本都是生而平等的——對於你的

模型，有些資料樣本比其他樣本更有價值。例如模型已經歷了 100 萬次正常肺部掃描和 1000 次癌性肺部掃描的訓練，則現在癌性肺部掃描比正常肺部掃描更有價值。不進行取捨就接受所有可用資料，可能會損害模型的效能，甚至使其容易受到資料中毒攻擊 [31]。

ML 模型的大小是另一項挑戰。截至 2022 年，ML 模型通常擁有數億、甚至數十億個參數，這需要 gigabytes 級數的隨機存取儲存器（RAM）才能將它們加載到記憶體中。幾年後，十億個參數可能看起來很古怪——就像人們現在所說的：「你能相信將人類送上月球的電腦只有 32 MB 的 RAM 嗎？」

但目前來說，將這些大型模型投入生產階段，尤其是在邊緣設備上 [32]，是一項巨大的工程挑戰。而我們面對的問題，就是如何確保這些模型運行速度足夠其發揮正常作用。如果自動完成打字的模型建議下一個字元所需的時間，比你鍵入所需的時間長，那這樣的模型是無用的。

在生產環境被監控和除錯模型也很重要。隨著 ML 模型變得越來越複雜，再加上其操作缺乏可見性，很難找出哪裡出了問題，或者在出現問題時及時收到警報。

好消息是，這些工程難題正在以極快的速度得到解決。早在 2018 年，當 Bidirectional Encoder Representations from Transformers（BERT）論文首次發表時，人們就在談論 BERT 太大、太複雜、太慢而不實用。預訓練的大型 BERT 模型有 3.4 億個參數，大小 1.35 GB[33]。很快過了兩年，BERT 及其變體已經用於 Google 上幾乎全部的英語搜索 [34]。

31　Xinyun Chen、Chang Liu、Bo Li、Kimberly Lu 和 Dawn Song，《Targeted Backdoor Attacks on Deep Learning Systems Using Data Poisoning》，*arXiv*，2017 年 12 月 15 日，*https://oreil.ly/OkAjb*。

32　我們將在第 7 章介紹邊緣設備。

33　Jacob Devlin、Ming-Wei Chang、Kenton Lee 和 Kristina Toutanova，《BERT: Pre-training of Deep Bidirectional Transformers for Language Understanding》，*arXiv*，2018 年 10 月 11 日，*https://oreil.ly/TG3ZW*。

34　Google Search On，2020 年，*https://oreil.ly/M7YjM*。

小結

本章開宗明義，就是讓讀者了解把機器學習帶進現實世界需要什麼。我們首先介紹了現今在 ML 生產階段的廣泛用例。雖然大多數人都熟悉消費者面向應用程式的 ML，但大多數 ML 用例都是針對企業的。我們也討論過 ML 解決方案在什麼時候是合適的。儘管 ML 可以很好地解決許多問題，但它不能解決所有問題，當然也不適合用來解決所有問題。不過，對於 ML 無法解決的問題，它仍可能成為解決方案的一部分。

本章還強調了研究領域 ML 與生產階段 ML 之間的差異。這些差異包括利益相關者的參與、計算優先級、所用資料的屬性、公平性問題的嚴重性以及對可解釋性的需求。本節對來自學術界的生產階段 ML 人員最有幫助。我們還討論了 ML 系統與傳統軟體系統的區別，這激發了我撰寫此書的動機。

ML 系統很複雜，由許多不同的組件組成。在生產環境使用 ML 系統的資料科學家和 ML 工程師可能會發現，僅關注 ML 算法部分是遠遠不夠的。了解系統的其他方面很重要，包括資料堆棧、部署、監控、維護、基礎設施等。本書以系統性方法解構 ML 系統開發，這意味著我們將整體考慮系統的所有組件，而不是僅僅關注 ML 算法。我們將在下一章詳細介紹這種整體方法的涵義。

## 第二章

機器學習系統設計簡介

大致了解現實世界中的 ML 系統後，現在我們進入 ML 系統設計這個有趣的部分。正如第一章所述，「ML 系統設計」即採用系統方法來處理 MLOps，意味著我們將從整體上考慮 ML 系統，確保業務需求、資料層（data stack）、基礎設施（infrastructure）、部署、監控等要件的持分者（利益相關者）可以共同努力，滿足特定的目標和要求。

開宗明義，先討論何謂「特定目標」。在我們開發機器學習系統之前，我們必須明白需要這個系統的原由。如果這個系統是為了業務而建立，它必須由業務目標驅動。業務目標需轉化成 ML 目標，以指導 ML 模型的開發。

一旦每個人都接受了 ML 系統的目標，我們就需要設定某些需求，來指導系統開發。在本書中，我們將從四方面考慮：可靠性（reliability）、可擴展性（scalability）、可維護性（maintainability）和適應性（adaptabiity）。然後我們將介紹滿足這些需求的迭代過程。

可能你會問：有了所有這些目標、需求和流程，終於可以開始構建我的 ML 模型了吧？沒那麼快！在使用 ML 算法來解決你的問題前，你需要建立框架，將問題轉換成一個可透過 ML 執行的任務。本章將繼續談到如何框架化你需要解決的問題，基於不同框架，工作難度也會有明顯的差異。

因為 ML 系統是一種由資料主導的系統，一本討論 ML 系統設計的書應當討論資料在 ML 系統的重要性。本章最後會觸及一場涉及近年大量 ML 文獻的辯論：何者更重要——資料或智慧算法？

讓我們開始吧！

業務和 ML 目標

我們先要考慮 ML 專案提案的目標。資料科學家（data scientist）在參與 ML 項目時傾向於關心 ML 目標：他們可以衡量 ML 模型效能的指標，例如準確性（accuracy），F1 分數（F-1 score）、推理時延（inference latency）等。要把模型準確性從 94% 提升至 94.2% 會令他們雀躍起來，他們也會可能會花費大量資源（資料、運算部件和工程時間）來實現這目標。

事實是：大多數公司並不關心花哨的 ML 指標。他們不關心將模型的準確性從 94% 提高到 94.2%，除非它能帶動某些業務指標。我在許多短期 ML 項目中看到一種常態，就是資料科學家們過於專注提升 ML 指標的技術，而沒有關注業務指標。然而，他們的經理只關心業務指標，而且在看不到項目如何推動業務指標時，便過早結束項目（並可能放棄所涉及的資料科學團隊[1]）。

那麼，公司關心哪些指標呢？儘管大多數公司都想以其他方式說服你，根據諾貝爾經濟學獎得主 Milton Friedman 的說法，企業的唯一目標是為股東實現利潤最大化[2]。

因此，企業內任何項目的最終目標都是直接或間接增加利潤：直接如增加銷售額（轉化率）和削減成本；間接如提升客戶滿意度和增加網站的使用時間。

ML 專案要在商業組織內取得成功，至關重要的是將 ML 系統的效能對整體業務效能的影響連繫起來。什麼業務效能指標能被新 ML 系統影響？是廣告收入量嗎？是每月活躍用戶數嗎？

---

1 Eugene Y an 有一篇的精彩文章，關於資料科學家如何理解業務意圖 以及專案的背景（*https://oreil.ly/thQCV*）。

2 Milton Friedman，《A Friedman Doctrine—The Social Responsibility of Business Is to Increase Its Profits》，*New York Times Magazine*，1970 年 9 月 13 日，*https://oreil.ly/Fmbem*。

假設你在一個關心瀏覽至購買率（purchase-through rate）的電商網站工作，你希望將推薦系統從批量預測（batch prediction）轉成線上預測（online prediction）[3]。你可能認為線上預測將為用戶帶來更相關的推薦，帶來更高的瀏覽至購買率。你甚至可以進行實驗來證明在線上預測可以把推薦系統的預測準確度提高 X%，並從網站過往記錄得出，推薦系統準確性每提高百分之一，瀏覽至購買率都有一定程度的提升。

預測廣告點擊率（ad click-through rates）和詐欺檢測（fraud detection）是當今最流行的 ML 用例之一，因為 ML 模型的效能直接跟業務指標掛勾：增加點擊率會帶來實際廣告收入，每次成功攔截詐欺交易都能防止實際金額損失。

許多公司都創建自己的指標，將業務指標和 ML 指標連繫在一起。例如，Netflix 使用採納率（take-rate）來衡量其推薦系統的效能：「優質播放」（quality play）的數量除以用戶看到的推薦項目數量[4]。採納率越高，推薦系統越好。Netflix 還將推薦系統的採納率連繫到其他業務指標，例如總串流媒體時數和訂閱取消率等。他們發現更高的採納率也會導致更高的總串流媒體時數和更低的訂閱取消率[5]。

ML 專案與業務目標之間的關係有時候卻難於理順。例如，為客戶提供更個性化解決方案的 ML 模型既可以使他們更快樂，讓他們花更多的錢在你的服務上。同一個 ML 模型也可以更快地解決他們的問題，或許讓他們花費更少。

要確實得知 ML 指標如何影響業務指標，通常需要實驗。許多公司透過諸如 A/B 測試（A/B Testing）等實驗來做到這一點，並採用能帶來更佳業務指標的模型，無論該模型是否具有更好的 ML 指標。

---

3   我們將在第 7 章介紹批量預測和線上預測。

4   Ashok Chandrashekar、Fernando Amat、Justin Basilico 和 Tony Jebara，《Artwork Personalization at Netflix》，Netflix Technology Blog，2017 年 12 月 7 日，*https://oreil.ly/UEDmw*。

5   Carlos A. Gomez-Uribe 和 Neil Hunt，《The Netflix Recommender System: Algorithms, Business Value, and Innovation》，*ACM Transactions on Management Information Systems* 6，第 4 期（2016 年 1 月）：13，*https://oreil.ly/JkEPB*。

話雖如此，即使是嚴格的實驗也可能不足以理解 ML 模型輸出和業務指標之間關係。假設你在一家負責檢測和阻止安全威脅的網路安全公司工作，而 ML 只是其複雜過程中的組成部分。ML 模型用於檢測異常網路流量模式（traffic pattern），然後透過一個邏輯集（例如一系列 if-else 語句）對這些異常模式是否構成潛在威脅進行分類。安全專家會審查這些潛在威脅，以確定它們是否構成實際威脅。實際威脅的流量將經過另一不同的過程加以阻止。當此過程無法阻止威脅時，我們可能無法弄清楚 ML 部件是否與這次失敗有任何關係。

許多公司喜歡說他們在系統中使用 ML，因為「由人工智慧推動」這接著，字眼就能幫助他們吸引客戶，不管人工智慧是否做了任何實際有用的事情[6]。

從商業角度評估 ML 解決方案時，預期回報應當切合實際。基於媒體和 ML 方案既得利益從業者圍繞著 ML 進行炒作，一些公司可能認為機器學習就好像魔法一樣，能在一夜之間改進業務。

像魔法一樣：可能的。在一夜之間：不可能的。

有許多公司已經從 ML 中獲益。例如，ML 有幫助 Google 提升搜尋效能，以更高的價格銷售更多廣告，提高翻譯品質，並構建更好的 Android 應用程式。但這種收穫並非一蹴可幾。就像 google 一直在 ML 領域進行投資，時間以十年計。

機器學習的投資回報在很大程度上取決於採用過程的成熟階段。採用 ML 的時間越長，ML 管道運行效率越高，開發週期越快，所需工程時間越少，雲端賬單費用越低，這一切都會帶來更高的回報。根據 Algorithmia 一項 2020 年的調查，在 ML 採用成熟度更高（生產模型超過五年）的公司中，近 75% 的公司在 30 天內可以完成部署一個模型。至於那些剛開始使用 ML 管道的公司，60% 的公司需要 30 天以上的時間來部署一個模型（見圖 2-1）[7]。

6　Parmy Olson，《Nearly Half of All 'AI Startups' Are Cashing In on Hype》，*Forbes*，2019 年 3 月 4 日，*https://oreil.ly/w5kOr*。

7　《2020 State of Enterprise Machine Learning,》，Algorithmia，2020 年，*https://oreil.ly/FlIV1*。

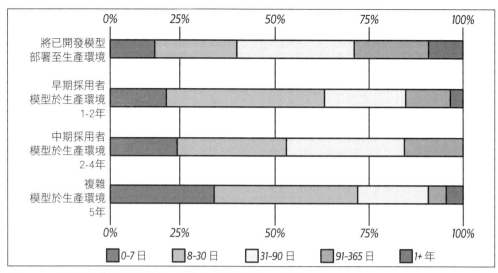

圖 2-1　公司將模型需要多長時間進入生產階段，與使用 ML 的時間有關。資料來源：改編自 Algorithmia 的圖像

ML 系統需求

在不知道滿足什麼系統需求的情況下，我們不能聲稱已經成功構建了一個 ML 系統。ML 系統的特定需求因用例而異。然而，大多數系統應該具有這四個特徵：可靠性、可擴展性、可維護性和適應性。我們會逐一詳談這些概念。讓我們先仔細看看可靠性。

可靠性

系統應繼續以所需的水平執行正確的功能，縱然面對不理想的情況（硬體或軟體故障，甚至人為錯誤）。

ML 系統的「正確性」可能難以確認。假設你的系統正呼叫預測函數（例如：`model.predict()`）但其預測是錯誤的。如果沒有基礎事實（ground truth）標籤進行比對，我們怎麼知道預測是否錯誤？

使用傳統的軟體系統，你經常會收到警告，例如系統不能運作、運行錯誤、或 404。但是，ML 系統失敗時卻可能無聲無息。終端用戶甚至不知道系統出現故障，可能繼續使用它，系統運作就像一切如常。如果你使用 Google 翻譯將一個句子翻譯成你需要的一種語言，就算翻譯錯了，你也很難分辨。我們會在第 8 章討論 ML 系統如何在實際運行時失效。

可擴展性

ML 系統有多種擴展方式，並隨其複雜性而改變。去年你使用了適合 Amazon Web Services（AWS）1 GB 記憶體免費級別 instance 的邏輯回歸模型，但今年你切換到 1 億個參數的神經元網路，需要 16 GB 記憶體來生成預測。

你的 ML 系統可以隨流量擴展。當你開始部署 ML 系統時，你每天只處理 10,000 個預測請求。但當公司的用戶群增長時，ML 系統每天處理的預測請求數量便在 100 萬到 1000 萬之間。

ML 系統中的模型數量可能會增加。一開始，你可能只有涉及一個用例的模型，比方說，檢測像 Twitter 這類社交網站上的熱門標籤（trending label）。但是，隨著時間的推移，你希望為此用例增加更多功能，因此你將再添加一個過濾工作不安全（NSFW）內容的模型，和另一種過濾機器生成貼文（tweet）的模型。這種增長模式在針對企業用例的 ML 系統中尤其常見。最初，一家新創公司可能只服務一個企業客戶，這意味著公司只有一個模型。然而，隨著這家新創公司獲得更多客戶，他們可能會為每個客戶提供一個模型。我合作過的一家新創公司，有 8,000 模型用於他們的 8,000 個企業客戶。

無論系統以什麼方式增長，你都應該有合理的方式來處理。在談論可擴展性時，大多數人會想到資源擴展（resource scaling），其中包括擴大規模（擴大資源以應對增長）和縮小規模（在不需要時減少資源）[8]。

---

8 擴大規模（Up-scaling）和縮小規模（down-scaling）是「向外規模化（scaling out）」的兩個走向，這有別於橫向擴展（scaling up）。向外規模化是指並行添加更多等效功能組件以分散負載。橫向擴展指造出一個更大或更快的組件，以處理更大的負載（Leah Schoeb，《Cloud Scalability: Scale Up vs Scale》，*Turbonomic Blog*，2018 年 3 月 15 日，*https://oreil.ly/CFPtb*）。

比方說，在用量高峰時，你的系統可能需要 100 個 GPU（圖形處理器）。然而大多數時候，它只需要 10 個 GPU。要一直維持使用 100 個 GPU 可能很昂貴，因此你的系統應該隨時縮減到 10 個 GPU。

許多雲服務中不可或缺的功能是自動擴展（autoscaling）：機器組件規模根據使用情況而自動擴大或縮小。要實現這個功能，可能很棘手，即使 Amazon 也因此遭殃。他們曾在 Prime Day 促銷日因為自動擴展失敗，導致系統無法運作。估計 Amazon 停機一個小時便損失約 7200 萬至 9900 萬美元[9]。

處理增長不僅依靠資源擴展，還有部件管理（artifact management）。管理 100 個模型與管理一個模型有很大不同。一個模型的話，你或許可以手動監控其效能，並手動以新資料更新模型。由於只有一個模型，你可以只保存一個檔案，幫助你在需要時重現此模型。然而，涉及到 100 個模型時，監控和再訓練方面都需要自動化。你會需要一種方法來管理程式碼的生成過程，以便你有充足的準備，隨時按需要建模。

因為可擴展性是貫穿 ML 專案工作流程的一個重要主題，我們將在本書的不同部分討論它。具體來說，我們將在第 169 頁的「分布式訓練」小節、第 218 頁的「模型優化」小節和第 311 頁的「資源管理」小節觸及資源擴展；在第 164 頁的「實驗追蹤及版本控制」小節和第 303 頁的「開發環境」小節討論部件管理。

可維護性

有很多人會在 ML 系統上工作。他們是 ML 工程師、開發與運作（DevOps）工程師和領域專家（Subject Matter Experts, SMEs）。他們可能來自非常不同的背景、使用不同的程式設計語言和工具、在流程各部分有著不同的角色。

分配工作量和設定系統基礎時，應當讓不同貢獻者使用他們喜歡的工具工作，而不是一個群組的人將他們的工具強加予其他群組。程式碼應以文件好好記錄。程式碼、資料和部件均應分好版本。模型應該具有足夠的可重現性，即使原程式碼提供者不在場，其他貢獻者也可以有足夠的背景資料來進一步構建。出現問題時，不同的貢獻者應能互相合作來識別問題，並在不相互指責的情況下實現解決方案。

9　Sean Wolfe，《Amazon's One Hour of Downtime on Prime Day May Have Cost It up to $100 Million in Lost Sales》，*Business Insider*，2018 年 7 月 19 日，*https://oreil.ly/VBezI*。

我們將在第 337 頁的「團隊結構」小節進行更多討論。

適應性

為了適應不斷變化的資料分布和業務需求，系統應該有一定的能力來發現可提升效能之處，和允許在不中斷服務的情況下更新。

ML 系統的組成既涉及程式碼，又涉及資料，且資料可以快速變化，ML 系統需要具備快速進化的能力。這與可維護性密切相關。我們將在第 237 頁「資料分布偏移」的小節中討論改變資料分布，以及在第 264 頁的「持續學習」小節討論如何使用新資料不斷更新模型。

迭代過程

開發 ML 系統是一個迭代的過程，意味著在大多數情況下，開發是永無止境的 [10]。一旦系統投入生產，就需要對其進行持續監控和更新。

在部署我的第一個 ML 系統之前，我以為這是一個線性的、直截了當的過程。我以為我所要做的就是蒐集資料、訓練模型、部署模型，然後就完成了。然而，我很快意識到這個過程更像是一個循環，還需要在步驟之間不斷來回。

舉例說，要預測用戶輸入搜尋字詞後，應否顯示一則廣告：你在構建該 ML 模型時，可能會遇到以下的工作流程 [11]：

1. 選擇要優化的指標。例如，你可能想要優化曝光（impression）—— 廣告展示的次數。

2. 蒐集資料並獲得標籤。

3. 進行特徵工程。

4. 模型訓練。

5. 分析錯誤時，你意識到錯誤是源於錯的標籤。你重新標記資料。

6. 再次訓練模型。

10　正如一位早期評閱者所指出的，這是傳統軟體的一個屬性。

11　祈禱和哭泣在整個過程都會出現，沒有列出。

---

7. 分析錯誤時，你意識到模型總是給出「不應顯示廣告」的預測，原因是 99.99% 的訓練資料都是負標籤（不應顯示的廣告）。所以你必須蒐集更多應顯示廣告的資料。

8. 再次訓練模型。

9. 測試資料顯示模型效能良好，而相關資料已經是兩個月之前的，對於昨天的資料，模型的效能卻強差人意。你的模型過時了，因此需要根據新的資料進行更新。

10. 再次訓練模型。

11. 部署模型。

12. 這個模型看起來效能不錯，但是隨後業務人員來敲門，詢問為什麼收入減少。原來廣告雖然顯示了，卻很少有人去點擊。所以你想改變模型來優化廣告點擊率。

13. 回到第一步。

圖 2-2 簡單說明了以資料科學家或 ML 工程師視角，在生產環境開發 ML 系統的迭代過程。但從 ML 平台工程師或 DevOps 工程師的角度來看，迭代過程則不同於此，因為他們可能沒有涉獵到模型開發，也可能會花費更多時間設置基礎架構。

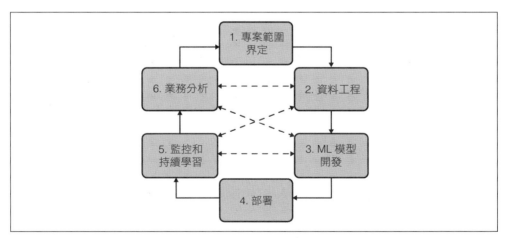

圖 2-2　開發 ML 系統的過程看起來更像是一個循環，在很多步驟之間來回

後續的章節將深入探討每個步驟實作的要求。這裡先簡單了解每個步驟的涵義：

步驟 1. 專案範圍界定

要開展項目，首先應界定專案範圍、制定大小目標和限制因素，找出利益相關者，使他們參與其中。資源運用應經過估算和分配。在第 1 章，我們已經討論了不同利益相關者和在生產環境中落實 ML 專案的一些重點。在本章，我們也討論過如何從業務上確定 ML 專案範圍。在第 11 章，我們將討論如何組織團隊，確保 ML 專案成功。

步驟 2. 資料工程

當今絕大多數 ML 模型都是從資料中學習的，因此開發 ML 模型需從資料工程開始。在第 3 章中，我們將討論資料工程的基礎知識，包括處理來自不同來源和格式的資料。我們希望從原始資料中抽取樣本資料，整理出訓練資料和生成標籤，這將在第 4 章討論。

步驟 3. ML 模型開發

使用初始訓練資料集，我們需要提取特徵，並利用這些特徵開發初始模型。這是涉及最多機器學習知識的階段，並常見於 ML 課程。在第 5 章，我們將討論特徵工程。在第 6 章，我們將討論模型的選擇、訓練、和評估。

步驟 4. 部署

開發完成後，要讓用戶成功存取模型。開發 ML 系統就像寫作一樣——永遠收不了尾，直到必須把系統放上去時才暫時告一段落。我們將在第 7 章討論部署 ML 模型的不同方法。

步驟 5. 監控和持續學習

一旦模型投入運作，就需要監控模型，以避免效能衰減（performance decay），和維護模型，以適應不斷變化的環境和需求。這一步將在第 8 章和第 9 章討論。

步驟 6. 業務分析

模型效能需要根據業務目標進行評估和分析，以得出業務觀點。然後可以根據相關洞見，來消除沒有生產力的項目，或確定新項目的範圍。這與第 1 步密切相關。

構建 ML 問題

試想像你是一家銀行的 ML 工程技術主管，銀行以千禧世代為目標用戶群。有一天，你的老闆聽說一家與你們競爭的銀行使用 ML 來提升他們的客戶服務速度，據說他們處理客戶請求快了一倍。他命令你的團隊也要研究使用 ML 來提升客服速度。

緩慢的客戶支援是一個問題，但這不屬於 ML 問題。要定義 ML 問題，我們需要定義輸入、輸出和指導機器學習的目標函數。單憑上級的需求，很難立即辨識這三部分。作為一名經驗豐富的 ML 工程師，你的工作是利用你對 ML 問題的了解，將上級的請求構建成 ML 問題。

經過調查，你發現處理客戶請求的瓶頸，在於將請求分流至正確部門——到底請求屬於會計、庫存、HR、還是 IT 部門？你可以開發一個 ML 模型，預測客戶請求該交給哪一個部門，來解決運作瓶頸的問題。如此處理的話，就屬於 ML 問題中「分類」的範疇：「客戶請求」是模型輸入項、「被分配的部門」是模型輸出項。至於現實上客戶請求該被分配至什麼部門與模型輸出項與之間的差異，就是目標函數。

在第 5 章，我們會討論如何從原始資料中提取特徵，成為模型輸入項；本章會集中另外兩方面：模型輸出項和指導學習過程的目標函數。

ML 任務的類型

模型輸出項決定了 ML 問題的任務類型。最常見的機器學習任務是分類（classification）和回歸（regression）。分類中還有更多的子分類，如圖 2-3 所示。我們將逐一討論這些任務類型。

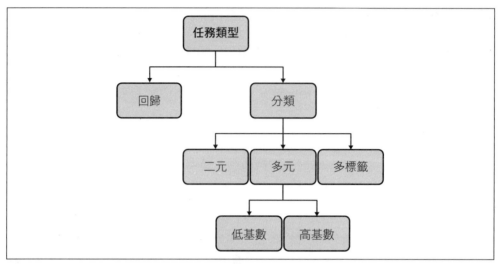

圖 2-3　ML 常見任務類型

分類與回歸

分類模型將輸入分為不同的類別。例如，你想將每封電子郵件分類為垃圾郵件或非垃圾郵件。回歸模型則輸出量化連續數值，比如房子的預測價格。

回歸模型很容易變成分類模型，反之亦然。例如，預測房屋價格可以是分類任務，將價格分為 100,000 美元以下、100,000 美元至 200,000 美元、200,000 美元至 500,000 美元等，由模型決定房屋該屬於哪個價格範圍。

電郵分類也可以是回歸任務，我們可以透過模型輸出 0 和 1 之間的值，並決定一個閾值來確定哪些應該屬於垃圾郵件（例如，如果該值高於 0.5，則電子郵件是垃圾郵件），如圖 2-4 所示：

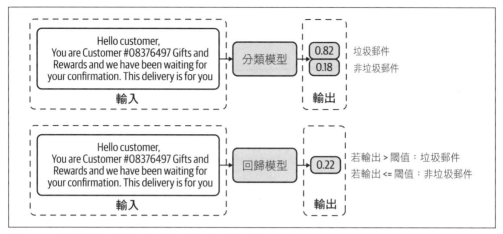

圖 2-4　電子郵件分類任務也可以被定義為回歸任務

二元分類與多元分類

在分類問題中，類別越少，問題就越簡單。最簡單的是**二元分類**，只有兩種可能結果。二元分類的例子包括分類留言是否有害，肺部掃描是否顯示癌症跡象，交易是否詐欺。此類問題在 ML 領域中十分普遍，不知道是因為本質上屬常見問題，或僅因為 ML 從業者認為此類問題最容易處理。

當有兩個以上的類別時，問題就變成了**多元分類**。處理二元分類問題比處理多元分類問題容易得多。

例如，當只有兩個類別時，計算 F1 分數和把混淆矩陣視覺化更為直觀。當類別數量增加，比如疾病診斷的分類可能高達數千，產品的分類可以上萬，我們稱之為**高基數**（*High cardinality*）分類任務。高基數問題可能非常具有挑戰性。第一個挑戰是在於資料蒐集。根據我的經驗，每個類別通常至少需要 100 個例子，ML 模型才能有效分類。所以如果你有 1,000 個類別，你便至少需要 100,000 個例子。資料蒐集可能特別困難。當你有數千個類別時，其中一些類別的資料可能是稀有的。

當類別的數量很大時，層次分類（hierarchical classification）可能有用。要套用層次分類，首先需要一個分類模型，將例子歸於上層較大的分類項。然後你有另一個分類模型，將這個例子分配到所屬的子分類。例如，針對產品分類的情況，你可以先將產品分為四個主要類別之一：電子產品、家居和廚房、時裝、或寵物

用品。將產品分類為時裝類後,你可以使用另一個分類模型,將此產品放入子分類之一:鞋子、襯衫、牛仔褲或配飾。

多元與多標籤分類

在二元分類和多元分類中,每個例子都屬於一個類別。當一個例子可以屬於多個類別時,就屬於多標籤分類(*multilabel classification*)問題。例如,在構建模型將文章分為四類主題(科技、娛樂、金融和政治),一篇文章可以同時包含科技和金融內容。建構多標籤分類問題有兩種主要方法。第一個方法是將其視為多元分類。在多元分類中,如果有是四個可能的類別(技術、娛樂、金融、政治),當文章標籤是娛樂,你可使用向量 [0, 1, 0, 0] 來表示這個標籤;在多標籤分類,文章同時具有娛樂和金融標籤,則其標籤表示為 [0, 1, 1, 0]。

第二種方法是將多標籤分類轉化為一組二元分類問題。同樣的文章分類問題,可以使用四個模型,對應四個主題,每個模型的輸出判斷文章是否屬於該主題。在所有任務類型中,多標籤分類任務是我見過最多問題的。多標籤意味著類別的數量可能因範例而異。首先,標註標籤會變得困難,因為它增加了在第 4 章提到的標籤多重性問題。例如,標註者可能認為一個例子屬於兩個類,而另一個標註者可能認為同一個例子只屬於一類,我們可能很難解決他們之間的分歧。

其次,數量不一致的類別使我們難以從原始資料中提取預測可能性。試想,將文章分為四個主題的相同任務:就一篇文章而言,模型輸出的原始機率分布為:[0.45, 0.2, 0.02, 0.33]。在多元分類的設定中,當你知道一個例子只能屬於一個類別,你只需選擇機率最高的類別,也就是 0.45 的對應項目。在多標籤設定中,因為你不知道一個例子能屬於多少類別,你可能會選擇兩個機率最高的類別(即 0.45 和 0.33)或三個最高機率類別(即 0.45、0.2 和 0.33)。

解決問題的多種方法

改變構建問題的方式可能會使問題更顯困難或容易。試想像預測手機用戶下一個想使用應用程式的任務。一種粗疏的設定是將其構建為多元分類任務 —— 使用用戶和環境的特徵(用戶人口統計資料、時間、位置、以前的應用程式使用情況)作為輸入,並輸出用戶手機上每個應用程式單獨的機率分布。假定 N 為你要考慮推薦給用戶的應用程式數量。在這個框架中,對於既定時間的既定用戶,只有一個預測結果,預測是一個大小為 N 的向量。這個設置是如圖 2-5 所示。

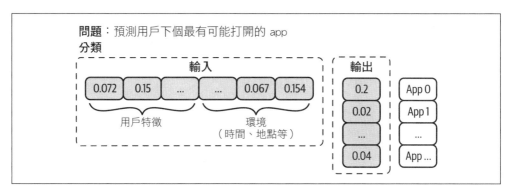

圖 2-5　假設要預測用戶接下來最有可能打開的應用程式，你可以將其視為分類問題。輸入是用戶層面和環境上的特徵。輸出是手機上所有應用程式的機率分布。

這是一個糟糕的方法，因為一旦添加了新應用程式，都可能必須從頭開始訓練模型，或至少重新訓練所有參數取決於 N 的模型組件。更好的方法是將其構建為回歸任務。輸入是用戶、環境和應用程式的特徵。輸出是介於 0 和 1 之間的單一值；數值越高，代表用戶越可能在這些已知條件下打開該應用程式。在這個框架中，對於既定時間的既定用戶，模型給出 N 個預測結果，每個應用程式配對一個結果，而每個預測結果是一個數值。這種改進的設定如圖 2-6 所示。

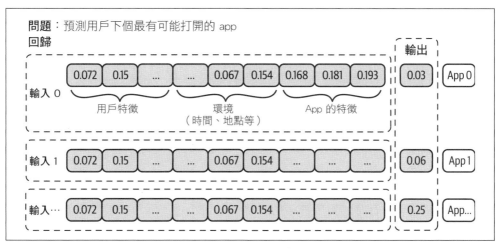

圖 2-6　考慮用戶「下一個應用程式」問題，你可以將其視為回歸問題。輸入是用戶的特徵，環境的特徵和應用程式的特徵。輸出是介於 0 和 1 之間的單值，表示基於以上特徵條件，用戶打開應用程式的可能性有多大。

在這個新的框架下，考慮是否應推薦新應用程式給用戶，你只需要輸入新應用程式的特徵資料，無須從頭開始訓練模型或模型組件。

目標函數 (Objective Functions)

要學有所成，ML 模型需要一個目標函數來帶領其學習過程[12]。目標函數也稱為損失函數（loss functions），因為模型學習的目標通常是為了最小化（或優化）錯誤預測，即輸出結果上的「損失」。對於監督式 ML，可以透過將模型的輸出與使用均方根誤差（RMSE）或交叉熵（cross entropy）。

為了說明這一點，我們再次回到之前的分類任務，即根據 [科技 , 娛樂 , 金融 , 政治] 四個主題，把文章分類。比方說一篇文章屬於政治類，文章的真實標籤是 [0, 0, 0, 1]。想像一下，你的模型就這篇文章輸出的原始機率分布：[0.45, 0.2, 0.02, 0.33]。在此例中，這個模型的交叉熵損失，就是 [0.45, 0.2, 0.02, 0.33] 相對於 [0, 0, 0, 1] 的交叉熵。在 Python 中，你可以使用以下程式碼計算交叉熵：

```
import numpy as np

def cross_entropy(p, q):
return -sum([p<i> * np.log(q<i>) for i in range(len(p))])

p = [0, 0, 0, 1]
q = [0.45, 0.2, 0.02, 0.33]

cross_entropy(p, q)
```

選取目標函數看似容易不過，然而目標函數本質上可不簡單。要找出有意義的目標函數，需具備代數知識，所以大多數 ML 工程師只使用常見的損失函數，如 RMSE 或 MAE（平均絕對誤差）用於回歸，邏輯損失（也稱為對數損失）用於二元分類，以及用於多元分類的交叉熵。

解耦目標

構建 ML 問題時，有時候需要把多個目標函數最小化，問題就變得很棘手。試想像你正在構建一個系統，為用戶新聞動態（newsfeeds）的帖子排名。你最初的目標是將用戶參與度最大化。你想把目標分成三個小目標：

---

[12] 注意目標函數是數學上的函數，不同於我們在本章前面討論過的業務和 ML 目標。

- 過濾垃圾郵件

- 過濾 NSFW 內容

- 按參與度排名帖子：用戶點擊它的可能性有多大

但你很快了解到，僅針對用戶參與度來優化，或許會引起道德問題。因為極端的帖子往往會吸引更多參與，你的算法學會了優先排名極端內容[13]。然而你希望新聞動態的內容更健康，因此你有一個新目標：最大限度地提高用戶的參與度，同時盡量減少極端觀點和錯誤信息的傳播。為了達到這個目標，你在原始計畫中添加兩個新的小目標：

- 過濾垃圾郵件

- 過濾 NSFW 內容

- 過濾錯誤信息

- 按品質排名帖子

- 按參與度排名帖子：用戶點擊它的可能性有多大

現在這兩個小目標構成衝突。如果一個帖子很吸引人，但它的品質有問題，該帖子的排名應該高還是低？

一個目標由一個目標函數來演繹。要按品質排名帖子，首先需要預測帖子的品質，並且希望帖子的預測品品質盡可能接近實際品質。從本質上看，你要最小化**品質損失**（*quality_loss*），即每個帖子的預測品質與其真實品質之間的差異[14]。

同樣，要按參與度排名帖子，你首先需要預測每個帖子得到的點擊次數。你想最小化**參與度損失**（*engagement_loss*）：即每個帖子的預測點擊次數，及其實際點擊次數之間的區別。

13　Joe Kukura，《Really Dangerous' Algorithm That Favors Angry Posts》，*SFist*，2019 年 9 月 24 日，*https://oreil.ly/PXtGi*；Kevin Roose，《The Making of a YouTube Radical》，*New York Times*，2019 年 6 月 8 日，*https://oreil.ly/KYqzF*。

14　簡單起見，假設現在的我們知道如何衡量帖子的品質。

一種方法是將這兩個損失函數合併為一個函數，訓練一個模型來把損失最小化：

$$loss（損失函數）= a\ quality\_loss（品質損失）+ \beta\ engagement\_loss（參與度損失）$$

你可以隨機測試 α 和 β 的不同值，以找出損失函數最有效的值。如果你想更具系統地調整這些值，你可以查看柏拉圖最佳解（Pareto optimization）：「一個多標準決策的領域，涉及同時優化多個目標函數的數學優化問題」[15]。

以上方法的一個問題是，α 和 β 或需不時調整。如果用戶新聞動態的品質提高了，但用戶的參與度下降了，你可能想要減少 α 並增加 β，就必須重新訓練你的模型。

另一種方法是訓練兩個不同的模型，每個模型優化一個損失函數。那麼你需要兩個模型：

品質模型

最小化 quality_loss 並輸出每個帖子的預測品質

參與模型

最小化 engagement_loss 並輸出每個帖子的預測點擊次數

你可以結合模型的輸出並根據它們的綜合分數進行排名：

$$a\ quality\_score（品質評分）+ \beta\ engagement\_score（參與度評分）$$

現在你可以調整 α 和 β 而無須重新訓練模型！

---

15 維基百科，s.v.《Pareto optimization》，*https://oreil.ly/NdApy*。關注此部分的讀者，可參閱 Jin 和 Sendhoff　關於將柏拉圖最佳解應用於 ML 的優秀論文，作者表明「機器學習本質上是一項多目標任務」（Yaochu Jin 和 Bernhard Sendhoff，《Pareto-Based Multiobjective Machine Learning: An Overview and Case Studies》，*IEEE Transactions on Systems, Man, and Cybernetics—Part C: Applications and Reviews* 38，第 3 期，2008 年 5 月，*https://oreil.ly/f1aKk*）。

一般來說，當有多個目標時，最好是先分解 ML 模型，因為這樣可使模型開發和維護變得容易。首先，如前所述，我們無須重新訓練模型，即可調整系統。其次，它更易於維護，因為不同的目標可能需要不同的維護日程。製造垃圾內容技倆的演化速度比帖子品質感知模式的演化速度快得多，所以相對品質排名系統，垃圾內容過濾系統需要更頻繁的更新。

思維與資料交戰

過去十年的進展表明，ML 系統的成功很大程度取決於訓練資料。大多數人沒有專注於改進 ML 算法，而是專注於管理和改進他們的資料[16]。

儘管使用大量資料的模型取得成功，許多人質疑「強調資料重要性」是否是正確的前進方向。在過去的五年裡，我參加的每一個學術會議中，總會有一些關於「思維」與「資料」孰強孰弱的公開辯論。思維可能見於導引式偏見 (inductive biases)，或智慧架構設計中。資料則可能會與運算能力一同出現，因為更多的資料意味著更多的運算能力。

理論上，你既可追求架構設計，也可以利用大量資料和運算能力，但當你花時間專注於其中一端時，往往會顧此失彼[17]。

在「思維優於資料」陣營中，有圖靈獎最佳獲得者 Judea Pearl 博士，他以因果推理和貝氏網路方面的工作聞名。在其著作《The Book of Why》的簡介中便以「Mind over Data」為題，他強調：「資料非常愚蠢。」在 2020 年，他在 Twitter 上發表一篇更具爭議的帖子，強烈反對嚴重依賴資料，並警告支持資料主導的 ML 人員可能會在三到五年內失業：「ML 在 3-5 年內將不同以往，而繼續支持資料主導模式的 ML 人員即使沒有失去工作，也會發現自己落伍了。記下來吧[18]」。

16　Anand Rajaraman，《More Data Usually Beats Better Algorithms》，*Datawocky*，2008 年 3 月 24 日，*https://oreil.ly/wNwhV*。

17　Rich Sutton，《The Bitter Lesson》，2019 年 3 月 13 日，*https://oreil.ly/RhOp9*。

18　Dr. Judea Pearl (@yudapearl) 的貼文，2020 年 9 月 27 日，*https://oreil.ly/wFbHb*。

來自史丹佛人工智慧實驗室的總監 Christopher Manning 教授，提出相對溫和的意見。他認為將強大算力和海量資料套配以簡單的學習算法，將創造出十分糟糕的機器學習個體。該結構應使我們設計出可從更少資料學習到更多的系統 [19]。

當今 ML 領域中，許多人都屬於「資料優於思維」的陣營。Richard Sutton 教授，阿爾伯塔大學電腦科學教授和傑出的 DeepMind 研究科學家，寫了一篇很棒的部落格。文章提出，選擇追求智慧設計而不去尋找利用運算能力的更好方法的研究人員，最終會得到慘痛的教訓：「從 70 年的人工智慧研究中可得出的最大教訓是，懂得利用運算能力的方法終究是最有效的，其效能遠遠勝於其他方法⋯研究人員試圖利用人們在該領域的經驗，好讓短期內的改進能有所作為，但從長遠來說，妥善利用運算能力才是最重要的。[20]」。

當被問及 Google 搜尋如何做得如此出色時，Google 總監 Peter Norvig 強調，擁有大量資料的重要性，致使智慧算法取得成功：「我們沒有更好的算法。我們只有更多資料 [21]」。

前 Jawbone 資料副總裁 Monica Rogati 博士認為，資料屬於資料科學之基礎，如圖 2-7 所示。如果你想利用 ML 所屬的資料科學來改進產品或流程，就需要重質且重量的構件資料。沒有資料，就沒有資料科學。

爭論的焦點不在於有限資料是否必要，而是資料是否足夠。「有限」這術語很重要，因為如果我們有無限的資料，我們就可能獲得這場爭論的解答。擁有大量資料並不等於擁有無限資料。

19　《Deep Learning and Innate Priors》（Chris Manning 與 Yann LeCun 的辯論），2018 年 2 月 2 日，影片，1:02:55，*https://oreil.ly/b3hb1*。

20　Sutton，《The Bitter Lesson》。

21　Alon Halevy、Peter Norvig 和 Fernando Pereira，《The Unreasonable Effectiveness of Data》，*IEEE Computer Society*，2009 年 3 月 /4 月，*https://oreil.ly/WkN6p*。

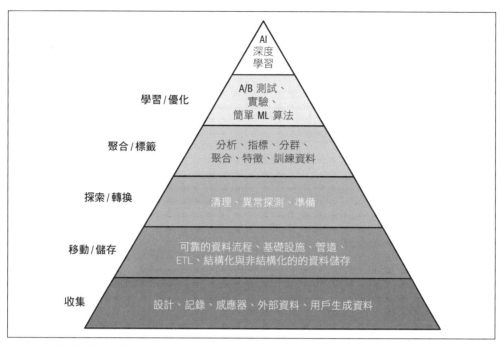

圖 2-7 資料科學需求層次結構。資料來源：改編自 Monica Rogati 的圖像 [22]

不管最終哪個陣營是正確的，目前誰也不能否認資料的不可或缺。近幾十年的研究和行業趨勢表明，ML 的成功越來越依賴資料的質和量。模型越大，使用資料量就越多越大。早在 2013 年，語言模型十億字標準文字（One Billion Word Benchmark for Language Modeling）面世，其分詞（token）量高達 8 億，研究人員為此雀躍不已 [23]。六年後，OpenAI 的 GPT-2 使用了 100 億分詞的資料集。又過了一年，GPT-3 使用了 5000 億個分詞。資料集大小的成長率如圖 2-8 所示。

---

22 Monica Rogati，《The AI Hierarchy of Needs》，*Hackernoon Newsletter*，2017 年 6 月 12 日，*https://oreil.ly/3nxJ8*。

23 Ciprian Chelba、Tomas Mikolov、Mike Schuster、Qi Ge、Thorsten Brants、Phillipp Koehn 和 Tony Robinson，《One Billion Word Benchmark for Measuring Progress in Statistical Language Modeling》，*arXiv*，2013 年 12 月 11 日，*https://oreil.ly/1AdO6*。

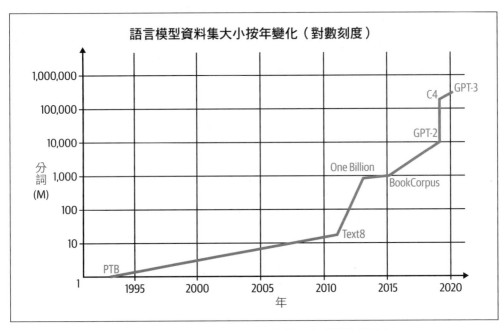

圖 2-8　隨著時間的推移，用於語言模型的資料集的大小（對數刻度）

儘管在過去十年，深度學習發展上的大部分成果均受惠於越來越大的資料量，但更多的資料並不總是意味著更好的模型效能。若有更多品質較低的資料，例如過時的資料，或標籤不正確的資料，甚至可能損害模型的效能。

小結

我希望本章已經向你介紹了 ML 系統設計和我們在設計 ML 系統時需要考慮的因素。

為什麼需要開展這個項目 —— 每個項目都必須由此問題出發，ML 專案不是例外。我們在本章開始時假設大多數企業不會關心 ML 指標，除非 ML 指標可以帶動業務指標。因此，如果一個 ML 系統是為業務而建立的，它必須由業務目標驅動，並轉化為 ML 目標，以指導 ML 模型的開發。

在構建 ML 系統之前，我們需要了解一個好的系統需要滿足什麼需求。不同用例有不同的具體需求，在本章中，我們重點關注了四個最通用的需求：可靠性（reliability）、可擴展性（scalability）、可維護性（maintainability）和適應性（adaptability）。本書將涵蓋滿足這些需求的不同技巧。

構建機器學習系統並非一次性任務，而是一個迭代的過程。我們在本章討論了如何以迭代方式，開發滿足上述需求的 ML 系統。

我們以「資料在 ML 系統中之角色」的哲學討論為本章作結尾。仍然有很多人相信擁有智慧算法最終會勝過擁有大量資料。然而，包括 AlexNet、BERT 和 GPT 在內的系統取得成功，表明 ML 在過去十年中的進步依賴於大量可獲取的資料[24]。不管資料是否可以壓倒一切智能設計，沒人可以否認資料在 ML 中的重要性。本書其中一個重要部分致力於闡明各種資料問題。

複雜的 ML 系統由相對簡單的組件建構而成。現在，我們已經概略說明了 ML 系統的實際運作，在接下來的章節，我們將放大到它的組件，並先從資料工程的基礎知識開始。如果本章提到的挑戰看起來很抽象，希望往後的具體例子能讓你更實際的理解相關內容。

---

24 Alex Krizhevsky、Ilya Sutskever 和 Geoffrey E Hinton，《ImageNet Classification with Deep Convolutional Neural Networks》，*Advances in Neural Information Processing Systems*，編者：F. Pereira, C.J. Burges, L. Bottou, and K.Q. Weinberger（Curran Associates, 2012），*https://oreil.ly/MFYp9*；Jacob Devlin, Ming-Wei Chang, Kenton Lee, and Kristina Toutanova，《BERT: Pre-training of Deep Bidirectional Transformers for Language Understanding》，*arXiv*，2019 年，*https://oreil.ly/TN8fN*；《Better Language Models and Their Implications,》，OpenAI 部落格，2019 年 2 月 14 日，*https://oreil.ly/SGV7g*。

## 第三章

資料工程基礎

近年 ML 的興起與大數據（big data）興起緊密相關。即使沒有 ML，大型資料系統本身已經夠複雜。如果你沒有經年參與過相關作業，很容易會迷失在專用縮略詞之間。這些系統帶來了很多挑戰，也帶來很多潛在解決方案。隨著新工具的出現和行業需求擴大，行業標準迅速演化，創造了動態和不斷變化的環境。看看不同科技公司的資料堆疊（data stack）技術，你會發現各家公司都似乎有自己的一套做法。

在本章中，我們將介紹資料工程的基礎知識，幫助你打下穩健基礎，讓你能根據自身需求作進一步探索。首先，我們從一個典型 ML 項目開始，看看你可能會用到的不同資料來源。然後我們繼續討論可以儲存資料的格式。如果你稍後打算要檢索資料的話，儲存資料才有意義。檢索儲存的資料，重要的不僅是要了解它的格式，還要了解它的結構。資料模型定義了特定資料格式儲存的資料結構。

如果資料模型的作用是描述現實世界中的資料，那麼資料庫則指定資料該如何儲存在機器上。我們將繼續討論兩種主要處理方式：交易性和分析性資料儲存引擎（也稱為資料庫）。

在實際環境處理資料時，你通常需處理橫跨多個流程和服務的資料。例如，系統中可能有一項特徵工程服務，從原始資料計算特徵，以及一項基於已計算特徵生成預測的預測服務。這意味著已計算特徵必須將從特徵工程服務流通到預測服務。在本章的下一部分，我們將討論處理步驟之間傳遞資料的不同模式。

在討論不同的資料傳遞模式時，我們將了解兩個不同類型的資料：資料儲存引擎中的紀錄式資料（historical data），和用於實時傳輸的串流式資料（streaming data）。這兩種不同類型的資料需要不同的處理範式，我們將在第 78 頁「批量處理與串流處理」一節論述之。

想要構建實際運作 ML 系統的人，必需了解如何蒐集、處理、儲存、檢索和處理日益增長的大量資料。如果你已經熟悉資料系統，你可以試著直接跳到第 4 章，詳細了解如何抽樣和生成標籤，以創建訓練資料。如果你想從系統的角度深入了解資料工程，我推薦 Martin Kleppmann 的佳作《資料密集型應用系統設計》（O'Reilly，2017 年）。

資料來源

ML 系統可以處理來自許多不同來源的資料。他們有不同的特性，可用於不同的用途，並且需要不同的處理方法。了解資料的來源可以幫助你更高效使用資料。本節旨在為那些不熟悉資料處理實作的人，介紹不同資料來源的概況。如果你已經參與 ML 實作一段時間了，請跳過這一部分。資料來源的其中一種是*用戶輸入資料*（*user input data*），即由用戶明確輸入的資料。用戶輸入可以是文字、圖像、影片、上傳的文件等。如果他們可以輸入錯誤的資料，他們很可能就會這樣做。因此，用戶輸入的資料很容易出現錯誤格式。文字可能太長或太短。需要數值時，用戶可能會不小心輸入了文字。如果讓用戶上傳文件，他們可能上傳了錯誤的格式。用戶輸入資料需要更多的檢查和處理。

最重要的是，用戶也沒有多少耐心。大多數情況下，我們輸入了資料，便期望立即取得結果。因此，用戶輸入資料往往涉及到快速的處理工序。

另一種來源是「*系統生成資料*」（*system-generated data*）。這是由系統不同組件生成的資料，包括各種類型的日誌和系統輸出資料，比如模型預測資料。

日誌可以記錄系統的狀態和重要事件，比如記憶體使用情況，執行個體數目、呼叫的服務、使用的封包等。他們可以記錄結果不同的作業，包括用於資料處理和模型訓練的大批量作業。這類型的日誌為提供系統運行情況的可見性。這種可見性主要可協助錯誤排除和改進應用程式。大部分時間，你不必查看這些類型的日誌，但如果系統出現任何異常，它們就不可或缺。

由於日誌是由系統生成，因此格式錯誤的可能性比用戶輸入資料要小得多。總的來說，日誌不需要像用戶輸入資料一樣，在抵達系統後即時處理。對於許多用例，它可以接受每小時、甚至每天定期處理。當然，你仍可以快速處理你的日誌，這樣，當「有趣」（interesting）的事情發生時，系統都能檢測到並發出通知 [1]。

因為排除 ML 系統錯誤很困難，常見的做法是盡可能記錄一切。這意味著你的日誌量會增長得非常快。這將導致兩個問題。首先，要尋找有意義的信號，就如同大海撈針，我們很難知道該去哪裡查看。針對這一點，已經有很多處理和分析日誌的服務，例如 Logstash、Datadog、Logz.io 等。其中有許多服務都使用 ML 模型來幫助你處理和理解大量日誌。

第二個問題是如何儲存快速增長的日誌。幸而在大多數情況下，你只需儲存有用的部分，當日誌不再與調試當前系統相關時，日誌便可以丟棄。如果你不必經常存取日誌，它們也可以儲存在低存取頻率的儲存空間中，其成本遠低於高存取頻率的儲存空間 [2]。

這些系統還會生成用戶行為的資料記錄，例如點擊、選擇建議、滾動、縮放、忽略彈出窗口，或在某些頁面花費異常多的時間。儘管這是系統生成的資料，但仍被視為用戶資料的一部分，可能會受到隱私法規的約束 [3]。

還有公司中由各種服務和企業應用程式生成的內部資料庫（internal databases）。這些資料庫管理公司的資產，例如庫存、客戶關係、用戶等。此類資料可供 ML 模型直接使用，或其所屬的組件使用。例如，當用戶在亞馬遜網站輸入搜尋字詞，或許會由多個 ML 模型處理該查詢，以檢測它的意圖。如果有人輸入「frozen」，他們是在尋找冷凍食品還是迪士尼的冰雪奇緣系列？亞馬遜需要在其內部資料庫檢查這些產品的庫存量，對它們進行排名並向用戶展示。

---

1 生產環境中的「有趣」通常意味著災難性的情況，例如出現故障或當你的雲帳單金額達到天文數字。

2 在 2021 年 11 月，允許毫秒級時延存取資料儲存選項 AWS S3 Standard，每 GB 的成本大約是 S3 Glacier 的五倍，而使用 S3 Glacier 檢索資料會有 1 分鐘到 12 小時的時延。

3 一位 ML 工程師曾向我提到，他的團隊只使用用戶的歷史產品瀏覽和購買資料，來為用戶接下來可能希望看到的內容提出建議。我回問：「所以你不用個人資料嗎？」他看著我，一頭霧水：「如果你指的是用戶年齡、位置等人口統計資料，不，我們不使用。但我會說，一個人的瀏覽和購買活動是非常個人化的。」

接著是第三方資料的奇異世界。第一方資料是貴公司已經蒐集的用戶或客戶資料。第二方資料是另一家公司蒐集關於他們客戶的資料，你也許需要付費來購買這些資料。第三方資料公司則收集公眾、而非直接客戶的資料。

隨著網際網路和智慧手機興起，人們更容易蒐集各式各樣的資料。過去使用智慧型手機特別容易，因為每部手機曾經有一個獨有的廣告商 ID：帶有蘋果廣告識別碼的 iPhone（IDFA）和安卓手機的安卓廣告識別 ID（AAID）—— 這獨一無二的 ID 可以匯總手機上的所有活動，來自應用程式和網站的資料、登記服務資料等，均被蒐集並匿名化（希望如此），來產生每個人的活動紀錄。

各種資料都可以購買，例如特定人群的社交媒體活動、購買歷史、網路瀏覽習慣、汽車租賃和政治傾向。特定人群的例子可以是住在灣區、從事科技工作的 25-34 歲男性。透過這個資料，你可以在資料之間做出不同推斷，例如喜歡品牌 A 的人是否也喜歡品牌 B。對於生成用戶感興趣結果的推薦系統及其同類系統，這些資料特別有用。第三方資料經供應商整理過後，通常會拿來販售。

然而，隨著用戶要求更多的資料隱私，公司一直在採取措施，遏制廣告商 ID 的使用。 2021 年初，Apple 將 IDFA 改成用戶自願參與的項目。這一變化顯著減少了可用的 iPhone 第三方資料量，迫使許多公司更重視第一方資料[4]。面對這一項轉變，廣告商著手投資應對之法。例如中國廣告業內的貿易組織、由中國政府背後支持的「中國廣告協會」，投資開發名為 CAID 的設備指紋識別系統，允許諸如 TikTok 和騰訊等應用程式繼續追蹤 iPhone 用戶[5]。

資料格式

取得資料後，你可能想要儲存它（或者用行內術語來說，是「維持」它）。由於你的資料來自多個來源並擁有多個的存取模式[6]，資料的儲存通常不太直觀，在某些情況下還可能有高昂的成本。我們需要考慮很重要的一點，就是將來如何使用資料，以便選擇合適的資料格式。以下是你可能需要考慮的一些問題：

4　John Koetsier，《Apple Just Crippled IDFA, Sending an $80 Billion Industry Into Upheaval》，*Forbes*，2020 年 6 月 24 日，*https://oreil.ly/rqPX9*。

5　Patrick McGee 和 Yuan Yang，《TikTok Wants to Keep Tracking iPhone Users with State-Backed Workaround》，*Ars Technica*，2021 年 3 月 16 日，*https://oreil.ly/54pkg*。

6　「存取模式」是指系統或程式讀取或寫入資料的規律模式。

- 我該如何儲存多模式資料（例如樣本可能包含圖像和文字）？

- 我該在哪裡儲存我的資料，可以達致低成本，高存取速度？

- 我該如何儲存複雜的模型，以便它們在不同的硬體配置下正確加載和運作？

將資料結構或物件狀態轉換成一種可供儲存或傳輸、並允許往後重構的格式，其過程稱為資料序列化（data serialization）。資料序列化的格式有許多種。在考慮要使用的格式時，你可能需要考慮不同的特徵，例如可閱讀性、存取模式，以及格式屬於文字類型還是二進位類型，這將影響其文件的大小。表 3-1 僅包含你在工作上可能會遇到的幾種常見格式。如需更全面的列表，請查看維基百科上精彩的「比較資料序列化格式」頁面（*https://oreil.ly/sgceY*）。

表 3-1　常見資料格式及使用範圍

Format	Binary/Text	Human-readable	Example use cases
JSON	Text	Yes	Everywhere
CSV	Text	Yes	Everywhere
Parquet	Binary	No	Hadoop, Amazon Redshift
Avro	Binary primary	No	Hadoop
Protobuf	Binary primary	No	Google, TensorFlow (TFRecord)
Pickle	Binary	No	Python, PyTorch serialization

我們將從 JSON 開始介紹其中的一些格式。我們還將討論兩個常見且代表不同範式的格式：CSV 和 Parquet。

JSON

JSON，JavaScript Object Notation，它無處不在。儘管它源自於 JavaScript，卻獨立於語言之外 —— 大多數現代程式語言都可以生成並處理分析 JSON。它可供常人閱讀。它的鍵值配對（key-value pair）範式簡單而強大，能夠處理不同結構級別的資料。例如，你的資料能以下列的結構化格式儲存：

```
{
  "名字": "Boatie",
  "姓氏": "McBoatFace",
  "放輕鬆": true,
  "年齡": 12,
  "地址": {
    "街道": "12 Ocean Drive",
    "城市": "Port Royal",
```

```
    "郵編 ": "10021-3100"
  }
}
```

同樣的資料也可以儲存在非結構化的字串中,如下所示:

```
{
  "文字 ": "12 歲的 Boatie McBoatFace 在放輕鬆,位於 12 Ocean Drive,Port Royal,10021-3100"
}
```

因為 JSON 無處不在,它帶來的痛苦也無處不在。一旦你設定好 JSON 文件的資料結構模式,回頭更改這個模式將十分痛苦。JSON 文件是文字文件,這意味著它們佔用大量空間,我們將在第 57 頁的「文字與二進位格式」小節中看到更多。

以行優先 vs. 以列優先

CSV 和 Parquet 是常見且代表不同範式的兩種格式。CSV(逗號分隔值)是以行優先的,這意味著一行中的連續元素在記憶體中彼此相鄰儲存。Parquet 是以列優先的,這意味著列中的連續元素彼此相鄰儲存。

由於現代電腦處理順序資料比非順序資料更有效,如果表格資料是以行優先的,存取同一行的資料將比存取同列資料更快。這意味著對以行優先格式來說,按行存取資料比按列存取更快。

假設我們有一個包含 1,000 個例子的資料集,每個例子有 10 項特徵。如果我們將每個例子視為一行,將每項特徵視為一列,就像 ML 中常見的情況一樣,那麼像 CSV 這樣的以行優先格式將更適合存取整批例子,例如一次存取今天蒐集的所有例子。像 Parquet 這樣的以列優先格式,更適合存取整批特徵,例如存取所有例子的時間點特徵。如圖 3-1 所示。

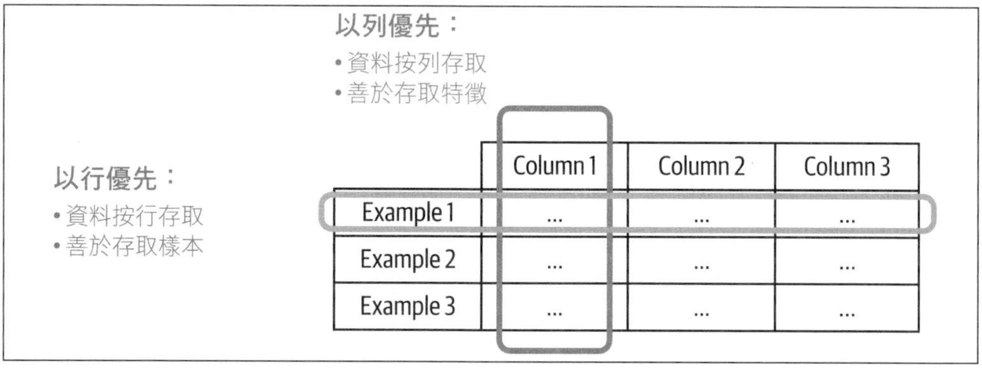

圖 3-1　以行優先與以列優先格式

以列優先格式允許按列靈活讀取，尤其是當你擁有大量資料，且具有數千、甚至以百萬計的特徵時。試考慮，如果你擁有包含 1,000 個特徵的共享乘車交易資料，但你只需要 4 個特徵：時間、位置、距離和價格。使用以列優先格式，可以直接讀取這四項特徵對應的四個列。但是，對於以行優先格式，如果不知道多少行，你必須讀取所有列，然後過濾出這四列。即使你知道行的大小，它仍然會很慢，因為你的資料必須在記憶體中跳來跳去，無法快取。

以行優先格式允許更快的資料寫入。試考慮以下情況：你必須不斷向資料中添加個別例子。對於每個例子，若文件已採用以行優先格式，將其寫入資料會快得多。

總而言之，當你必須進行大量寫入時，以行優先格式的表現較佳，而需要大量按列讀取時，以列優先格式則有更好的表現。

NumPy vs. pandas

有個細微之處許多人沒能注意到，從而導致 pandas 的誤用，那就是此工具庫圍繞列格式構建。

pandas 是圍繞 DataFrame 構建的，這個概念受到 R 的 Data Frame 啟發，它該是以列優先的。DataFrame 是一個包含行和列的二維表格。

在 NumPy 中，則可以指定優先順序。創建 ndarray 時，如果不指定順序，默認會以行優先。從 NumPy 轉向 pandas 的人傾向把 DataFrame 當作 ndarray 對待，例如嘗試按行存取資料，就會發現 DataFrame 運作緩慢。

你可以看到按行存取 DataFrame 比按列存取相同 DataFrame 慢得多。如果你這個 DataFrame 轉換為 NumPy ndarray，按行存取會快得多，如圖右側所示[7]。

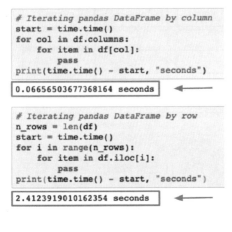

```
# Iterating pandas DataFrame by column
start = time.time()
for col in df.columns:
    for item in df[col]:
        pass
print(time.time() - start, "seconds")
```

`0.06656503677368164 seconds` ←

```
# Iterating pandas DataFrame by row
n_rows = len(df)
start = time.time()
for i in range(n_rows):
    for item in df.iloc[i]:
        pass
print(time.time() - start, "seconds")
```

`2.4123919010162354 seconds` ←

```
df_np = df.to_numpy()
n_rows, n_cols = df_np.shape
```

```
# Iterating NumPy ndarray by column
start = time.time()
for j in range(n_cols):
    for item in df_np[:, j]:
        pass
print(time.time() - start, "seconds")
```

`0.005830049514770508 seconds` ←

```
# Iterating NumPy ndarray by row
start = time.time()
for i in range(n_rows):
    for item in df_np[i]:
        pass
print(time.time() - start, "seconds")
```

`0.019572019577026367 seconds` ←

圖 3-2　（左）按列執行 pandas DataFrame 需要 0.07 秒，但按行執行相同的 DataFrame 需要 2.41 秒（右）。當你將同一個 DataFrame 轉換為 NumPy ndarray 時，對行的存取會快得多。

我使用 CSV 作為以行優先格式的範例，因為它很流行，每個我在科技領域交流過的人都認可它。然而，本書的一些早期評論者指出，他們認為 CSV 是一種可怕的資料格式。它在序列化非文字字元的效能相當差勁。例如，當你將浮點值寫入 CSV 文件時，可能會丟失一些精度（0.12345678901232323 可能被任意捨成「0.12345678901」）正如 Stack Overflow 的貼文（*https://oreil.ly/HjTMM*）和 Microsoft 社群上的貼文（*https://oreil.ly/cbvQu*）所抱怨的那樣。Hacker News（*https://oreil.ly/ziCmo*）上的人們強烈反對使用 CSV。

7　有關 pandas 更多古怪之處，請查看我的 Just pandas Things（*https://oreil.ly/sFkJX*）GitHub 儲存庫。

文字與二進位格式

CSV 和 JSON 是文字文件，而 Parquet 文件是二進位文件。文字文件是純文字文件，這通常意味著它們可供人閱讀。二進位文件是所有非文字文件的統稱。顧名思義，二進位文件通常僅包含原始字節 0 和 1 的文件，由知道如何解釋原始字節的程式讀取或使用。程式必須確切知道二進位文件中的資料是如何佈局的，才能使用該文件。如果你在文字編輯器（例如 VS Code、記事本）中打開文字文件，將能夠閱讀其中的文字。如果你在文字編輯器中打開一個二進位文件，你會看到文件相應資料，例如十六進制值的數字塊。

二進位文件更小巧。一個簡單的例子可說明二進位文件如何比文字文件更相節省空間。試想要儲存號碼 1000000。如果將其儲存在文字文件中，需要 7 個字元，每個字元都是 1 個字節，即共 7 個字節。如果你將它作為 int32 儲存在二進製文件中，它只需要 32 位元，即 4 個位元組。

作為範例，我使用 interviews.csv，它是一個 CSV 文件（文字格式），包含 17,654 行和 10 列。當我將其轉換為二進位格式（Parquet）時，文件大小從 14 MB 變為 6 MB，如圖 3-3 所示。

AWS 建議使用 Parquet 格式，因為「與文字格式相比，Parquet 格式的解除安裝速度提高了 2 倍，在 Amazon S3 中消耗儲存空間減少了 6 倍 [8]。」

8　《Announcing Amazon Redshift Data Lake Export: Share Data in Apache Parquet Format》，Amazon AWS，2019 年 12 月 3 日，*https://oreil.ly/ilDb6*。

```
In [2]:  df = pd.read_csv("data/interviews.csv")
         df.info()

         <class 'pandas.core.frame.DataFrame'>
         RangeIndex: 17654 entries, 0 to 17653
         Data columns (total 10 columns):
          #   Column      Non-Null Count    Dtype
         ---  ------      --------------    -----
          0   Company     17654 non-null    object
          1   Title       17654 non-null    object
          2   Job         17654 non-null    object
          3   Level       17654 non-null    object
          4   Date        17652 non-null    object
          5   Upvotes     17654 non-null    int64
          6   Offer       17654 non-null    object
          7   Experience  16365 non-null    float64
          8   Difficulty  16376 non-null    object
          9   Review      17654 non-null    object
         dtypes: float64(1), int64(1), object(8)
         memory usage: 1.3+ MB

In [3]:  Path("data/interviews.csv").stat().st_size

Out[3]:  14200063          ←

In [4]:  df.to_parquet("data/interviews.parquet")
         Path("data/interviews.parquet").stat().st_size

Out[4]:  6211862          ←
```

圖 3-3　當以 CSV 格式儲存時，我的訪談文件為 14 MB。但是當儲存在 Parquet，同樣的文件是 6MB

資料模型

資料模型描述了資料的表示方式。以汽車為現實例子，資料庫可以使用品牌、型號、年份、顏色和價格來描述一輛汽車。這些屬性構成了汽車的資料模型。或者，你也可以使用車主、車牌和註冊地址紀錄來描述一輛車。這是汽車的另一種資料模型。

如何表示資料不僅影響你的系統構建方式，還會影響系統可解決的問題。例如，你在第一種資料模型中表示汽車的方式，方便了汽車買家，而第二個資料模型使警察更容易追捕罪犯。

在本節中，我們將研究兩種看似相反但實際上相互融合的模型：關係模型（relational model）和 NoSQL 模型。我們將以例子說明每個模型適用的問題類型。

關係模型

關係模型是電腦科學中最歷久不衰的概念之一。關係模型由 Edgar F. Codd 於 1970 年發明[9]，今天仍然很流行，甚至越來越流行。這概念簡單而強大。在這種模型中，資料被關聯起來；每個關聯都是一套元組（tuples）。其公認的視覺化方式便是列表，每行一套元組[10]，如圖 3-4 所示。列表上的關聯是無序的。你可以打亂關聯中行的順序或列的順序，它仍然是相同的關聯。遵循關係模型的資料通常以 CSV 或 Parquet 等文件格式儲存。

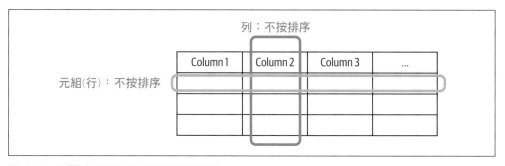

圖 3-4　關聯中行和列的順序都不重要

這些關聯最好要正規化。要正規化資料，可以遵循第一範式（1NF）、第二範式（2NF）等範式，感興趣的讀者可以在維基百科（*https://oreil.ly/EbrCk*）上閱讀更多相關內容。我們將透過一例來展示正規化的工作原理，它如何減少資料冗餘，並提高其完整性。

9　Edgar F. Codd，《A Relational Model of Data for Large Shared Data Banks》，*Communications of the ACM* 13，第 6 期（1970 年 6 月）：377-87。

10　對於注重細節的讀者來說，並非所有列表都由關聯組成。

試留意列表 3-2 中顯示的關聯列表「書籍」（Book），當中有很多重複項。例如首二行除格式和價格外，兩者幾乎相同。如果其出版商資料發生變化（例如：其名稱從「Banana Press」變成「Pineapple Press」），或者其國家資料發生變化，我們便不得不更新第 1、2 和 4 行。如果我們把出版商資料分離出來，如列表 3-3 和 3-4 所示，當出版商資料變化時，我們只需更新出版商關聯列表[11]。這種做法使我們能夠自動統一各行中相同字詞值的拼字。此外，無論是基於值的變化，還是當你想把它們翻譯成不同的語言，我們也可以更輕鬆地做出更改。

表 3-2　初始書籍關係

書名	作者	格式	出版社	國別	價格
Harry Potter	J.K. Rowling	Paperback	Banana Press	UK	$20
Harry Potter	J.K. Rowling	E-book	Banana Press	UK	$10
Sherlock Holmes	Conan Doyle	Paperback	Guava Press	US	$30
The Hobbit	J.R.R. Tolkien	Paperback	Banana Press	UK	$30
Sherlock Holmes	Conan Doyle	Paperback	Guava Press	US	$15

表 3-3　更新書籍關係

書名	作者	格式	出版社 ID	價格
Harry Potter	J.K. Rowling	Paperback	1	$20
Harry Potter	J.K. Rowling	E-book	1	$10
Sherlock Holmes	Conan Doyle	Paperback	2	$30
The Hobbit	J.R.R. Tolkien	Paperback	1	$30
Sherlock Holmes	Conan Doyle	Paperback	2	$15

表 3-4　出版商關係

出版社 ID	出版社	國別
1	Banana Press	UK
2	Guava Press	US

正規化的一個主要缺點，在於資料分布在多項關聯列表中。你可以將來自不同關聯列表的資料重新連接在一起，但對於大型列表來說，此舉可能成本高昂。

圍繞關聯資料模型構建的資料庫就是關係資料庫。將資料放入資料庫後，你將需要一種檢索資料的方法。用於從資料庫中指定所需資料的語言稱為**查詢語言**（*query language*）。當今最流行的關係資料庫查詢語言是 SQL。儘管受到關係

11　你可以進一步正規化書籍關係，例如將格式分離為一個單獨的關聯列表。

模型的啟發，SQL 背後的資料模型已經偏離了原來的關係模型（*https://oreil.ly/g4waq*）。例如，SQL 列表可以包含整行重複的資料，而真正的關聯列表不能包含重複項。然而大多數人不太理會這項細微差別。

SQL 至關重要的一點是它屬於聲明式語言（declarative language），而 Python 是一種命令式語言（imperative language）。在命令式語言的世界，你指定操作所需的步驟，電腦執行這些步驟，返回輸出。在聲明式語言的世界，你指定所需的輸出，然後對於你的查詢，由電腦計算並輸出所需步驟。

使用 SQL 資料庫，你可以指定所需的資料模式（所需資料在哪些列表、結果必須滿足什麼條件、基本的資料轉換，例如：連接、排序、分組、聚合等）而不是如何檢索資料。資料庫系統將決定如何將查詢分解成不同的部分，使用什麼方法來執行查詢的每個部分，以及各部分執行的順序。

透過某些附加功能，SQL 可以是圖靈完備（Turing-complete）的（*https://oreil.ly/npL5B*），這意味著從理論上講，SQL 可以用來解決任何計算問題（不能保證需要耗費多久時間或多少記憶體）。然而在實踐過程中，編寫查詢來解決特定任務並不盡如人意，執行查詢時也未必是簡單的工夫，甚至是不可行的。任何使用 SQL 資料庫的人都可能對長長的 SQL 查詢語句有著噩夢般的痛苦回憶，這些查詢無法理解，也沒人敢碰，就怕把事情搞砸了 [12]。

搞清楚如何執行任意查詢是困難的，這是屬於查詢優化器的範疇。查詢優化器會檢查執行查詢的所有可能方式，並找到最快的方式 [13]。ML 可以從傳入的查詢中學習，藉以改進查詢優化器 [14]。查詢優化是資料庫系統中最具挑戰性的問題之一，正規化意味著資料分布在多個關係上，這使得將它們連接在一起變得更加困難。儘管開發查詢優化器很困難，但其好處在於，通常只需一個查詢優化器，你的所有應用程式便可以利用它。

---

12 Greg Kemnitz 是 Postgres 原始論文的合著者，他在 Quora（*https://oreil.ly/W0gQa*）上分享，他曾經編寫了一個長達 700 行的 SQL 報告查詢語句，並在搜尋或連接過程中存取了 27 個不同的列表。該查詢有大約 1,000 行的註釋來幫助他記住他在做什麼。他花了三天時間來編寫、除錯和微調。

13 Yannis E. Ioannidis，《Query Optimization》，*ACM Computing Surveys*（CSUR28，第 1 期 (1996): 121–23）*https://oreil.ly/omXMg*。

14 Ryan Marcus 等人，《Neo: A Learned Query Optimizer》，*arXiv* arXiv 預印本: 1904.03711 (2019)，*https://oreil.ly/wHy6p*。

從聲明式資料系統到聲明式 ML 系統

也許是受到聲明式資料系統成功的啟發，許多人都期待聲明式 ML 的來臨[15]。使用聲明式 ML 系統，用戶只需聲明特徵的模式和任務，系統就會基於特徵找出最佳模型來執行該任務。用戶不必編寫程式碼來構建、訓練和調整模型。聲明式 ML 的流行框架是 Uber 開發的 Ludwig（*https://oreil.ly/28VWI*）和 H2O AutoML（*https://oreil.ly/sA70M*）。在 Ludwig 中，用戶可以在特徵模式和輸出之上指定模型結構，例如全連接層（fully connected layers）的數量和隱藏單元（hidden units）的數量。在 H2O AutoML 中，你不需要指定模型結構或超參數。它對多種模型架構進行試驗，並在給定特徵和任務的情況下挑選出最佳模型。

這是一個展示 H2O AutoML 工作原理的範例。你給予系統資料（輸入和輸出）並指定要試驗的模型數目。它會用該數目的模型進行試驗，並向你展示效能最好的模型：

```
# 確定預測變數和回應
x = train.columns
y = "response"
x.remove(y)

# 對於二元分類，回應應該是一個因素
train[y] = train[y].asfactor()
test[y] = test[y].asfactor()

# 為 20 個基本模型運行 AutoML
aml = H2OAutoML(max_models=20, seed=1)
aml.train(x=x, y=y, training_frame=train)

# 在 AutoML 排行榜上顯示效能最好的模型
lb = aml.leaderboard

# 獲取效能最好的模型
aml.leader
```

---

15 Matthias Boehm, Alexandre V. Evfimievski, Niketan Pansare, and Berthold Reinwald，《Declarative Machine Learning — A Classification of Basic Properties and Types》，*arXiv*，2019年5月19日，*https://oreil.ly/OvW07*。

雖然聲明式 ML 在許多情況下很有用，但它沒有解決 ML 實際運作時面臨的最大挑戰。現行的聲明式 ML 系統把模型開發部分抽象化，正如我們將在接下來的六章中介紹的那樣，隨著模型商品化，模型開發通常是更容易的部分。難點在於特徵工程、資料處理、模型評估、資料偏移檢測、持續學習等。

NoSQL

關係資料模型已經能夠套用至很多用例，從電子商務到金融再到社交網路。但是，對於某些用例，此模型可能具有限制性。例如，你的資料需遵循已制定的關聯規則，要管理這些規則往往十分痛苦。在 Couchbase 於 2014 年進行的一項調查中，此期望落差正是採用非關係資料庫的首要原因 [16]。為特定應用程式編寫和執行 SQL 查詢也可能很困難。

NoSQL 是反對關係資料模型的最新一波運動。NoSQL 最初是作為討論非關係資料庫聚會的主題標籤，後來被增補定義為 Not Only SQL[17]，因為許多 NoSQL 資料系統也支持關係模型。非關係模型的兩種主要類型是文件模型和圖形模型。文件模型針對資料來自獨立文件的用例，而且文件之間不常帶有關聯。圖模型則相反，它針對資料項之間的關係常見且重要的用例。我們先從文件模型開始仔細看一下。

文件模型（Document model）

文件模型是圍繞「文件」的概念構建。「文件通常是單個連續字元串，編碼為 JSON、XML 或二進位格式（如 BSON）（二進位 JSON）。假設文件資料庫中的所有文件都以相同的格式編碼。每個文件都有一個代表該文件的獨有鍵，可用於檢索。

一個文件合集可以被當作關係資料庫中的列表，一個文件類似於一行。事實上，你可以透過這種方式將關聯資料集轉換為文件集合。例如，你可以將列表 3-3 和

16　James Phillips，《Surprises in Our NoSQL Adoption Survey》，*Couchbase*，2014 年 12 月 16 日，*https://oreil.ly/ueyEX*。

17　Martin Kleppmann，資料密集型應用系統設計（Sebastopol, CA: O'Reilly, 2017）。

3-4 中的書籍資料轉換為轉化為三個 JSON 文件，如例 3-1、3-2 和 3-3 所示。但是，文件合集比列表靈活得多。列表中的所有行必須遵循相同的規則（例如具有相同的列序列），但同一集合中的文件可以具有完全不同的規則。

範例 3-1　文件一：*harry_potter.json*

```json
{
  " 標題 " : " 哈利·波特 ",
  " 作者 " : "J.K. 羅琳 ",
  " 出版商 " : " 香蕉出版社 ",
  " 國家 " : " 英國 ",
  " 出售為 " : [
    {" 格式 " : " 平裝本 ", " 價格 " : "$20"},
    {" 格式 " : " 電子書 ", " 價格 " : "$10"}
  ]
}
```

範例 3-2　文件 2：*sherlock_holmes.json*

```json
{
  " 標題 " : " 夏洛克·福爾摩斯 ",
  " 作者 " : " 柯南道爾 ",
  " 出版商 " : " 番石榴出版社 ",
  " 國家 " : " 美國 ",
  " 出售為 " : [
    {" 格式 " : " 平裝本 ", " 價格 " : "$30"},
    {" 格式 " : " 電子書 ", " 價格 " : "$15"}
  ]
}
```

範例 3-3　文件 3：*the_hobbit.json*

```json
{
  " 標題 " : " 哈比人 ",
  " 作者 " : "J.R.R. 托爾金 ",
  " 出版商 " : " 香蕉出版社 ",
  " 國家 " : " 英國 ",
  " 出售為 " : [
    {" 格式 " : " 平裝本 ", " 價格 " : "$30"},
  ]
}
```

因為文件模型不用強制執行關聯規則，所以它通常被稱為無關聯規則。這是誤導性的，因為如前所述，儲存在文件中的資料將在以後被讀取。讀取文件的應用程式通常需要假定某種文件結構。文件資料庫只是將假定結構的責任從寫入資料的應用程式轉嫁到讀取資料的應用程式。

文件模型比關係模型具有更好的定位性。以列表 3-3 和 3-4 中的書籍資料為例，其中關於書籍的資料分布在書籍列表和出版商列表（可能還有 Format 列表）中。要檢索有關一本書的資料，你必須查詢多個列表。在文件模型中，書本的所有資訊都可以儲存在文件，從而更容易搜尋。

然而，與關係模型相比，跨文件執行連接比跨列表更難且效率更低。如果你想找到價格低於 25 美元的所有書籍，系統必須閱讀所有文件，提取價格，將它們與 25 美元進行比較，然後返回所有包含價格低於 25 美元書籍的文件。

由於文件和關係資料模型的不同優勢，這兩種模型常在同一資料庫系統中負責不同任務。越來越多的資料庫系統，如 PostgreSQL 和 MySQL，都支持兩種模型。

圖模型（Graph model）

圖模型是圍繞一張圖形的概念而構建。圖由節點和邊線組成，其中邊線表示節點之間的關係。使用圖形結構來儲存其資料的資料庫稱為圖資料庫。如果說在文件資料庫中，每個文件的內容是優先的，那麼在圖資料庫中，則以資料項之間的關係為優先。

因為圖模型明確表達出資料之間的關聯，所以根據關聯來檢索資料會更快。以圖 3-5 中的圖資料庫為例，範例中的資料可能來自一個簡單的社交網路。在此圖中，節點可以是不同的資料類型：人、城市、國家、公司等。

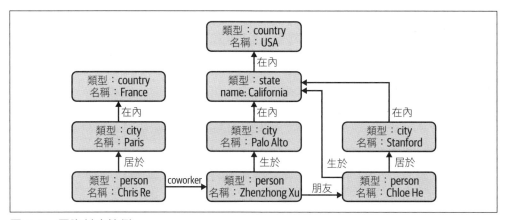

圖 3-5　圖資料庫簡例

假設你想找到所有在美國出生的人。你可以從此圖的節點 USA 開始，沿著「within」和「born_in」的邊線遍歷該圖，以找到類型為「person」的所有節點。現在，試想像不使用圖模型，而是使用關係模型，來表示這些資料。沒有簡單的方法來編寫搜尋所有美國出生人士的 SQL 查詢語句，尤其是在 country 和 person 的資料集之間不知要來回跳多少次──Zhengzhong Xu 和 USA 之間有三跳，而 Chloe He 和 USA 之間只有兩跳。同樣，此類查詢在文件資料庫也沒有簡單的方法。

很多時候，一種資料模型中很容易執行的查詢，難以在另一種資料模型中執行。為你的應用程式選擇正確的資料模型，可以讓事情變得輕鬆。

結構化資料與非結構化資料

結構化資料遵循預先定義的資料模型，也稱為資料之間的規則（data schema）。例如，資料模型可能指定每個資料項由兩個值組成：第一個值「name」是一個不多 50 字元的字元串，第二個值「age」是一個 0 到 200 之間的 8 位元整數。預設結構使你的資料更易於分析。如果你想知道資料庫中各人的平均年齡，你就可以提取所有年齡值並取其平均值。

結構化資料的缺點是你必須將資料提交給預定義的規則。如果你的規則改變了，你便不得不按新模型重塑資料庫，這通常會導致過程中出現神秘的錯誤。例如，你以前沒保留用戶電子郵件地址，但現在你保留了，因此你必須追溯並更新所有過往用戶的電郵資訊。我一位同事遇過最奇怪的錯誤之一是，進行交易時系統無法使用用戶年齡，他們的規則將所有這些空白的年齡值替換為 0，ML 模型便誤把交易當成由 0 歲的人進行 [18]。

由於業務需求會隨著時間的推移而變化，因此預定義規則的把關工作可能會變得過於嚴格。或者你可能擁有來自多個來源的資料，這些資料超出你的控制範圍，並且不可能使它們遵循相同的規則。這就是非結構化資料變得有吸引力的地方。非結構化資料不遵循預定義的規則。它通常是文字，但也可以是數字、日期、圖像、音頻等。例如，ML 模型生成的日誌文字文件就是非結構化資料。

即使非結構化資料無須遵循規則，它仍可能包含幫助提取結構的內在模式。例如在以下非結構化文字，你會注意其模式為每行包含兩個用逗號分隔的值，第一個

18　在這個具體例子中，可用 −1 替換null年齡值解決問題。

值是文字值，第二個值是數字值。但是，我們不能保證所有行都遵循此格式。即使該行不遵循此格式，你也可以在該文字添加新行。

```
Lisa，43 歲
Jack，23 歲
Huyen，59 歲
```

非結構化資料還允許更靈活的儲存選項。例如，如果你的儲存配置遵循相關規則，你只能按規則儲存資料。但是，如果你的儲存結構無規可循，則可以儲存任何類型的資料。你可以將所有資料（無論類型和格式為何）轉換為字節串，並將它們儲存在一起。

儲存結構化資料的儲存庫稱為資料倉儲。用於儲存非結構化資料的儲存庫稱為資料湖。資料湖通常用於在處理之前儲存原始資料。資料倉儲則用於儲存已處理成可用格式的資料。表 3-5 總結了結構化資料和非結構化資料之間的主要區別。

表 3-5　結構化資料和非結構化資料的主要區別

結構化資料	非結構化資料
清晰定義的 schema	資料無須跟從 schema
易於搜尋和分析	快速到達
只可處理特定 schema 的資料	處理任何資料來源
schema 改變會引伸很多麻煩	（暫）不必擔心 schema 改變，轉而擔心使用資料的下游程式
儲存於資料倉儲	儲存於資料湖

資料儲存引擎和處理

資料格式和資料模型訂定了用戶儲存和檢索資料的介面。儲存引擎，也稱為資料庫，則實現了如何在機器儲存和檢索資料。了解不同類型的資料庫很有用，因為你的團隊或相鄰團隊可能需要選擇合適應用程式的資料庫。

通常，資料庫針對兩種類型的工作進行優化，即交易處理和分析處理，它們之間存在很大差異，我們將在本節中介紹。然後，我們將介紹在生產環境構建 ML 系統時，不可避免會遇到的 ETL（提取、轉換、加載）基礎知識。

交易和分析處理

傳統上，交易是指購買或出售某物的行為。在數位世界中，交易指的是任何一種行為：發貼文、透過拼車服務叫車、上傳新模型、觀看 Youtube 影片等。儘管這些不同的交易涉及不同類型的資料，但它們在不同應用程式有相似的處理方式。交易在生成時被置入，並在發生變化時偶爾更新，或在不再需要時被刪除[19]。這種類型的處理稱為線上交易處理（*online transaction processing*, OLTP）。

由於這些交易通常涉及用戶，因此需要快速處理（低延遲），以避免造成用戶等待。此處理方法需要具有高可用性——也就是說，處理系統需要在用戶想要進行交易時隨時都可用。如果你的系統無法處理交易，則該交易將不被許可。

交易資料庫旨在處理線上交易並滿足低延遲、高可用性要求。當人們聽到交易資料庫時，他們通常會想到 ACID：原子性（atomicity）、一致性（consistency）、隔離性（isolation）、耐用性（durability）。需要快速重溫的話，這四點的定義如下：

原子性

　　保證交易中所有步驟作為一個集體成功執行。如果交易中任何步驟失敗，則其他步驟也必須失敗。例如用戶付款失敗，就不會為其繼續分配司機。

一致性

　　為了保證所有許可的交易都必須遵循預定義的規則。例如，交易必須由有效的用戶進行。

隔離性

　　保證兩筆交易能同時發生並互相孤立。存取相同資料的兩個用戶不會同時更改它。例如，你不希望兩個用戶同時預訂同一個司機。

耐用性

　　為了保證交易一旦被提交，即使系統出現故障，交易也將維持被提交的狀態。例如：手機在你叫車後沒電了，你仍然希望車子到來。

19　本段以及本章的許多部分，靈感來自 Martin Kleppmann 的《資料密集型應用系統設計》。

然而，交易資料庫不一定需要 ACID，一些開發人員發現 ACID 的限制太多。根據 Martin Kleppmann 的說法：「不符合 ACID 標準的系統有時被稱為 BASE，代表基本上可用（Basically Available）、軟狀態（Soft state）和最終一致性（Eventual consistency）。這比 ACID 的定義還要模糊 [20]。」

每項交易通常作為一個單元，與其他分開交易處理，所以交易資料庫通常是行優先的。這也意味著交易資料庫可能無法有效解決諸如「舊金山 9 月所有旅程平均價格」之類的問題。這種分析問題需要在多行資料中聚合不同列的資料。分析資料庫就是為此設計。它們在以不同角度查看資料時非常有效。我們稱這種處理方式為線上分析處理（*online analytical processing*，OLAP）。

然而，OLTP 和 OLAP 這兩個術語已經過時了，如圖 3-6 所示，主要有三個原因。首先，交易資料庫和分析資料庫的分離是基於技術的限制——資料庫很難同時有效處理交易查詢和分析查詢。然而，這種分離正在消失。如今，我們擁有可以處理分析查詢的交易資料庫，例如 CockroachDB（*https://oreil.ly/UsPCr*）。我們還有可以處理交易查詢的分析資料庫，例如 Apache Iceberg（*https://oreil.ly/pgAfK*）和 DuckDB（*https://oreil.ly/jVTHZ*）。

圖 3-6　在 2021 年，根據 Google Trends，OLAP 和 OLTP 是的過時術語（*https://oreil.ly/O8gAH*）

20　Kleppmann，《資料密集型應用系統設計》。

其次，在傳統的 OLTP 或 OLAP 模式中，儲存和處理是密不可分的概念——處理資料的同時，也決定了資料儲存的方式。這可能會導致相同的資料儲存在多個資料庫中，並使用不同的處理引擎來解決不同類型的查詢。過去十年中一個有趣的範例是將儲存與處理（也稱為運算）分離，許多資料供應商都採用了這種範例，包括 Google 的 BigQuery、Snowflake、IBM、和 Teradata[21]。在這種範例中，資料可以儲存在同一個地方，頂部有一個處理層，可針對不同資料查詢類型進行優化。

第三，「線上」已成為一個涵義過多的術語，可以表示許多不同的意思。線上過去僅表示：「連接到網際網路」。然後，它也意味著「已投產」——我們說功能在生產環境完成部署後，該功能便在「線上」。

在當今的資料世界中，線上可能指的是處理和提供資料的速度：線上（online）、近線（nearline）或線下（offline）。根據維基百科，線上處理意味著資料可立即用於輸入／輸出。近線是接近線上（near-online）的略稱，意思是資料不是立即可用，但可以在沒有人為干預的情況下快速上線。線下意味著資料不是立即可用的，需要一些人為干預才能上線 [22]。

ETL：提取、轉換和加載

在關係資料模型的早期，資料主要是結構化的。當從不同的來源提取資料時，首先將其轉換為所需的格式，然後再加載到目標位置，例如資料庫或資料倉儲。這個過程稱為 *ETL*，代表 extract 提取、transform 轉換和 load 加載。

ETL 甚至在 ML 之前就在資料世界中風靡一時，今天仍然與 ML 應用程式相關。ETL 指的是將資料進行通用處理，並將其聚合為你想要的結構形狀和格式。

提取是指從所有的資料來源中提取你想要的資料。一些資料可能損壞了，或出現格式錯誤。在提取階段，你需要驗證你的資料並拒絕不符合要求的資料。對於被

21　Tino Tereshko，《Separation of Storage and Compute in BigQuery》，Google Cloud 部落格，2017 年 11 月 29 日，*https://oreil.ly/utf7z*；Suresh H.，《Snowflake Architecture and Key Concepts: A Comprehensive Guide》，Hevo 部落格，2019 年 1 月 18 日，*https://oreil.ly/GyvKl*；Preetam Kumar，《Cutting the Cord: Separating Data from Compute in Your Data Lake with Object Storage》，IBM 部落格，2017 年 9 月 21 日，*https://oreil.ly/Nd3xD*；《The Power of Separating Cloud Compute and Cloud Storage》，Teradata，最後到訪時間為 2022 年 4 月，*https://oreil.ly/f82gP*。

22　維基百科，s.v.《Nearline storage》，最後到訪時間為 2022 年 4 月，*https://oreil.ly/OCmiB*。

拒絕的資料，你或許需要向來源進行通報。由於這是提取過程的第一步，正確地執行可以為下游任務節省大量時間。

轉換是過程中最重要的部分，大部分資料處理都在這裡完成。你也許要連接來自多個來源的資料並進行清理。也許要標準化值的範圍（例如，一個來源可能使用「男性」和「女性」作為性別，但另一個來源使用「M」和「F」，或「1」和「2」）。你可以運用轉置（transposing）、刪除重複資料（deduplicating）、排序（sorting）、聚合（aggregating）、衍生新特徵（deriving new features）、或進行更多資料驗證等方式進行操作。

加載決定了將轉換後的資料加載到目標位置的方式和頻率，目標位置可以是文件、資料庫或資料倉儲。

ETL 的想法聽起來簡單但功能強大，在許多組織，它是資料層的底層結構。 ETL 過程的概述如圖 3-7 所示。

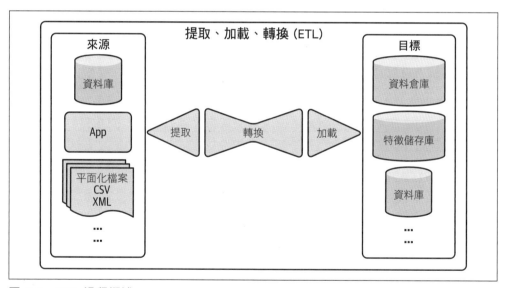

圖 3-7　ETL 過程概述

當網際網路開始變得無處不在，硬體配置剛比以往強大得多時，蒐集資料突然變得十分容易。資料量快速增長。不僅如此，資料的性質也發生了變化。資料來源的數量增加了，資料的規則也在不斷演化。

面對保持資料結構化的難題，一些公司有了這樣的想法：「為什麼不將所有資料儲存在資料湖中，這樣我們就不必刻意應對規則更改吧？無論哪個應用程式需要資料，都可以從那裡提取原始資料並進行處理。」這種先將資料加載到儲存裝置中再對其進行處理的過程，有時被稱為 ELT（提取、加載、轉換）。這種模式允許資料快速到達儲存裝置，因為資料在儲存之前幾乎不需要處理。

然而，隨著資料不斷增長，這個想法變得不那麼吸引人了。在大量原始資料中搜尋所需資料的效率很低 [23]。同時，隨著企業改以在雲端運行應用程式，系統基礎設施和資料結構也有了標準。資料遵循預定義規則變得更可行。

隨著公司權衡儲存結構化資料與儲存非結構化資料的利弊，供應商逐漸提供混合解決方案，將資料湖的靈活性與資料倉儲的資料管理結合起來。例如 Databricks 和 Snowflake 都提供資料湖倉（data lakehouse）解決方案。

資料流模式

在本章中，我們一直以在單一處理步驟的語境下討論資料格式、資料模型、資料儲存以及資料處理。實務上運作時，大多數都不僅僅只有單一處理步驟，而是多個處理步驟。這就產生了一個問題：不同記憶體上的處理步驟怎麼互相傳遞資料？

當資料從一個處理步驟傳遞到另一個處理步驟時，我們說資料流向另一個處理步驟，叫做一個資料流。資料流主要有三種模式：

- 透過資料庫傳遞資料

- 透過使用請求的服務傳遞資料，例如：由 REST 和 RPC API 提供的請求（例如，POST/GET 請求）

- 透過實時傳輸傳遞資料，例如：Apache Kafka 和 Amazon Kinesis

我們將在本節中逐一介紹。

23　在本書的初稿中，我曾將「成本」作為不應該儲存所有東西的一個原因。然而到今天為止，儲存變得如此便宜，儲存成本很少造成問題。

透過資料庫傳遞資料

在兩個處理步驟之間傳遞資料的最簡單方法是透過資料庫,我們已經在第 67 頁的「資料儲存引擎和處理」一節中討論過。例如,要將資料從處理步驟 A 傳遞到處理步驟 B,處理步驟 A 可以將資料寫進資料庫,處理步驟 B 只是從該資料庫中讀取資料。

然而這種模式不總是有效,原因有二。首先,它要求兩個處理步驟必須能夠存取同一個資料庫。這可能不可行,尤其是當這兩個處理步驟由兩家不同的公司運行時。

其次,它需要兩個處理步驟都從資料庫存取資料。從資料庫讀取 / 寫入可能很慢,這使得它不適合具有嚴格時延要求的應用程式——比方說,所有面向消費者的應用程式。

透過服務傳遞資料

兩個處理步驟之間傳遞資料的另一種方法,是透過連接這兩個處理步驟的網路,直接發送資料。將資料從處理步驟 B 傳遞給處理步驟 A、處理步驟 A 先向處理步驟 B 發送請求,指定 A 需要的資料,然後 B 透過同一個網路返回請求的資料。因為處理步驟透過請求進行通信,所以我們說這種傳遞是由請求驅動(request-driven)的。

這種資料傳遞模式與服務面向的架構密不可分。一個服務是可以遠程存取的一個處理步驟,例如透過網路。在此例中,B 因為向 A 提供服務而曝光,A 可以向其發送請求。同樣,為了讓 B 能夠從 A 請求資料,A 也需要作為服務,向 B 公開。

相互通信的兩個服務可以由不同公司在不同應用程式中運行。例如,一項服務可能證券交易所運作,負責追蹤當前股票價格。另一項服務可能由一家投資公司運作,該公司請求當前的股票價格,並利用該資料來預測未來股票價格。

相互通信的兩個服務也可以是同一應用程式的一部分。應用程式的不同組件可被構建為單獨的服務,允許每個組件彼此獨立地開發、測試和維護。將應用程式構建為單獨的服務組件,就是微服務架構的範疇。

在 ML 系統的背景下理解微服務架構，試假設一家公司擁有像 Lyft 一樣的拼車應用程式，你是一名 ML 工程師，為該公司解決價格優化問題。實際上，Lyft 的微服務架構中有數百種服務（*https://oreil.ly/6fl8f*），但為了簡單起見，我們只考慮三個服務：

司機管理服務

對於指定區域，預測下一分鐘有多少司機可提供服務。

乘車管理服務

對於指定區域，預測下一分鐘有多少次乘車請求。

價格優化服務

預測每次乘車的最優化價格。價格應該便宜得讓乘客願意支付，但又足以讓司機願意接單，並且讓公司盈利。

因為價格取決於供應（可用司機）和需求（乘車請求），價格優化服務需要來自司機管理和乘車管理服務的資料。每次用戶請求乘車時，價格優化服務都會發出請求，取得未來的乘車請求次數預測，和司機人數預測，以預測此次乘車的最優化價格值 [24]。

用於透過網路傳遞資料的最流行請求樣式是 REST（representational state transfer 代表性狀態轉移）和 RPC（remote procedure call 遠程過程呼叫）。要詳細分析兩者，超出本書範圍，但一個主要區別是 REST 為網路請求而設計，而 RPC「試圖向遠程網路服務發出請求，看起來像在程式設計語言中呼叫函數或方法一樣。」因此，「REST 似乎是公共 API 的主要風格。RPC 框架的主要焦點在於同一組織、不同服務之間的請求，請求通常位於在同一個資料中心內 [25]。」

REST 架構的實現被稱為 RESTful。儘管許多人將 REST 當作 HTTP，但 REST 並不完全等於 HTTP，因為 HTTP 只是 REST 的一種實現 [26]。

24　在實際情況，價格優化可能不必在每次預測價格時都請求預測的乘車/司機數量。使用快取的預測乘車/司機數量，一種常見的做法是大 每分鐘請求新的預測。

25　Kleppmann，《資料密集型應用系統設計》。

26　Tyson Trautmann，《Debunking the Myths of RPC and REST》，*Ethereal Bits*，2012 年 12 月 4 日（透過 Internet Archive 存取），*https://oreil.ly/4sUrL*。

透過實時傳輸傳遞資料

要了解實時傳輸的動機,讓我們回到上文拼車應用程式的例子,其中包含三個簡單的服務:司機管理、乘車管理和價格優化。在上一節中,我們討論了價格優化服務如何呼叫乘車和司機管理服務的資料,來預測每次乘車的最優化價格。

現在試想像一下,司機管理服務還需要從乘車管理服務中了解乘車次數,以決定需要調度的司機數量。它還想知道價格優化服務中的預測價格,以激勵待命司機(例如,如果你現在上路,你可以獲得 2 倍漲價)。同樣,乘車管理服務可能還需要來自司機管理和價格優化服務的資料。如果我們像上一節討論的那樣,透過服務傳遞資料,則每一個服務都需要向其他兩個服務發送請求,如圖 3-8 所示。

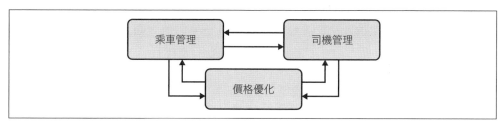

圖 3-8　在請求驅動架構中,每個服務都需要向另外兩個服務發送請求

只是三個服務,資料傳遞已經夠複雜了。想像一下大型網際網路公司,擁有數百甚至數千種服務。服務間爆量的資料傳遞可能因此成為瓶頸,減緩整個系統的速度。

請求驅動的資料傳遞是同步的:目標服務必須監聽請求,請求才能被許可。如果價格優化服務向司機管理服務請求資料,而司機管理服務停止了,價格優化服務將不斷重新發送請求,直至超時為止。如果價格優化服務在收到回應之前停止,就會丟失該項回應。停止的服務會叫停所有需要其資料的服務。

也許我們可以使用一個代理,來協調服務之間的資料傳遞?與其讓服務直接請求彼此資料,進而創建出複雜的傳遞網路,不如讓每個服務只需要與代理通訊,如圖 3-9 所示。比方說,與其讓其他服務向司機管理服務請求下一分鐘的司機數量預測,乾脆讓司機管理服務在每次做出預測時將預測結果發送至代理?無論哪個服務需要來自司機管理服務的資料,都可以向代理查詢,以獲取最近期的預測結果。同樣地,每當價格優化服務預測到下一分鐘的價格激增幅度,該預測就會廣播給代理。

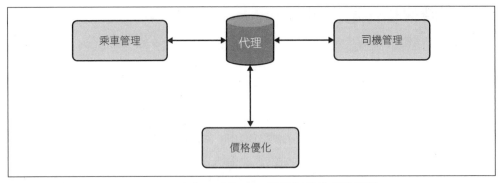

圖 3-9　使用代理，服務只需要與代理通訊，而不是與其他服務通訊

從技術上講，資料庫可以是一個代理──每個服務都可以將資料寫入資料庫，而其他需要資料的服務可以從該資料庫中讀取資料。但是，如第 73 頁「透過資料庫傳遞資料」小節所述，對於具有嚴格時延要求的應用程式，從資料庫讀取和寫入資料的速度太慢。因此我們不使用資料庫來代理資料，而是使用記憶體內的快取空間來代理資料。實時傳輸可說是服務透過記憶體快取來傳遞資料。

放送一段資料至實時傳輸，稱為事件（event）。因此，這種架構也被稱為**事件驅動**（event-driven）。實時傳輸有時稱為事件匯流排（event bus）。

請求驅動的架構適用於依賴邏輯多於資料的系統。事件驅動架構則更適合資料依賴性較高的系統。

兩種最常見的實時傳輸類型是 pubsub（發布 - 訂閱的縮寫）和訊息佇列（message queue）。在 pubsub 模型中，任何服務都可以實時傳輸發佈到不同的主題，任何訂閱主題的服務都可以讀取該主題中的所有事件。產生資料的服務不理會何者使用其資料。Pubsub 解決方案通常有一個保留政策──資料將在實時傳輸中保留一段時間（例如 7 天），然後被刪除或移動到永久儲存空間（如 Amazon S3）。詳看圖 3-10。

圖 3-10　傳入事件在被丟棄或移動到更永久的儲存之前，儲存在記憶體中

在訊息佇列模型中，事件通常有預期的消費者（有預期消費者的事件稱為訊息），訊息佇列負責將訊息傳遞到正確的消費者。

Apache Kafka 和 Amazon Kinesis 屬於 pubsub 解決方案的例子 [27]。訊息佇列的應用例子則有 Apache RocketMQ 和 RabbitMQ。在過去幾年，兩者均獲得廣泛關注。圖 3-11 顯示了一些使用 Apache Kafka 和 RabbitMQ 的公司。

圖 3-11　使用 Apache Kafka 和 RabbitMQ 的公司。來源：Stackshare 截圖（*https://oreil.ly/OqAgL*）

27　關於 Apache Kafka，如果你想了解更多，Mitch Seymour 製作了一套很棒的動畫，用水獺來解釋它！（*https://oreil.ly/kBZzU*）

批量處理與串流處理

一旦你的資料到達資料庫、資料湖或資料倉儲等資料儲存引擎，它就會成為歷史資料。這與流動式資料（仍在流入的資料）相反。歷史資料通常在批量作業中處理，即定期啟動的作業。例如，每天一次，你可能想要啟動一個批量作業來計算最後一天所有乘車旅程的平均費用漲幅。

當資料在批量作業中處理時，我們將其稱為批量處理（batch processing）。幾十年來，批量處理一直是一個研究課題，一些公司已經提出了 MapReduce 和 Spark 等分布式系統來有效地處理批量資料。

在 Apache Kafka 和 Amazon Kinesis 等實時傳輸中擁有的資料被稱為串流資料。串流處理（stream processing）是指對串流資料進行計算。串流資料的計算也可以定期啟動，但週期通常比批量作業短得多（例如每五分鐘而不是每天）。串流資料計算也可在需要時啟動。例如，每當用戶請求乘車時，你都會處理資料串流，以查看當前有哪些待命司機。

如果處理得當，串流處理可提供低時延效能，因為你可以在資料生成後立即處理，不必先寫入資料庫。許多人認為串流處理的效率低於批量處理，因為你無法利用 MapReduce 或 Spark 等工具。然而情況並非總是如此，原因有二。首先，像 Apache Flink 這樣的串流技術已證明具有高度可擴展性，以及完全可以分散形式運作，這意味著它們可以並行計算。其次，串流處理的優勢在於狀態計算（stateful computation）。假設你要在 30 天試用期間處理用戶參與的情況。如果你每天開始這個批量作業，你將不得不每天計算過去 30 天的資料。透過串流處理，每天僅需計算新資料，並將新資料計算與舊資料計算結合起來，從而防止冗餘。

因為批量處理的發生頻率遠低於串流處理，所以在 ML 的世界，批量處理通常用於計算變化較少的特徵，例如司機的評分（如果司機已接單數百次，他們的每天評分不太可能發生顯著變化）。批量特徵（batch features，透過批量處理提取的特徵）也稱為靜態特徵（static features）。

串流處理用於計算快速變化的特徵，例如現在有多少待命司機，最後一分鐘請求了多少次乘車，接下來兩分鐘內將完成多少次乘車，在這個區域最後 10 次乘車的中位數價格等。系統當前狀態的特徵對於預測最優化價格很重要。串流特徵（streaming features，透過串流處理提取的特徵）也稱為動態特徵（dynamic features）。

在處理許多問題中，你不能只依靠批量特徵或串流特徵之一，而是需要兩者兼備。你的系統基礎需要允許處理串流資料和批量處理資料，並將它們連接在一起，輸入至 ML 模型。我們將在第七章詳談如何結合使用批量和串流特徵來生成預測。

要對資料串流進行計算，你需要一個串流計算引擎（例如 Spark 和 MapReduce 就是批量計算引擎的方式）。對於簡單的串流計算，Apache Kafka 等實時傳輸的內置串流計算能力可能勉強過關，但 Kafka 串流處理對於多方資料來源的處理能力有限。

對於利用串流特徵的 ML 系統，其串流計算通常不簡單。欺詐檢測和信用評分等應用程式中使用數以百計、甚至數以百計的串流特徵。提取串流特徵的邏輯可能需要沿著不同維度連接和聚合資料，進行複雜的查詢。提取這些特徵需要高效的串流處理引擎。為此，你需要了解 Apache Flink、KSQL 和 Spark Streaming 等工具。在這三個引擎中，Apache Flink 和 KSQL 更受到在業界認可，它們為資料科學家提供了一個很好的 SQL 抽象化表述。

由於無限的資料量、且資料以可變速率和速度傳遞，串流處裡往往具有更高的難度。但是讓串流處理器做批量處理，卻比讓批量處理器做串流處理更容易。Apache Flink 的核心維護者們多年來的論點，就是批量處理實屬串流處理的特別個案 [28]。

小結

本章建立在第 2 章所介紹的基礎之上，對資料在開發 ML 系統中的重要性展開討論。在本章中，我們了解到選擇正確格式來儲存資料非常重要，這有助於將來更輕鬆地使用資料。我們討論了不同的資料格式，比較了以行優先格式和以列優先格式的好壞、還看到文字格式相對二進位格式各有優劣。

之後我們介紹了三種主要的資料模型：關係、文件和圖模型。儘管 SQL 的高人氣使得關係模型最廣為人知，三種模型目前均被廣泛使用，各模型都有其適用的特定任務。

---

28 Kostas Tzoumas，《Batch Is a Special Case of Streaming》，*Ververica*，2015 年 9 月 15 日，*https://oreil.ly/IcIl2*。

在對比關係模型與文件模型時，許多人認為前者是結構化的，後者是非結構化的。結構化資料和非結構化資料之間有著游走的分界線——主要問題在於誰負責假定資料結構。結構化資料意味著寫入資料的程式碼必須訂定結構。非結構化資料意味著讀取資料的程式碼必須訂定結構。

這一章還介紹資料儲存引擎和處理。我們看過針對兩種資料處理優化的資料庫：交易處理和分析處理。我們一起研究了資料儲存引擎和處理，因為傳統上儲存與處理密不可分：交易資料庫負責處理交易，分析資料庫負責處理分析。然而，近年來，許多供應商都在致力於把儲存和處理分家。今天，我們有可以處理分析查詢的交易資料庫和可以處理交易查詢的分析資料庫。

在討論資料格式、資料模型、資料儲存引擎和處理時，我們假設資料在單一處理步驟中。但是，在實際運作可能會涉及多個處理步驟，並且可能需要在它們之間傳輸資料。我們討論了三種資料傳遞模式。最簡單的模式是透過資料庫。最流行的模式是透過服務傳遞資料。在這種模式下，一個處理步驟作為服務公開，另一個處理步驟可以發送資料請求。這種資料傳遞模式與微服務架構緊密結合，在微服務架構中，應用程式的每個組件都被設置為服務。

在過去十年中越來越流行的一種傳遞模式是透過實時傳輸（如 Apache Kafka 和 RabbitMQ）傳遞資料。這種資料傳遞模式介於資料庫和服務之間：它允許以相當低的時延傳遞非同步資料。

由於實時傳輸中的資料與資料庫中的資料具有不同的屬性，因此它們需要不同的處理技術，如第 78 頁「批量處理與串流處理」部分所述。資料庫中的資料通常在批量處理作業中處理，並產生靜態特徵，而實時傳輸中的資料通常使用串流計算引擎進行處理，並產生動態特徵。有人認為批量處理是串流處理的特例，可以使用串流計算引擎統一這兩種處理管道。

一旦弄清楚我們的資料系統，我們就可以蒐集資料並創建訓練資料，這將是下一章的重點。

## 第四章

訓練資料

在第 3 章，我們介紹如何從系統角度處理資料。在本章，我們將從資料科學的角度討論如何處理資料。儘管訓練資料在開發和改進 ML 模型方面很重要，但 ML 課程過度側重向建立模型，許多從業者認為這是過程中「有趣」的部分。建立最先進的模型確實很有趣。如果要你花幾天時間處理大量格式錯誤的資料，這些資料甚至無法放入機器的記憶體中，這確實令人沮喪。

資料是混亂的、複雜的、不可預測的，並且具有潛在的危險性。如果處理不當，它很容易使你的整個 ML 運作泡湯。但這正是資料科學家和 ML 工程師應該學習妥善處理資料的原因，這樣可以節省我們的時間，減少日後的麻煩。

在本章，我們將討論獲取、創建良好訓練資料的技術。本章中的訓練資料包括 ML 模型開發階段使用的所有資料，例如分拆用於訓練、驗證和測試的資料（訓練、驗證、測試拆分資料）。本章從不同的抽樣技術開始，以選擇用於訓練的資料。然後，我們將解決創建訓練資料時的常見挑戰，包括標籤多重性問題、標籤缺失問題、類別不平衡問題，以及解決資料缺失問題的資料增擴技術。

我們使用術語「訓練資料」而不是「訓練資料集」，因為「資料集」是一個有限且平穩的集合。實務上運作的資料既非有限，也非靜止，我們將在第 237 頁「資料分布偏移」一節中介紹這種現象。與構建 ML 系統的其他步驟一樣，創建訓練資料是一個迭代過程。隨著你的模型在項目週期中不斷演化，你的訓練資料也可能會不斷演化。

在我們繼續下去之前，還是必須耳提面命地再次重申。資料充滿了潛在的偏誤。
這些偏誤有許多可能的原因。在蒐集、抽樣或標記過程中會產生偏誤。歷史資料
可能嵌入了人為偏誤，而基於這些資料訓練的 ML 模型可以使它們永久存在。可
以使用資料，但不要過於相信它！

抽樣

抽樣是 ML 工作流程中不可或缺的一部分，不幸的是，它在典型的 ML 課程中
經常被忽視。抽樣發生在 ML 專案週期的許多步驟中，例如從所有可能獲取的真
實資料中抽樣，以創建訓練資料；或從既定的資料集中抽樣，以創建用於訓練、
驗證和測試的拆分資料；或從 ML 系統中發生的所有可能事件中抽樣，以進行監
控。在本節中，我們將重點介紹用於創建訓練資料的抽樣方法，但這些抽樣方法
同樣可用於 ML 專案週期的其他步驟。

在許多情況下，抽樣是必要的。一種情況是，當你無法獲取所有可能獲取的現實
資料時，你用來訓練模型的資料只是現實世界的一個子集，均需由一種抽樣方法
創建。另一種情況是，處理你有權獲取的所有資料並不可行（因為這需要太多時
間或資源）因此你必須對該資料進行抽樣，以創建一個可處理的子集。在許多其
他情況下，抽樣很有用，因為它可以讓你更快速、更低成本地完成任務。例如，
在考慮新模型時，你可能希望先對一小部分資料進行快速實驗，看看新模型是否
可靠，然後再以所有資料進行訓練[1]。

瞭解不同的抽樣方法，以及它們在工作流程中的使用方式，既可以幫助我們避免
潛在的抽樣偏誤，也可以幫助我們選出提高抽樣效率的方法。

抽樣方法有兩大家族：非機率抽樣和隨機抽樣。我們先從非機率抽樣方法開始，
然後介紹幾種常見的隨機抽樣方法。

1　有些讀者可能會爭辯說，這種方法可能不適用於大型模型，因為小型資料集不適合某些大型模型；大
　型模型需要更多資料。在這種情況下，我們仍需要對不同大小的資料集進行試驗，以弄清楚資料集大
　小對模型的影響。

非機率抽樣

非機率抽樣是指資料的選擇不基於任何機率標準。以下是非機率抽樣的一些標準做法：

簡單抽樣（*Convenience sampling*）

> 資料樣本是根據其可用性來選擇的。這種抽樣方法很受歡迎，因為很方便。

滾雪球抽樣（*Snowball sampling*）

> 根據現存樣本，選取未來的樣本。例如，要在無法存取 Twitter 資料庫的情況下抓取真實的 Twitter 帳戶，你可以從少量帳戶開始，然後抓取他們關注的所有帳戶，依此類推。

判斷抽樣（*Judgement sampling*）

> 由專家決定要包含哪些樣本。

配額抽樣（*Quota sampling*）

> 你可以根據既定資料分層的配額選取樣本，而不涉及任何隨機選擇。例如在進行調查時，你可能需要在每個年齡組選取 100 個回應：30 歲以下、30 至 60 歲和 60 歲以上，而不理會實際年齡分布。

透過非機率標準選取的樣本並不代表真實世界，因此充滿了選擇偏誤[2]。由於這些偏誤，你可能認為以此抽樣法選擇資料來訓練 ML 模型是個壞主意。你是對的。不幸的是，在許多情況下，選擇 ML 模型資料仍以方便為主。

其中一個個案就是建立語言模型。訓練語言模型時，通常不使用代表所有可能文字的資料，而是使用易於蒐集的資料 —— 如維基百科、Common Crawl、Reddit。

另一個例子是一般文字的情緒分析資料。大部分資料是從帶有自然標籤（評級）的來源蒐集的，例如 IMDB 評論和亞馬遜評價內容。然後，這些資料集被用於其他情緒分析任務。IMDB 評論和亞馬遜評價偏向於願意在線上留下評論的用戶，不一定代表無法存取網際網路或不願意在線上發表評論的人。

2　James J. Heckman，《Sample Selection Bias as a Specification Error》，*Econometrica* 47，第 1 期。（1979 年 1 月）：153–61，*https://oreil.ly/I5AhM*。

第三個例子是訓練自動駕駛車輛的資料。最初，為自動駕駛車輛蒐集的資料主要來自兩個地區：亞利桑那州鳳凰城（因為監管不嚴）和加州灣區（因為許多製造自動駕駛車輛的公司都設在這裡）。這兩個地區的天氣普遍晴朗。2016 年，Waymo 將其業務擴展到華盛頓的柯克蘭，專門針對柯克蘭的多雨天氣[3]，但與雨雪天氣相比，晴天的自動駕駛車輛資料仍然豐富得多。

非機率抽樣可助我們快速簡便地蒐集初始資料，以啟動項目。但是，對於可靠的模型，你也許基於機率的抽樣方式，我們將在接下來介紹。

簡單隨機抽樣

在最簡單的隨機抽樣形式中，母體中所有樣本都有相等被選中的機率[4]。例如，你隨機選擇母體的 10%，即該母體的所有成員均有一成被選中的機會。

這種方法的優點是易於實現。缺點是罕見的資料類別可能不會出現在你的選擇中。假設某個類別僅出現在資料母體的 0.01%。如果你隨機選擇 1% 的資料，則不太可能選取到這種稀有類別的樣本。基於這種選擇訓練出來的模型，可能認為這種罕見的類別不存在。

分層抽樣

為了避免簡單隨機抽樣的缺點，你可以先將母體劃分為你關心的組別，然後分別從每個組別中抽樣。例如，針對具有 A、B 兩類的資料，要抽樣 1% 的話，你可以抽樣 A 類的 1% 和 B 類的 1%。這樣，無論 A 類或 B 類多麼罕見，你都可以確保它在樣本中出現。每個組稱為一個層（stratum），這種方法稱為分層抽樣。

3　Rachel Lerman，《Google Is Testing Its Self-Driving Car in Kirkland》，*Seattle Times*，2016 年 2 月 3 日，*https://oreil.ly/3IA1V*。

4　這裡的母體指統計學上的「母體」（*https://oreil.ly/w7GDX*），一組所有可能樣本（可能是無限）的集合。

這種抽樣法有一個缺點，那就是它並不總是可行，例如在我們不可能將所有樣本完全分類的情況下。尤其在多標籤任務中，一個樣本可能屬於多個組別，這樣的情況往往更具挑戰性 [5]。比方說，一個樣本可以同時屬於 A 類和 B 類。

加權抽樣

在加權抽樣中，每個樣本都被賦予一個權重，該權重決定了它被選中的機率。比如你有 A、B、C 三個樣本，希望它們分別以 50%、30%、20% 的機率被選中，那麼可以給它們賦予權重 0.5、0.3、0.2。

此方法允許你利用領域專業知識。例如，如果你知道某個子資料群（例如較新的資料）對你的模型更有價值，並且希望該資料有更大的機會被選中，你可以為其賦予更高的權重。

當你擁有的資料與真實資料有不同的分布時，這也有幫助。例如，如果在你的資料中，紅色樣本佔 25%，藍色樣本佔 75%，但你知道現實情況中，紅色和藍色發生的機率是相等的，你可以給予紅色樣本高於藍色樣本三倍的權重。

在 Python 中，你可以使用 random.choices 進行加權抽樣，如下所示：

```
# 從列表中選擇兩項，使得 1、2、3、4 各有
# 20% 的機率被選中，而 100 和 1000 各只有 10% 的機率。
import random
random.choices(population=[1, 2, 3, 4, 100, 1000],
               weights=[0.2, 0.2, 0.2, 0.2, 0.1, 0.1],
               k=2)
# 這相當於下列
random.choices(population=[1, 1, 2, 2, 3, 3, 4, 4, 100, 1000],
               k=2)
```

ML 中與加權抽樣密切相關的一個常見概念是樣本權重。加權抽樣透過抽樣來訓練模型，而樣本權重複使用於為訓練樣本分配「重量」或「重要性」。權重越高的樣本對損失函數的影響越大。更改樣本權重可以顯著改變模型的決策邊界，如圖 4-1 所示。

---

5   多標籤任務指每個範例可以有多個標籤的任務。

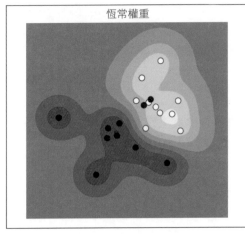
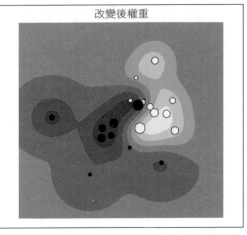

圖 4-1　樣本權重會影響決策邊界。左邊是所有樣本都被賦予相同權重的情況。右邊是樣本被賦予不同權重時的情況。資料來源：scikit-learn[6]

水庫抽樣

水庫抽樣是一種引人入勝的演算法，當你必須處理串流資料時特別有用。串流資料通常是你在實際運作時需要應對的資料。

假設你有一個傳入的貼文串流，並且想對 k 個貼文進行抽樣，以進行分析或訓練模型。你不知道有多少條貼文，但你知道無法將它們全部放進記憶體中，這意味著你事先不知道應該選擇一條貼文的機率。你希望確保：

• 每條貼文的被選中機率一致。

• 你可以隨時停止演算法，系統即以正確機率抽取貼文樣本。

這個問題的一個解決方案是水庫抽樣。該演算法涉及一個水庫（reservior），可以是一個數組，由三個步驟組成：

1. 將前 k 個元素放入庫中。

2. 對於每個傳入的第 n 個元素，生成一個隨機數 i，使得 $1 \leq i \leq n$。

3. 如果 $1 \leq i \leq k$：用第 n 個元素代替水庫中的第 i 個元素。否則什麼都不做。

6　《SVM: Weighted Samples》，scikit-learn，*https://oreil.ly/BDqbk*。

這意味著每個傳入的第 n 個元素都有 $\frac{k}{n}$ 的機率可放進水庫。你還可以證明水庫中的每個元素都有 $\frac{k}{n}$ 的機率存在於此。這意味著所有樣本被選中的機會均等。如果我們在任何時候停止演算法，水庫中的所有樣本都以正確的機率被抽樣。圖 4-2 說明性水庫抽樣的運作。

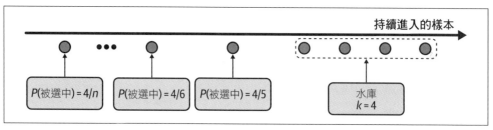

圖 4-2　水庫抽樣工作原理的可視化

重要性抽樣

重要性抽樣是最重要的抽樣方法之一，其地位不僅在 ML 領域。它允許我們從分布中抽樣，當我們只能存取別的分布時。

想像一下，你必須從分布 $P(x)$ 中對 x 進行抽樣，但是從 $P(x)$ 中抽樣確實很昂貴、很慢或不可行。但是，你有一個更容易從中抽樣的分布 $Q(x)$。因此，你改為從 $Q(x)$ 中對 x 進行抽樣，並定義其權重為 $\frac{P(x)}{Q(x)}$。$Q(x)$ 稱為建議分布（*proposal distribution*）或重要性分布（*importance distribution*）。只要 $P(x) \neq 0$，$Q(x) > 0$，$Q(x)$ 就可以是任何分布。以下等式表明，在期望中，套以 $\frac{P(x)}{Q(x)}$ 權重，從 $P(x)$ 抽樣的 x 等於從 $Q(x)$ 抽樣的 x：

$$E_{P(x)}[x] = \sum_x P(x)x = \sum_x Q(x)x\frac{P(x)}{Q(x)} = E_{Q(x)}\left[x\frac{P(x)}{Q(x)}\right]$$

在 ML 中使用重要性抽樣的一例，是以政策為基調的強化學習。假定一個更新政策的情況，你想估計新政策的價值函數，但計算出採取行動的整體報酬可能帶來高昂的成本，因為它需要考慮行動至時間範圍結束時的所有可能結果。但是，如果新政策與舊政策比較接近，則可以改為根據舊政策計算整體報酬，並根據新政策重新加權。也就是由舊政策的整體報酬構成了建議分布。

標籤

儘管無監督 ML 確有前景，但當今大多數實際運作的 ML 模型都是有監督的，這意味著它們需要透過標籤資料來學習。ML 模型的效能很大程度上取決於標籤資料的品質和數量。

在特斯拉 AI 主管 Andrej Karpathy 在一次座談中，和我的學生分享了一則軼事，他講述當決定建立一個內部標籤團隊時，負責招聘的人員問他，需要這個團隊存在多久。他反問：「我們需要一個工程團隊存在多久？」資料標籤已經從一項輔助任務，變成了許多 ML 團隊實際運作時的核心功能。

在本節中，我們將討論為資料獲取標籤這項挑戰。我們首先討論資料科學家在談論標籤時通常首先想到的標籤方法：手動標籤。然後，我們將討論具有自然標籤的任務，這些任務可以從系統中推斷出標籤，而無須人工標註，然後是在缺少自然標籤和手動標籤時該怎麼做。

手動標籤

任何曾經在生產環境處理過資料的人都可能深深感受到這一點：由於眾多原因，很難為你的資料獲取手動標籤。首先，手動標記資料可能很昂貴，尤其是需要相關主題專業知識的情況下。要分辨留言是否為屬於垃圾留言，你或許可以在群眾外包平台上找到 20 個標註人員，並在 15 分鐘內訓練他們標記你的資料。但是，如果你想標記胸腔 X 光片，就需要找到經過委員會認證的放射科醫師，他們的時間有限，且收費高昂。

其次，手動標籤對資料隱私構成威脅。手動標籤意味著必須有人查看你的資料，如果資料有嚴格隱私要求，就不可能這樣做。例如，你不能將患者的病歷或公司的機密財務信息發送給第三方服務進行標記。在許多情況下，資料甚至不可以離開你的組織，你也許需要僱用或以合約聘用標註人員，在本機標記你的資料。

第三，手動標籤速度慢。例如，要準確轉錄語音，其所耗費的時間可能要比語音本身的時程多 400 倍[7]。因此，如果你想標註 1 小時的語音資料，以一人之力，需要 400 小時，即將近 3 個月的時間，才能完成。在一項使用 ML 分類肺癌 X 光片的研究中，我的同事們等待了將近一年，才能獲得足夠的標籤。

緩慢的標籤會導致迭代速度變慢，並使你的模型無法適應不斷變化的環境和需求。如果任務或資料發生變化，則必須等待資料重新籤，才能更新建立模型。假設你有一個情緒分析模型，對於每條提及你品牌的貼文，分析其情緒。它只有兩個分類：NEGATIVE 和 POSITIVE。然而，在部署之後，你的公關團隊意識到最大的損害來自憤怒的貼文，他們希望更快地處理憤怒的消息。所以你必須更新你的情緒分析模型，使其具有三個類別：NEGATIVE、POSITIVE 和 ANGRY。為此，你需要再次查看你的資料，以查看哪些現有訓練例子應重新標籤為 ANGRY。如果你沒有足夠的憤怒貼文例子，你將不得不蒐集更多資料。該過程花費的時間越長，現有模型的效能就會下降得越多。

標籤多重性

通常，為了獲得足夠的標籤資料，公司必須使用來自多個來源的資料，並依賴具有不同專業水平的多個標註人員。這些不同的資料來源和標註人員也具有不同級別的準確性。這導致了標籤歧義或標籤多重性的問題：當一個資料實例有多個衝突的標籤時該怎麼辦。

考慮實體辨識這個簡單的任務。你將以下樣本發給三名標註人員，並要求他們標註所有實體：

> 達斯・西迪厄斯，簡稱帝王，是西斯的黑魔王，作為第一銀河帝國的銀河帝王，統治著銀河系。

你收到三種不同的答案，如表 4-1 所示。三個標註人員識別了不同的實體。你的模型應該訓練哪一個？在標註人員 1 標記的資料上訓練模型，與在標註人員 2 標記的資料上訓練的模型，其效能將非常迥異。

---

7   Xiaojin Zhu，《Semi-Supervised Learning with Graphs》（博士論文，卡內基美隆大學，2005 年），*https://oreil.ly/VYy4C*。

表 4-1　不同標註人員標註的實體可能非常不同

Annotator	# entities	註解
1	3	「達斯·西迪厄斯」，簡稱帝王，是「西斯的黑魔王」，作為「第一銀河帝國的銀河帝王」，統治著銀河系。
2	6	「達斯·西迪厄斯」，簡稱「帝王」，是「西斯」的「黑魔王」，作為「第一銀河帝國」的「銀河帝王」，統治著銀河系。
3	4	「達斯·西迪厄斯」，簡稱「帝王」，是「西斯的黑魔王」，作為「第一銀河帝國的銀河帝王」，統治著銀河系。

標註人員之間的分歧非常普遍。所需領域專業知識水平越高，標註分歧的可能性就越大 [8]。如果一位專家認為標籤應該是 A，而另一位專家認為標籤應該是 B，我們如何解決二人之間的衝突，獲得單一的基本事實？如果人類專家無法就標籤達成一致共識，那麼我們應該怎樣理解人類層面的效能？

為了盡量減少標註人員之間的分歧，首要做出明確的問題釋義。例如，在上文的實體辨識任務中，如果我們釐清在多個可能實體的情況下，該選擇包含最長子字串的實體，那麼我們就可以消除一些分歧。這意味著「第一銀河帝國的銀河帝王」，而不是「第一銀河帝國」和「銀河帝王」。其次，你需要將該定義納入標註人員的培訓中，以確保所有標註人員都理解規則。

資料歷程

無差別使用來自多個來源、由不同標註人員生成的資料，而不檢測其品質，可能會使你的模型莫名其妙地失敗。想像你已經使用十萬個資料樣本，訓練了一個還算不錯的模型。你的 ML 工程師相信，更多資料將提高模型效能，因此你花費大量資金聘請標註人員，來標註另外一百萬個資料樣本。

然而，使用新資料進行訓練後，模型效能卻有所下降。原因是新的一百萬個樣本透過群眾外包發給標註人員，標註資料的準確性遠低於原始資料。如果你已經將資料混合在一起，已無法區分新資料和舊資料，解決問題將特別困難。

8　如果某些東西很容易標記，你就不需要領域專業知識。

記錄好每個資料樣本的來源及其標籤是一種好習慣，這種技術稱為資料歷程（data lineage）。資料歷程可幫助你標示出資料中的潛在偏差，並調試模型。例如你的模型主要在最近獲取的資料樣本上出現問題，你也許查看新資料的獲取方式。我們不止一次發現問題不在於我們的模型，而是因為最近獲取資料中的錯誤標籤異常地多。

自然標籤

手動標籤並不是標籤的唯一來源。你可能有幸處理自然真實標籤的相關任務。自然標籤的相關任務，是指模型預測可以由系統自動評估或部分評估的任務。其中一個例子是 google 地圖估計某條路線到達時間的模型。如果你走那條路線，到旅行結束時，google 地圖就會知道這次旅行實際用了多長時間，從而可以評估預測到達時間的準確性。另一個例子是股票價格預測。如果你的模型預測股票往後兩分鐘的價格，那麼兩分鐘後，你可以比較預測價格與實際價格。

帶有自然標籤的任務的典型例子是推薦系統。推薦系統的目標是向用戶推薦與他們相關的項目。用戶是否點擊推薦的項目，可以看成是對該推薦的反饋。推薦項目被點擊，該項目可以當成好的推薦（即標籤為 POSITIVE），而過了一段時間，比如 10 分鐘過後，推薦項目還沒有被點擊，則可以當成不好的推薦（即，標籤是 NEGATIVE）。

許多任務都可以引申為推薦任務。例如你可以將預測廣告點擊率的任務，引申為根據用戶的活動紀錄和個人資料，向用戶推薦最相關的廣告。這種從用戶行為（如點擊和評級）推斷出的自然標籤也稱為行為標籤。

即使你的任務本身沒有自然標籤，也可以透過一種允許蒐集模型反饋的方式來設置系統。例如你正在構建一個像 google 翻譯這樣的機器翻譯系統，你可以讓網路社群為錯誤的翻譯補上答案——這些替代答案可在下一次迭代時用於訓練模型（儘管你可能想先查看這些建議的翻譯）。新聞動態排名任務不是先天帶有標籤的，但透過用戶為每個項目點讚或其他反應鍵，Facebook 能夠蒐集對其排名演算法的反饋。

帶有自然標籤的任務在行業中相當普遍。86 家在我圈子裡的公司接受了調查，我發現其中有 63% 的公司處理帶有自然標籤的任務，如圖 4-3 所示。這不是指可從 ML 解決方案受益的任務中，有 63% 具有自然標籤。更可能的是，公司認為先以自然標籤執行任務會更容易、成本也更低。

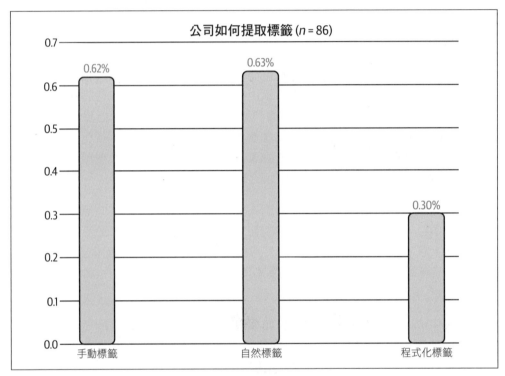

圖 4-3　我網路中 63% 的公司從事帶有自然標籤的任務。百分比總和不為 1，因為公司可以處理具有不同標籤來源的任務[9]。

在上文的例子中，一段時間後沒有被點擊的推薦項目可以說是「不好」的。這稱為隱含標籤（implicit label），因為此負標籤是基於缺少正標籤而假定出來的。它不同於明確標籤（explicit label），即用戶對推薦項目給予差評或投否決票，來明確表示反饋。

9　我們將在第 95 頁「弱監督」小節介紹程式化標籤。

反饋迴路長度

對於帶有自然真實標籤的任務，從提供預測到提供反饋所花費的時間，就是反饋迴路長度。通常在幾分鐘內可生成標籤的任務，屬於短反饋迴路的任務。許多推薦系統具有較短的反饋迴路。如果推薦的商品是亞馬遜上的相關產品或 Twitter 上要關注的人，那麼從商品被推薦到它被點擊之間的時間（如果它被點擊的話）非常短暫。

然而，這種「一分鐘時間」反饋迴路不是所有推薦系統都適用。面對內容更多的情況，例如部落格、貼文或 YouTube 影片，反饋迴路可能會持續數小時。如果你建立一個像 Stitch Fix 一樣的系統，為用戶推薦衣服，你要等待用戶收到並試穿這些物品，才會得到反饋，這可能需要幾個星期的時間。

不同類型的用戶反饋

如果你想從用戶反饋中提取標籤，重要的是要注意用戶反饋有不同的類型。它們可能發生在用戶使用應用程式的不同階段，並且因其數量、信號強度和反饋迴路長度而異。

以類似於亞馬遜的電商應用程式為例。用戶在此應用程式上可以提供的反饋類型可能包括產品推薦點擊、將產品添加到購物車、購買產品、評分、留下評論以及退回之前購買的產品。

與購買產品相比，點擊產品發生得更快、更頻繁（因此產生更高的數量）。然而，與點擊產品相比，購買產品更能表明用戶是否喜歡該產品。

在構建產品推薦系統時，許多公司專注優化產品點擊，這為它們提供了更多的反饋來評估模型。然而，一些公司專注於產品購買，這給了他們一個更強的信號，這個信號也與他們的業務指標（例如產品銷售收入）有更大的關聯。這兩種方法都是有效的。對於你應該為用例優化哪種類型的反饋，沒有明確的答案，這個議題值得和所有利益相關者認真討論。

選擇合適的反饋窗口長度需要仔細考慮，因為它涉及速度和準確性的權衡。較短的窗口意味著你可以更快地捕獲標籤，好讓你使用這些標籤來檢測模型的缺陷，並儘快解決問題。但是，較短的窗口也使得推薦項目過早被認定為「不好」，那可能只是因為項目還沒有被點擊到。

無論你將反饋窗口設置為多長，都仍可能存在過早的負標籤。2021 年初，Twitter 廣告團隊的一項研究發現，儘管大多數廣告點擊發生在前五分鐘，有些點擊卻在廣告顯示後幾小時才發生 [10]。這意味著此類標籤往往低估了實際點擊率。也就是說，如果你只記錄了 1,000 個 POSITIVE 標籤，實際點擊次數可能會超過 1,000 次。

對於反饋迴路較長的任務，自然標籤可能需要數週甚至數月才能到達。詐欺檢測就是長反饋迴路任務的一例。在交易後一定時間內，若涉及詐欺，用戶可以匯報該交易爭議。例如，當客戶閱讀信用卡帳單，並看到不明交易時，他們可能會向銀行提出異議，這個就是將該交易標記為詐欺交易的反饋。典型的交易爭議窗口是一到三個月。交易爭議窗口過後，如果用戶沒有提出異議，就可能被當成正常交易。

具有長反饋迴路的標籤有助於季度或年度業務報告中反映模型的效能，但卻無助盡快檢測模型的問題。如果你的詐欺檢測模型存在問題，並且幾個月後才能發現出來，當問題得到解決時，瑕疵模型允許的詐欺交易足以讓小企業破產。

處理標籤缺失

由於在獲取足夠的高品質標籤方面存在挑戰，因此開發了許多技術來解決由此產生的問題。在本節中，我們將介紹其中四種：弱監督、半監督、遷移學習和主動學習。這些方法的總結如表 4-2 所示。

---

10 Sofia Ira Ktena、Alykhan Tejani、Lucas Theis、Pranay Kumar Myana、Deepak Dilipkumar、Ferenc Huszar、Steven Y oo 和 Wenzhe Shi，《Addressing Delayed Feedback for Continuous Training with Neural Networks in CTR Prediction》，*arXiv*，2019 年 7 月 15 日，*https://oreil.ly/5y2WA*。

表 4-2　處理手動標籤資料缺失的四種技術總結

方法	如何做	需要基準真相嗎？
弱監督	使用（通常不純正的）捷思法來生成標籤	不需要，但建議使用少量標籤來引導捷思開發過程
半監督	使用結構化假設來生成標籤	需要，以少量初始標籤作為起點來生成標籤 微調的話需要，但如果從零開始訓練話，基準真相的數量遠低於所需
轉移學習	使用針對另一任務而訓練好的模型，處理你的新任務	對零樣本學習來說不需要
主動學習	標籤對模型最有用的樣本	需要

弱監督

如果手動標籤問題如此嚴重，要嘛我們完全不使用它？弱監督是一種日漸流行的方法。Snorkel 是最流行的弱監督開源工具之一，由史丹佛人工智慧實驗室開發 [11]。弱監督背後的理念，是既然人們依靠捷思來標註資料，那麼相關專業知識可以被用作開發標註功能。例如醫生可能會使用以下捷思法，來決定病例是否應視為優先處理的緊急情況：

> 如果護士的記錄中提到肺炎等嚴重情況，則應優先考慮患者的情況。

像 Snorkel 這樣的工具庫是圍繞標籤功能（*Labeling function*, LF）的概念構建的：即一種將捷思法編碼的功能。上文的啟發式可以用以下功能表示：

```
def labeling_function(note):
    if "pneumonia" in note:
        return "EMERGENT"
```

LF 可以編碼許多不同類型的捷思法。以下是其中一些：

關鍵字捷思法（*Keyword heuristic*）

上文提及的例子

11　Alexander Ratner、Stephen H. Bach、Henry Ehrenberg、Jason Fries、Sen Wu 和 Christopher Ré，《Snorkel: Rapid Training Data Creation with Weak Supervision》，*Proceedings of the VLDB Endowment* 11，第 3 期 (2017)：269–82，*https://oreil.ly/vFPjk*。

正規表示式（*Regular expressions*）

　　例如針對某個正規表示式，標註匹配與否

資料庫查詢（*Database lookup*）

　　例如標註疾病是否在危險疾病清單中

其他模型的輸出（*The outputs of other models*）

　　例如現有系統是否將其標註為緊急情況

編寫 LF 後，你可以將它們應用於要標註的樣本。

LF 對捷思法進行編碼，而由於捷思法會產生噪訊，由 LF 產生的標籤亦然。多個 LF 可能適用於相同的資料例子，並且可能給出矛盾的標籤。一個功能可能認為護士的記錄是緊急的，但另一個功能則可能持相反意見。一種捷思法可能比另一種捷思法準確得多，而你可能無法得知這些結果，因為你缺乏真實標籤來比較它們的效能。如果要盡可能得到一組正確標籤，對所有 LF 進行組合、去噪和重新加權是非常重要的。圖 4-4 在較高層次上顯示了 LF 的工作原理。

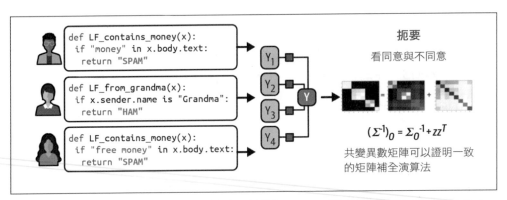

圖 4-4　標籤功能如何組合的概述。來源：改編自 Ratner 等人的圖像 [12]

12　Ratner 等人，《Snorkel: Rapid Training Data Creation with Weak Supervision》。

理論上，弱監督不需要任何手動標籤。但如果要先瞭解一下 LF 的準確性，建議可使用少量手動標籤。這些手動標籤可以幫助你發現資料中的規律模式，以編寫出更好的 LF。

當你的資料具有嚴格的隱私要求時，弱監督尤其有用。你只需要查看一小部分已清理好的資料子集，即可編寫 LF，並將其在沒有人查看的情況下應用至其餘資料。

有了 LF，這些專業知識也可以進行版本控制、重複使用和分享。一個團隊擁有的專業知識可以被另一個團隊編碼和使用。如果你的資料或需求發生變化，你只需將 LF 重新應用於資料樣本。使用 LF 生成資料標籤的方法也稱為程式化標籤。表 4-3 顯示了程式化標籤相對於手動標籤的一些優勢。

表 4-3　程式化標籤相對於手動標籤的優勢

手動標籤	程式化標籤
昂貴：尤其需要特定領域專家時	節省成本：在機構內，技術可以分版、分享、重複使用
缺乏隱私：把資料交給真人標籤者	隱私：以清理好的子樣本集創建LF，然後把LF套用至其他資料，不會有人看到個別樣本
慢：標籤生成時間與數量線性掛勾	快：從一千個樣本增加到一百萬個樣本也是易事
不可適應：每次改變都需重新標籤	可適應：發生改變時，只需重新套用LF！

以下的案例研究，展示了弱監督在實踐中的效果。史丹佛醫學院進行了一項研究 [13]，一名放射科醫生花了八小時編寫 LF 來建立的模型，與花了近一年手動標籤獲得資料進行訓練的模型，前者的效能可拿來與後者比較，如圖 4-5 所示。實驗結果展示兩個有趣的事實。首先，即使沒有更多 LF，模型也會隨著更多未標籤的資料繼續改進。其次，LF 可重複使用於不同任務。CXR（胸部 X 光）任務中的六個 LF 能夠被研究人員重複使用至 EXR（肢體 X 光）任務 [14]。

13　Jared A. Dunnmon、Alexander J. Ratner、Khaled Saab、Matthew P。Lungren、Daniel L. Rubin 和 Christopher Ré，《Cross-Modal Data Programming Enables Rapid Medical Machine Learning》，*Patterns 1*，第 2 期(2020)：100019，*https://oreil.ly/nKt8E*。

14　本研究中的兩項任務分別僅使用 18 和 20 個 LF。在實際環境，我見過團隊在每個任務使用數百個 LF。

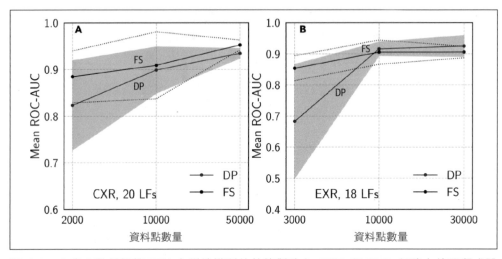

圖 4-5　在完全監督標籤 (FS) 上訓練模型的效能對比在 CXR 和 EXR 任務上使用程式設計標籤 (DP) 訓練的模型。資料來源：Dunnmon 等人 [15]

我的學生經常問，如果捷思法可以很好地標籤資料，為什麼還需要機器學習模型？一個原因是 LF 或無法對所有資料樣本給出標籤，因此我們可以透過 LF，先程式化標籤部分資料，來訓練出 ML 模型，並使用這個經訓練的模型，為未被覆蓋的樣本生成預測結果。

弱監督是一個簡單而強大的範例，但並不完美。在某些情況下，弱監督獲得的標籤可能因為品質太低而無法使用。但即使在這些情況下，弱監督也是起步階段的好方法，助你不需在手動標籤投放太多時間的情況下，探索 ML 有效性。

半監督

如果弱監督利用捷思法獲得雜亂的標籤，那麼半監督則利用結構上的假設，根據一小組初始標籤生成新標籤。與弱監督不同，半監督需要一組初始標籤。

15　Dummon 等人，《Cross-Modal Data Programming》。

半監督學習是 90 年代使用的一種技術 [16]，從那時起，許多半監督方法開始發展。全面回顧半監督學習已經超出本書的討論範圍。我們將介紹這些方法的一小部分，讓讀者瞭解如何使用它們。要全面回顧的話，我推薦「半監督學習文獻調查」（*https://oreil.ly/ULeWD*）（Xiaojin Zhu，2008）和「半監督學習調查」（*https://oreil.ly/JYgCH*）（Engelen 和 Hoos，2018 年）。

一種經典的半監督方法是自我訓練（*self-training*）。首先在現有的標記資料集上訓練一個模型，然後使用該模型對未標記的樣本進行預測。假設原始機率值高的預測是正確的，就可以將預測機率高的標籤添加到訓練資料集中，並使用這個擴展的訓練集來訓練一個新模型，直到你對模型效能滿意為止。

另一種半監督方法，假定了相似特徵的資料樣本有著相同的標籤。例如在對 Twitter 主題標籤的主題進行分類時，這種相似性是顯而易見的。首先，你可以把主題標籤「#AI」標記為電腦科學。假設出現在同一貼文或用戶資料中的主題標籤可能與同一主題有關，如圖 4-6 中 MIT CSAIL 的用戶資料所示，主題標籤「#ML」和「#BigData」也可被標記為電腦科學。

圖 4-6　由於 #ML 和 #BigData 出現在與 #AI 相同的 Twitter 個人資料中，我們可以假設它們屬於同一主題

在大多數情況下，相似性只能透過更複雜的方法來發現。例如，你可能需要使用聚類分析法，或 K- 近鄰演演算法來發現屬於同一聚類的樣本。

16　Avrim Blum 和 Tom Mitchell，《Combining Labeled and Unlabeled Data with Co-Training》，*Proceedings of the Eleventh Annual Conference on Computational Learning Theory*（1998 年 7 月）：92–100，*https://oreil.ly/T79AE*。

近年來流行的一種半監督方法是基於擾動的方法。此法的基本假設是，對樣本的小擾動不應改變其標籤。因此，套用小擾動至訓練實例，可以獲得新的訓練實例。擾動可直接應用於樣本（例如為圖像添加白噪訊）或其表示值（例如將小的隨機值添加到單詞的嵌入值中）。已擾動樣本與未擾動樣本具有相同的標籤。我們將在第 117 頁的「擾動」小節對此進行更多討論。

在某些情況，例如在既定資料集中，大部分標籤已被丟棄的情況下，半監督方法的效能也能達到純監督學習的水平 [17]。

當訓練標籤數量有限時，半監督學習是最有用的。在使用有限資料進行半監督學習時，要考慮一點，就是應該使用多少有限資料來評估候選模型，並從中挑選出最佳模型。如果你使用少量資料，在這個小評估資料集上效能最好的模型，可能只是過度擬合（overfit）此資料集的模型。另一方面，如果你使用大量資料進行評估並依此選出最佳模型，還不如你直接將評估資料集加到有限訓練集，所帶來的效能提升幅度可能更高。許多公司透過使用相當大的評估資料集來選擇最佳模型，然後繼續在評估資料集上訓練冠軍模型，在兩者之間做出權衡。

遷移學習

所謂遷移學習，是指一系列的模型重複使用方法，基於某項任務開發出來的模型，可被重新用作另一項任務模型的起點。首先，針對基礎任務，訓練出基礎模型。基礎任務通常使用廉價、豐富的訓練資料。

語言建模是遷移學習中一個很好的應用例子，因為語言模型不需要標籤資料。語言模型可以在任何文體（書籍、維基百科文章、聊天記錄）上進行訓練，其任務為：給定一個分詞（token）序列 [18]，預測下一個分詞。當給出分詞序列「我購買 NVIDIA 股票是因為我看重」時，語言模型可能會輸出「硬體」或「GPU」作為下一個分詞。

---

17 Avital Oliver、Augustus Odena、Colin Raffel、Ekin D. Cubuk 和 Ian J. Goodfellow，《Realistic Evaluation of Deep Semi-Supervised Learning Algorithms》，*NeurIPS 2018 Proceedings*，*https://oreil.ly/dRmPV*。

18 token可以是一個詞，一個字元，或者一個詞的一部分。

然後，模型可以應用於你感興趣的任務（一個下游任務），例如：情緒分析、意圖檢測或答問。在某些情況下，例如在零樣本學習場景中，你可以直接在下游任務上使用基礎模型。在許多情況下，你可能需要微調（fine-tune）基礎模型。微調意味著對基礎模型進行微小的更改，例如根據既定下游任務的資料，繼續訓練基礎模型，或基礎模型的一部分[19]。

有時，你可能需要改變輸入方式，套用格式模板，來提示基礎模型輸出你心中所想[20]。例如，要使用語言模型作為問答任務的基礎模型，你可能需要套用以下的提示：

問：美國是什麼時候成立的？

答：*1776 年 7 月 4 日。*

問：獨立宣言是誰寫的？

答：*托馬斯・杰斐遜。*

問：亞歷山大・漢密爾頓是哪一年出生的？

答：

當你將此提示輸入 GPT-3（*https://oreil.ly/qT0r3*）等語言模型時，它可能會輸出亞歷山大・漢密爾頓出生的年份。

對於沒有大量標籤資料的任務來說，遷移學習特別具有吸引力。即使對於具有大量標籤資料的任務，與從頭訓練相比，使用預訓練模型作為起點，通常可以顯著提高效能。

---

19 Jeremy Howard 和 Sebastian Ruder，《Universal Language Model Fine-tuning for Text Classification》，*arXiv*，2018 年 1 月 18 日，*https://oreil.ly/DBEbw*。

20 Pengfei Liu、Weizhe Yuan、Jinlan Fu、Zhengbao Jiang、Hiroaki Hayashi 和 Graham Neubig，《Pre-train, Prompt, and Predict: A Systematic Survey of Prompting Methods in Natural Language Processing》，*arXiv*，2021 年 7 月 28 日，*https://oreil.ly/0lBgn*。

近年來，遷移學習引起廣泛關注，這是理所當然的。從前因為缺乏訓練樣本而無法實現的應用案例，因為遷移學習而得以實現。當今 ML 模型實際運作的一個重要部分，都是從遷移學習衍生出來的，包括利用 ImageNet 預訓練模型的物件檢測模型，和利用 BERT 或 GPT-3[21] 等預訓練語言模型的文字分類模型。由於降低了構建 ML 應用程式在前期標籤資料的成本，遷移學習也降低了 ML 的入門門檻。

在過去五年間，出現了（通常）預訓練的基礎模型越大，其下游任務的效能就越好的趨勢。大型模型的訓練成本相當昂貴。根據 GPT-3 的配置，訓練這個模型的成本估計要數千萬美元。許多人假設，未來只有少數公司能夠負擔得起訓練大型預訓練模型的費用。同業將直接使用這些預訓練模型，或根據他們的特定需求，對其進行微調。

主動學習

主動學習是一種提高資料標籤效率的方法。這裡的想法是，如果 ML 模型可以選擇從哪些資料樣本中學習，那麼模型可以用更少的訓練標籤的同時，實現更高的準確性。主動學習有時稱為查詢學習（儘管這個術語越來越不受歡迎）因為模型（主動學習者）以未標記樣本的形式傳回查詢，由標記者（通常是人類）進行標籤。

你並非以隨機方式標籤資料樣本，而是根據一些指標或捷思法來標籤對模型最有幫助的樣本。最直接的指標就是不確定性程度——標籤出模型最難定奪的例子，希望它們更有效地幫助模型學習決策邊界。以分類問題為例，模型輸出不同分類的原始機率時，它可能會選取預測分類中機率最低的資料樣本。圖 4-7 說明了此法在範例中的效果。

---

21 Jacob Devlin、Ming-Wei Chang、Kenton Lee 和 Kristina Toutanova，《BERT: Pre-training of Deep Bidirectional Transformers for Language Understanding》，*arXiv*，2018 年 10 月 11 日，*https://oreil.ly/ RdIGU*；Tom B. Brown, Benjamin Mann, Nick Ryder, Melanie Subbiah, Jared Kaplan, Prafulla Dhariwal, Arvind Neelakantan 等人，《Language Models Are Few-Shot Learners》，OpenAI，2020 年，*https:// oreil.ly/YVmrr*。

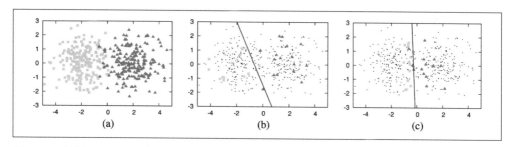

圖 4-7　基於不確定性的主動學習如何運作。(a) 包含 400 個實例的模擬資料集，從兩類高斯分布中均勻抽樣。(b) 在 30 個隨機標記的樣本上訓練的模型給出了 70% 的準確度。(c) 在主動學習選擇的 30 個樣本上訓練的模型給出了 90% 的準確度。資料來源：Burr Settles[22]

另一種常見的捷思法，是基於多個候選模型的反對意見。這種方法稱為「基於委員會的查詢」（query-by-committee），是集成方法的一種 [23]。你需要一個由多個候選模型組成的委員會，這些模型通常是由不同超參數訓練出來的相同模型，或是由資料集不同部分訓練出來的相同模型。每個模型都可以對下一個需要標籤的樣本投票，同時它也可根據預測的不確定性進行投票。然後，你可以為委員會中最大意見分歧的樣本加上標籤。

還有其他捷思，例如選出在訓練時能提供最高梯度更新的樣本，或最大程度減少損失函數的樣本。如需全面瞭解主動學習方法，請查看「主動學習文獻調查」（*https://oreil.ly/4RuBo*）（Settles，2010）。

需要標籤的樣本可來自於不同資料體系。在模型最不確定的輸入空間區域中生成樣本時，它們可以被合成 [24]。它們可以來自穩定的資料分布，例如你已經蒐集了大量未標籤資料，你的模型從這個標籤資料池中選擇樣本。它們也可以來自現實的分布，也就是說你有一個資料串流進來，就像實際運作時，模型需要從這個資料串流中選擇樣本，來進行標籤。

22　Burr Settles，《Active Learning》（Williston，VT：Morgan & Claypool，2012 年）。

23　我們將在第 6 章介紹集成。

24　Dana Angluin，《Queries and Concept Learning》，*Machine Learning* 2 (1988)：319–42，*https://oreil.ly/0uKs4*。

要在系統使用實時資料時進行主動學習，這一點使我十分雀躍。資料一直在變化，我們在第 1 章中簡要介紹了此一現象，這將在第 8 章中進一步詳細介紹。在這種資料體系下的主動學習，將使模型更有效地實時學習，並更快地適應不斷變化的環境。

類別不平衡

類別不平衡通常出現在指分類任務中，每個類別訓練資料的樣本數量存在顯著差異。例如，在 X 光片檢測肺癌任務的訓練資料集中，99.99% 可能是正常肺部的 X 光片，只有 0.01% 的 X 光片可能顯示癌細胞。

類別不平衡也可能發生在涉及連續數值標籤的回歸任務中。以估算醫療保健費用的任務為例 [25]，醫療保健費用是高度傾斜的——中位數費用很低，但第 95 百分位數的費用是天文數字。在預測醫院帳單時，準確預測第 95 百分位的帳單可能比預測中位數帳單更重要。250 美元的帳單出現 100% 的差異是可以接受的（實際為 500 美元，預測為 250 美元），但 10,000 美元的帳單有 100% 的差異則不可接受（實際 2 萬美元，預測 1 萬美元）。因此，我們需要訓練模型，以給出更好的第 95 百分位數帳單預測，即使它會降低整體指標。

類別不平衡的挑戰

機器學習，尤其是深度學習，在資料分布比較平衡的情況下效果很好，但在類別嚴重不平衡的情況下通常效果不佳，如圖 4-8 所示。由於以下三個原因，類別不平衡會使學習變得困難。

25　感謝 Eugene Yan 提供這個很好的例子！

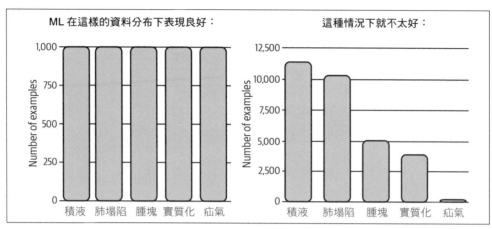

圖 4-8　ML 在類平衡的情況下效果很好。資料來源：改編自 Andrew Ng[26] 的圖片

第一個原因是，類別不平衡通常意味著你的模型沒有足夠的訊號，來學習檢測少數類別。少數類別中只有少量實例，在這個情況下，問題就變成了小樣本學習問題，你的模型僅看過這些少數類別幾次，就要做出決定了。如果你的訓練資料集沒有這些稀有別類的實例，模型可能會假設這些稀有類別不存在。

第二個原因，類別不平衡驅使模型利用簡單的捷思，而不是從資料蘊含的模式中學習有用的訊息，使你的模型更容易陷入非最佳方案的困局。回到上文的肺癌檢測範例，你的模型只不過學會了從始至終都輸出多數類別，但其準確度卻已經到達 99.99%[27]。這種捷思在演算法上很難透過梯度下降來補救，因為在演算法中添加少量隨機性，甚至會導致更差的準確性。

第三個原因，是類別不平衡導致不對稱的錯誤成本 —— 對稀有類別樣本的錯誤預測成本，可能比對多數類別樣本的錯誤預測成本高得多。

例如，在 X 光片上把癌細胞錯誤分類，比把正常肺部錯誤分類危險得多。如果你沒有配置好損失函數來解決這種不對稱性，你的模型將以相同的方式處理所有樣本。所以說，你的模型固然可以在多數類別和少數類別上有著同樣好的效能，但你更希望模型在少數類別的效能比多數類別的效能更勝一籌。

26　Andrew Ng，《Bridging AI's Proof-of-Concept to Production Gap》（HAI 研討會，2020 年 9 月 22 日），影片，1:02:07，*https://oreil.ly/FSFWS*。

27　這就是為什麼準確性對於類別不平衡任務來說是一個不好的指標，我們將在本節第 107 頁的「處理類別不平衡」探討更多。

在學校，我得到的大多數資料集或多或少會具有平衡的類別 [28]。沒想到出來工作後，類別不平衡才是常態，這讓我感到震驚。在現實世界中，罕見事件通常比常規事件更有趣（或更危險），許多任務都專注於檢測這些罕見事件。

類別不平衡任務的經典例子是詐欺檢測。大多數信用卡交易都不是詐欺性的。截至 2018 年，持卡人每消費 100 美元就有 6.8 美分涉及詐欺 [29]。另一個是客戶流失預測。你的大多數客戶可能沒有打算取消訂閱。如果他們打算這樣做的話，恐怕需要擔心就不僅僅是客戶流失預測演算法了。其他例子還包括疾病篩檢（幸而大多數人沒有絕症）和工作履歷審查（98% 的求職者在最初的工作履歷審查中被淘汰 [30]）。

另一個涉及類別不平衡任務的例子可能較不明顯，那就是物件檢測（*https://oreil.ly/CGEf5*）。物件檢測演算法目前的工作原理是在圖像上生成大量邊框，然後預測哪些邊框中最有可能包含物件。而大多數邊框都是不包含相關物件的。

發生類別不平衡的情況，除了基於問題本質的先天原因，也可能是因為抽樣過程出現偏差。試想像你要創建訓練資料，來檢測電子郵件是否為垃圾郵件。你決定使用公司電郵資料庫中的所有經匿名化處理的電郵。根據 Talos Intelligence，截至 2021 年 5 月，近 85% 的電子郵件都是垃圾郵件 [31]。但大多數垃圾電子郵件在到達公司資料庫之前被過濾掉，因此在你的資料集中，只有一小部分是垃圾郵件。

類別不平衡的另一個不太常見的原因，就是標籤錯誤。標註者可能讀錯了說明、或遵循了錯誤的說明（認為只有兩個類，POSITIVE 和 NEGATIVE，而實際上是三個），或者就是標錯了。每當遇到類別不平衡問題時，要記得檢查資料，瞭解箇中原因。

28　我想，如果不必弄清楚如何處理類別不平衡問題，學習 ML 理論就容易多了。

29　尼爾森報告，《Payment Card Fraud Losses Reach $27.85 Billion》，PR Newswire，2019 年 11 月 21 日，*https://oreil.ly/NM5zo*。

30　《Job Market Expert Explains Why Only 2% of Job Seekers Get Interviewed》，WebWire，2014 年 1 月 7 日，*https://oreil.ly/UpL8S*。

31　《Email and Spam Data》，Talos Intelligence，上次到訪時間為 2021 年 5 月，*https://oreil.ly/lI5Jr*。

處理類別不平衡

由於類別不平衡普遍存在於實務運用中，在過去二十年，各界對此進行了徹底的研究[32]。根據不平衡的程度，此現象對任務產生不同的影響。有些任務對類別不平衡更敏感。Japkowicz 的研究表明，對不平衡的敏感性隨著問題的複雜性而增加，而非複雜、線性可分的問題，則不受所有程度的類別不平衡影響[33]。二元分類問題中的類別不平衡，比多類分類問題中的類別不平衡更容易解決。Ding 等人的研究表明，非常深的神經元網路（在 2017 年，「非常深」的意思是超過 10 層）在不平衡資料上的效能，較淺的神經元網路好得多[34]。

雖然已經發展出許多技術，能減輕類別不平衡的影響，然而，隨著神經網路變得更大、更深、學習能力更強，有些人可能會爭辯說，如果這些資料只是反映實況，你就不應該試圖「修復」類別不平衡。一個好的模型應該學會為不平衡建立其模式。然而，開發出的模型要做到這一點，尚有一定難度，因此我們仍須依賴特殊的訓練技術。

在本節中，我們將介紹三種處理類別不平衡的方法：為問題選擇正確的指標、改變資料分佈以減少不平衡的資料層面方法、及改變學習方法使其不易受到類別不平衡影響的演演算法層面方法。

這些技術也許必要的，但這還不夠。若要深入瞭解，請參考「Survey on Deep Learning with Class Imbalance」（*https://oreil.ly/9QvBr*）（Johnson 和 Khoshgoftaar，2019 年）。

---

32 Nathalie Japkowciz 和 Shaju Stephen，《The Class Imbalance Problem: A Systematic Study》，2002 年，*https://oreil.ly/d7lVu*。

33 Nathalie Japkowicz，《The Class Imbalance Problem: Significance and Strategies》，2000 年，*https://oreil.ly/Ma50Z*。

34 Wan Ding、Dong-Y an Huang、Zhuo Chen、Xinguo Yu 和 Weisi Lin，《Facial Action Recognition Using Very Deep Networks for Highly Imbalanced Class Distribution》，*Asia-Pacific Signal and Information Processing Association Annual Summit and Conference (APSIPA ASC)*，2017 年，*https://oreil.ly/WeW6J*。

使用正確的評估指標

面對類別不平衡的任務時,最重要的事情是選擇合適的評估指標。錯誤的指標會讓你對模型的運行情況產生錯誤的想法,進而無法幫助你開發或選擇適任的模型。

總體準確性和錯誤率是報告 ML 模型效能的最常用指標。然而,這些指標對於涉及類別不平衡的任務來說是不夠的,因為它們平等對待所有類別,這意味著你的模型在多數類別上的效能將會主導這些指標。當你不在意多數類別時,這些指標更差勁。

試想像一項具有兩個標籤的任務:CANCER(陽性類)和 NORMAL(陰性類),其中 90% 資料該標記為 NORMAL。考慮兩個模型 A 和 B,其混淆矩陣如表 4-4 和 4-5 所示。

表 4-4 模型 A 的混淆矩陣;模型 A 可以檢測出 100 個癌症病例中的 10 個

模型 A	實際 CANCER	實際 NORMAL
預測為 CANCER	10	10
預測為 NORMAL	90	890

表 4-5 模型 B 的混淆矩陣;模型 B 可以檢測出 100 個癌症病例中的 90 個

模型 A	實際 CANCER	實際 NORMAL
預測為 CANCER	90	90
預測為 NORMAL	10	810

你應該跟大多數人一樣,更喜歡模型 B 來為你做出預測,因為它能準確地判斷你是否真正患癌。但是,兩個模型都同樣具有 0.9 準確度。

一個能協助你瞭解模型針對特定類別效能的指標,會是更好的選擇。如果你按每個類別計算準確性,準確性仍是一個很好的指標。模型 A 在 CANCER 類別的準確率為 10%,模型 B 在 CANCER 類別的準確率為 90%。

F1、精確度和召回率是在二元分類問題中衡量模型對於陽性類別效能的指標,因為它們都基於真陽性——模型正確預測陽性結果 [35]。

---

35 在 2021 年 7 月,當你使用 scikit-learn.metrics.f1_score 時,pos_label 默認設置為 1,但如果你希望 0 成為正標籤,你可以將其更改為 0。

精確率、召回率和 F1

讓讀者們複習一下:對於二元任務,精確度、召回率和 F1 是使用真陽性、真陰性、偽陽性和偽陰性的計數來計算的。這些術語的定義如表 4-6 所示。

表 4-6　二元分類任務中真陽性、偽陽性、偽陰性和真陰性的定義

	預測為陽性	預測為陰性
陽性標籤	真陽性(命中)	偽陰性(型 II 錯誤,錯過目標)
陰性標籤	偽陽性(型 I 錯誤,誤報)	真陰性(正確拒絕)

精確度 = 真陽性 / (真陽性 + 偽陽性)

召回率 = 真陽性 / (真陽性 + 偽陰性)

F1 = 2 × 精確度 × 召回率 / (精確度 + 召回率)

F1、精確度和召回率是不對稱指標,即其數值會根據哪個類別作為陽性而變化。在我們的案例中,如果我們將 CANCER 視為陽性,則模型 A 的 F1 為 0.17。然而,如果我們將 NORMAL 視為陽性,模型 A 的 F1 則為 0.95。CANCER 為陽性時,模型 A 和模型 B 的準確性、精確度、召回率和 F1 分數如表 4-7 所示。

表 4-7　兩種模型具有相同的精確度,即使一種模型明顯更優

	CANCER (1)	NORMAL (0)	準確率	精確度	取回率	F1
模型 A	10/100	890/900	0.9	0.5	0.1	0.17
模型 B	90/100	810/900	0.9	0.5	0.9	0.64

許多分類問題可以視為回歸問題。模型可以輸出一個機率,然後根據這個機率對樣本進行分類。例如,如果值大於 0.5,則為正面標籤,如果小於或等於 0.5,則是一個負面標籤。這意味著你可以調整閾值來增加真陽性率(也稱作召回率,*recall*),同時降低偽陽性率(也稱作誤報機率,*probability of false alarm*),反之亦然。我們可以繪製在不同閾值下,真陽性率與偽陽性率的關係圖。該圖稱為 *ROC*(接收者操作特徵,receiver operating characteristics)曲線。當你的模型處於完美狀態,取回率為 1.0,其線條一直處於頂部。此曲線展示了模型效能如何根據閾值變化,並幫助你選擇最適合的閾值。越接近完美狀態的線條,模型的效能就越好。

曲線下面積（AUC）則衡量 ROC 曲線下的面積。由於越接近完美線越好，所以這個區域也就越大越好，如圖 4-9 所示。

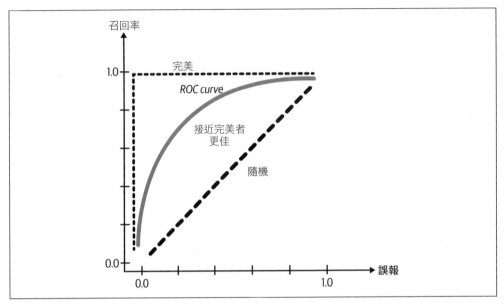

圖 4-9　ROC 曲線

與 F1 和召回率一樣，ROC 曲線僅關注陽性，並不顯示陰性結果的效能如何。Davis 和 Goadrich 建議我們應該將精確度和召回率作對比，他們稱之為精確度 - 召回率曲線。他們認為，這條曲線更能說明演算法在面對嚴重類別不平衡時的任務效能 [36]。

資料層面方法：重新抽樣

資料層面方法透過修改訓練資料的分布，來減少不平衡程度，使模型更容易學習。一種常見的技術是重新抽樣。重新抽樣包括增加少數類別實例的過度抽樣、及刪除多數類別實例的欠缺抽樣。執行欠缺採樣最簡單的方法，是從多數類別中隨機刪除實例；而執行過度採樣最簡單的方法，則是隨機複製少數類別，直到獲得你滿意的比例。圖 4-10 展示了過度抽樣和欠缺抽樣的運作原理。

36　Jesse Davis 和 Mark Goadrich，《The Relationship Between Precision-Recall and ROC Curves》，*Proceedings of the 23rd International Conference on Machine Learning*，*https://oreil.ly/s40F3*。

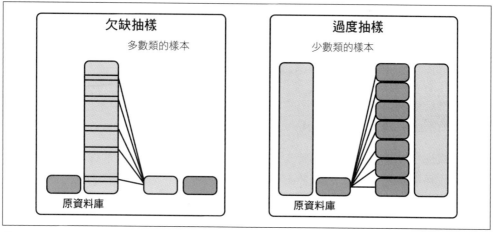

圖 4-10　欠缺抽樣和過抽樣運作原理。資料來源：改編自 Rafael Alencar[37] 的圖像

1976 年開發的 Tomek links，是一種針對低維度資料進行欠缺抽樣的流行方法 [38]。使用這種技術，你可以找到來自相反類別、距離很近的樣本對，並刪除每對中多數類別的樣本。

雖然這使決策邊界更加清晰，可說是有助模型學習邊界，但它可能會使模型失去穩健性，因為模型無法從真實決策邊界的微小分別之處學習。

對低維度資料進行過度抽樣的一種流行方法是 SMOTE（合成少數過度抽樣技術）[39]。它透過對少數類別中現有資料點的凸組合進行抽樣，為少數類別合成新的樣本 [40]。

37　Rafael Alencar，《Resampling Strategies for Imbalanced Datasets》，Kaggle，*https://oreil.ly/p8Whs*。

38　Ivan Tomek，《An Experiment with the Edited Nearest-Neighbor Rule》，*IEEE Transactions on Systems, Man, and Cybernetics*（1976 年 6 月）：448-52，*https://oreil.ly/JCxHZ*。

39　N.V. Chawla, K.W. Bowyer, L.O. Hall, and W.P. Kegelmeyer，《SMOTE: Synthetic Minority Over-sampling Technique》，*Journal of Artificial Intelligence Research* 16 (2002)：341–78，*https://oreil.ly/f6y46*。

40　這裡的「凸組合」大概是「線性」的意思。

SMOTE 和 Tomek links 僅在低維度資料中有效。許多複雜的重新抽樣技術，例如 Near-Miss 和單側選擇[41]，需要計算實例之間或實例與決策邊界之間的距離，這對於高維度資料或高維度特徵空間來說，可能是昂貴的做法，或根本不可行，好像是大型神經網路的情況。

當你對訓練資料重新抽樣時，切勿根據重新抽樣的資料來評估模型，因為這會導致你的模型過度適合該重新抽樣的分布。

欠缺抽樣過程中會刪除資料，構成丟失重要資料的風險。過度抽樣則存在過度擬合訓練資料的風險，特別是如果添加的少數類別副本是現有資料的副本。現今有許多複雜的抽樣技術，能減輕這些風險。

其中一種技術是兩階段學習[42]。你首先在重新採樣資料上訓練你的模型。重新採樣可以透過對多數類別進行隨機欠缺抽樣，直到每個類別只有 N 個實例。然後，你可以根據原始資料微調你的模型。

另一種技術是動態抽樣：在訓練過程中，對效能不佳的類別進行過度抽樣，對效能好的類別進行欠缺抽樣。由 Pouyanfar 等人的研究指出[43]，該方法旨在給予模型更少已學會的東西，更多還沒有學會的東西。

41　Jianping Zhang 和 Inderjeet Mani，《kNN Approach to Unbalanced Data Distributions: A Case Study involving Information Extraction》（從不平衡資料集學習 II 的工作坊，ICML，華盛頓，華盛頓特區，2003 年），*https://oreil.ly/qnpra*；Miroslav Kubat 和 Stan Matwin，《Addressing the Curse of Imbalanced Training Sets: One-Sided Selection》，2000 年，*https://oreil.ly/8pheJ*。

42　Hansang Lee、Minseok Park 和 Junmo Kim，《Plankton Classification on Imbalanced Large Scale Database via Convolutional Neural Networks with Transfer Learning》，*2016 IEEE International Conference on Image Processing (ICIP)*，2016 年，*https://oreil.ly/YiA8p*。

43　Samira Pouyanfar、Yudong Tao、Anup Mohan、Haiman Tian、Ahmed S. Kaseb、Kent Gauen、Ryan Dailey 等人，《Dynamic Sampling in Convolutional Neural Networks for Imbalanced Data Classification》，*2018 IEEE Conference on Multimedia Information Processing and Retrieval (MIPR)*，2018 年，*https://oreil.ly/D3Ak5*。

演算法層面方法

如果說，資料層面方法是透過改變訓練資料的分布來減輕類別不平衡的，那麼，演算法層面方法就是保持訓練資料分布不變，但改變演算法，以期在類別不平衡情況更穩健。

由於學習過程是由損失函式（或成本函式）來指導，許多演算法層面的方法都涉及對損失函數的調整。其中心思想是，如果有兩個實例 x_1 和 x_2，且對 x_1 做出錯誤預測所導致的損失高於 x_2，則模型將優先對 x_1 做出正確預測，而非 x_2。向我們關心的訓練實例給予更高的權重，可以讓模型更專注學習這些實例。

假設 $L(x;\theta)$ 是模型由實例 x 引起的損失，θ 為參數集。模型的損失通常定義為所有實例造成的平均損失。N 表示訓練樣本的總數。

$$L(X;\theta) = \Sigma_x \frac{1}{N} L(x;\theta)$$

即使對某些實例的錯誤預測可能比對其他實例的錯誤預測代價更高，該損失函數仍對所有實例造成的損失進行同等評估。有許多方法可以修改此成本函數。在本節中，我們將重點討論三種方法，就從成本敏感型學習開始。

成本敏感型學習：早在 2001 年，瞭解到不同類別的誤分會產生不同成本，Elkan 提出了成本敏感學習，其中修改了個體損失函數，以考慮到帶有差異性的成本[44]。該方法首先使用成本矩陣來指定 C_{ij}：如果類別 i 被分類為類別 j 的成本。如果 $i = j$，則分類正確，成本通常為 0；否則分類錯誤。如果將 POSITIVE 分類為 NEGATIVE 的成本，是將 NEGATIVE 分類為 POSITIVE 成本之兩倍，則 C_{10} 為 C_{01} 的兩倍。

例如：你有兩個類別，POSITIVE 和 NEGATIVE，成本矩陣可能如表 4-8 所示。

---

44 Charles Elkan，《The Foundations of Cost-Sensitive Learning》，*Proceedings of the Seventeenth International Joint Conference on Artificial Intelligence*(IJCAI'01)，2001，*https://oreil.ly/WGq5M*。

表 4-8　成本矩陣範例

	實際 NEGATIVE	實際 POSITIVE
預測為 NEGATIVE	$C(0, 0) = C_{00}$	$C(1, 0) = C_{10}$
預測為 POSITIVE	$C(0, 1) = C_{01}$	$C(1, 1) = C_{11}$

類別 i 之實例 x 造成的損失，將成為實例 x 所有可能分類的加權平均值。

$$L(x; \theta) = \Sigma_j C_{ij} P(j|x; \theta)$$

這個損失函數的問題是你必須依其規模和任務，手動定義成本矩陣。

類別平衡損失：在不平衡資料集上訓練模型可能會發生的情況是，它會偏向多數類別，並對少數類別做出錯誤的預測。我們可以懲罰對少數類別做出錯誤預測的模型，來糾正這種偏見嗎？

在類別平衡損失的「香草」（譯者按：vanilla，標準冰淇淋口味，代指沒有改動、保留預設）形態中，我們可以讓每個類別的權重與該類中的樣本數量成反比，這樣越稀有的類別就能擁有更高的權重。在下式中，N 表示訓練樣本的總數：

$$W_i = \frac{N}{第\ i\ 類樣本數}$$

類別 i 之實例 x 造成的損失如下式表達，其中 $\text{Loss}(x, j)$ 是 x 被分類為類別 j 時的損失。它可以是交叉熵或任何其他損失函數。

$$L(x; \theta) = W_i \Sigma_j P(j|x; \theta) \text{Loss}(x, j)$$

有一個比此種損失更複雜的版本，還可考慮現有樣本之間的重疊，例如基於有效樣本數的類別平衡損失 [45]。

45　Yin Cui、Menglin Jia、Tsung-Yi Lin、Yang Song 和 Serge Belongie，《Class-Balanced Loss Based on Effective Number of Samples》，*Proceedings of the Conference on Computer Vision and Pattern*，2019 年，*https://oreil.ly/jCzGH*。

焦點損失： 在我們的資料中，一些案例比其他案例更容易分類，我們的模型可能會很快地學會對它們進行分類。我們希望激勵模型專注於仍然難以分類的樣本。我們可否調整損失，在樣本正確機率較低時能佔更高權重？這正是焦點損失所做的 [46]。圖 4-11 顯示了焦點損失的方程式及其與交叉熵損失的效能比較。

在實務上，集成已被證明有助於解決類別不平衡問題 [47]。然而，我們並不會在本節中討論集成，因為類別不平衡通常不是因為使用集合奏。集成技術將在第 6 章中介紹。

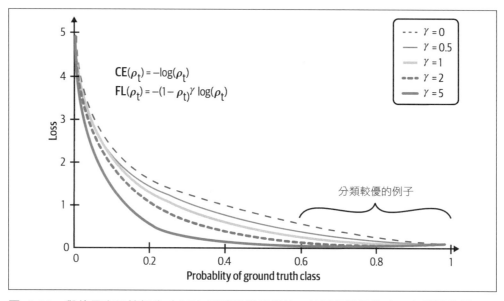

圖 4-11　與使用交叉熵損失（CE）訓練的模型相比，使用焦點損失（FL）訓練的模型顯示出更低的損失值。資料來源：改編自 Lin 等人的圖像。

46　Tsung-Yi Lin、Priya Goyal、Ross Girshick、Kaiming He 和 Piotr Dollár，《Focal Loss for Dense Object Detection》，*arXiv*，2017 年 8 月 7 日，*https://oreil.ly/Km2dF*。

47　Mikel Galar、Alberto Fernandez、Edurne Barrenechea、Humberto Bustince 和 Francisco Herrera，《A Review on Ensembles for the Class Imbalance Problem: Bagging-, Boosting-, and Hybrid-Based Approaches》，*IEEE Transactions on Systems, Man, and Cybernetics, Part C (Applications and Reviews)* 42，第 4 期（2012 年 7 月）：463–84，*https://oreil.ly/1ND4g*。

資料增擴（Data Augmentation）

資料增擴是用於增加訓練資料量的一系列技術。傳統上，這些技術用於訓練資料有限的任務，例如醫學成像。然而，過去幾年的研究證明，即便在資料豐富的情況下，資料增擴也能派上用場。此法使模型面對雜亂訊號、甚至對抗性攻擊時，更具穩健性。

資料增擴已成為許多電腦視覺任務的標準步驟，並開始進入自然語言處理（NLP）任務的領域。這些技術多取決於資料格式，因為圖像處理不同於文字處理。在本節中，我們將介紹三種主要的資料增擴技術類型：簡單標籤保留轉換、擾動，即「添加雜訊」的技術用語、資料合成。在每種類型中，我們將回顧電腦視覺和 NLP 的範例。

簡單標籤保留轉換（Simple Label-Preserving Transformations）

在電腦視覺中，最簡單的資料增擴技術是在保留其標籤的同時，隨機修改圖像。你可以透過裁剪、翻轉、旋轉、反轉（水平或垂直）、抹除部分圖像等方式做出修改。這是說得通的，因為狗的圖像旋轉後，仍然是狗的圖像。PyTorch、TensorFlow 和 Keras 等常見的 ML 框架都支持圖像增擴。根據 Krizhevsky 等人在 AlexNet 這篇傳奇論文中的說法：「轉換過的圖像是在 CPU 上用 Python 程式碼生成，而 GPU 正在對前一批圖像進行訓練。因此，這些資料增擴在算力上是不需成本的 [48]。」

在 NLP 中，可以用近似詞隨機替換一個詞，假設該替換不改變句子涵義或情感，如表 4-9 所示。利用同義詞字典，或在詞嵌入空間中搜尋彼此接近的詞，我們可以找出近似詞。

48　Alex Krizhevsky、Ilya Sutskever 和 Geoffrey E. Hinton，《ImageNet Classification with Deep Convolutional Neural Networks》，2012 年，*https://oreil.ly/aphzA*。

表 4-9　從一個原始句子生成三個句子

原始的句子	I'm so happy to see you.
生成的句子	I'm so glad to see you.
	I'm so happy to see y'all.
	I'm very happy to see you.

這種類型的資料增擴是將訓練資料增加一倍或三倍的快速方法。

擾動（Perturbation）

擾動也是一種保留標籤的操作，但因為有時它被用來欺騙模型做出錯誤的預測，所以值得獨立成為一個小節。

一般來說，神經網路對雜訊很敏感。就電腦視覺而言，添加少量雜訊後，神經網路會對圖像進行錯誤分類。Su 等人展示了僅需在圖像改變一個像素，Kaggle CIFAR-10 測試資料集裡 67.97% 的自然圖像、以及 ImageNet 中 16.04% 的測試圖像就會被誤分（見圖 4-12）[49]。

49　Jiawei Su、Danilo Vasconcellos Vargas 和 Sakurai Kouichi，《One Pixel Attack for Fooling Deep Neural Networks》，《IEEE Transactions on Evolutionary Computation》23，第 5 期(2019): 828–41，*https://oreil.ly/LzN9D*。

圖 4-12 改變一個像素會導致神經網路做出錯誤的預測。使用 AllConv、NiN 和 VGG 三個模型。上方為原始標籤，下方為更改一個像素後，模型給出的標籤。資料來源：Su 等人 [50]

---

50 Su 等人，《One Pixel Attack》。

使用欺騙性資料來誘使神經網路做出錯誤的預測，這樣的行為稱為對抗性攻擊。在樣本中添加雜訊，是創建對抗樣本的常見技術。隨著圖像分辨率的增加，對抗性攻擊的成功被過份地聚焦和誇大。

在訓練資料中添加帶雜訊樣本，可以幫助模型識別其學習決策邊界中的弱點，並提高其效能[51]。要創建雜訊樣本，可以透過隨機添加雜訊或特定的搜尋策略。Moosavi-Dezfooli 等人提出了一種稱為 DeepFool 的演算法，該演算法可找出可能導致誤分所需摻入的最小雜訊，並具有高可信度[52]。這種類型的增擴稱為對抗性增擴[53]。

對抗性增擴在 NLP 中不太常見（隨機添加像素的熊圖像仍然看起來像熊，但將隨機字元添加到隨機句子，可能會使句子變得莫名其妙），但擾動技術已被用於提高模型穩健性。最著名的例子之一是 BERT，模型隨機選擇每序列中所有字詞的 15%，並用隨機詞替換所選字詞的 10%。例如對於句子「My dog is hairy」，模型隨機將「hairy」替換為「apple」，句子即由「我的狗毛茸茸的」變為「我的狗是蘋果」因此，1.5% 的字詞可能會產生無意義的涵義。他們的消融研究（ablation studies）表明，小部分隨機替換能提升其模型的效能[54]。

在第 6 章中，我們將討論如何使用擾動，這不僅是提高模型效能的一種方式，也是一種評估的方式。

51　Ian J. Goodfellow、Jonathon Shlens 和 Christian Szegedy，《Explaining and Harnessing Adversarial Examples》，*arXiv*，2015 年 3 月 20 日，*https://oreil.ly/9v2No*；Ian J. Goodfellow、David Warde-Farley、Mehdi Mirza、Aaron Courville 和 Yoshua Bengio，《Maxout Networks》，*arXiv*，2013 年 2 月 18 日，*https://oreil.ly/L8mch*。

52　Seyed-Mohsen Moosavi-Dezfooli、Alhussein Fawzi 和 Pascal Frossard，《DeepFool: A Simple and Accurate Method to Fool Deep Neural Networks》，在 *Proceedings of IEEE Conference on Computer Vision and Pattern Recognition (CVPR)*，2016 年，*https://oreil.ly/dYVL8*。

53　Takeru Miyato、Shin-ichi Maeda、Masanori Koyama 和 Shin Ishii，《Virtual Adversarial Training: A Regularization Method for Supervised and Semi-Supervised Learning》，*IEEE Transactions on Pattern Analysis and Machine Intelligence*，2017 年，*https://oreil.ly/MBQeu*。

54　Devlin 等人，《BERT: Pre-training of Deep Bidirectional Transformers for Language Understanding》。

資料合成

既然蒐集資料昂貴又緩慢，還存在許多潛在的隱私問題，如果我們能夠完全避開這些過程，使用合成的資料訓練我們的模型，這就好像一個美夢。儘管現在我們要合成所有訓練資料仍有一段距離，但要合成一些訓練資料，來提高模型效能的話，還是有可能的。

在 NLP 中，使用模板是引導模型的一種廉價方式。與我合作的一個團隊使用模板為他們的對話式 AI（聊天機器人）引導訓練資料。模板可能如下所示：「在『地點』的『數字』英里範圍內給我找一家『菜式』餐廳」（見表 4-10）。有了所有可能的菜式列表、合理的數字（你不會想搜尋 1,000 英里以外的餐館吧）以及每個城市的位置（住家、辦公室、地標、確切地址），你可以從一個模板生成數千個用作訓練的查詢語句。

表 4-10　從模板生成的三個句子

模板	在『地點』的『數字』英里範圍內給我找一家『菜式』餐廳
生成的查詢	在我辦公室 2 英里範圍內為我找到一家越南餐館。
	在我家 5 英里範圍內為我找一家泰國餐館。
	在 Google 總部 3 英里範圍內給我找一家墨西哥餐館。

在電腦視覺中，合成新資料可以直接將現有例子與單獨的標籤相結合，以生成連續標籤。考慮使用兩個可能標籤為圖像分類的任務：DOG（編碼為 0）和 CAT（編碼為 1）。從標籤 DOG 的範例 x_1 和標籤 CAT 的範例 x_2，你可以生成 x'，表達式如下：

$$x' = \gamma x_1 + (1 - \gamma)x_2$$

x' 的標籤是 x_1 和 x_2 標籤的組合：$\gamma \times 0 + 1 - \gamma \times 1$。這種方法稱為「混合」（mixup）。其提出者表明，混合提高了模型的泛化能力，減少了它們對損壞標籤的記憶，增加了它們對對抗樣本的穩健性，並穩定了生成對抗網路的訓練過程 [55]。

---

55 Hongyi Zhang、Moustapha Cisse、Y ann N. Dauphin 和 David Lopez-Paz，《mixup: Beyond Empirical Risk Minimization》，*ICLR 2018*，*https://oreil.ly/lIM5E*。

使用神經網路合成訓練資料，這個想法令人雀躍，目前各界正在積極研究，但在實際運作中並未普遍。Sandfort 等人表明，透過將使用 CycleGAN 生成的圖像添加到他們的原始訓練資料中，他們能夠顯著提高模型在電腦斷層掃描（CT）分類任務上的效能 [56]。

如果你有興趣瞭解有關電腦視覺資料增擴的更多信息，可參考「深度學習圖像資料增擴」（*https://oreil.ly/3TUpK*）（Shorten and Khoshgoftaar 2019），這是一篇全面性的評論。

小結

訓練資料仍然是現代 ML 演算法的基礎。無論你的演算法多聰明，如果訓練資料不好，演算法將無法正常運行。我們值得投入時間和精力來管理和創建訓練資料，這將使演算法學習到一些有意義的東西。

在本章中，我們討論了創建訓練資料的多個步驟。我們首先介紹了不同的抽樣方法，包括非機率抽樣和隨機抽樣，它們可以幫助我們為問題抽取正確的資料樣本。

當今使用的大多數 ML 演算法都是監督 ML 演算法，因此獲取標籤是創建訓練資料不可或缺的一部分。有許多任務，如估計交貨時間或推薦系統，都帶有自然標籤。自然標籤通常是延遲的，從提供預測到提供反饋之間，就是反饋循環的時間長度。具有自然標籤的任務在行業中相當普遍，這可能意味著公司更願意從具有自然標籤的任務開始，而不是沒有自然標籤的任務。

對於沒有自然標籤的任務，公司傾向於依靠手動標註者來標註他們的資料。然而，手動標籤有許多缺點。例如，手動標籤可能既昂貴又緩慢。為瞭解決手動標籤不足的問題，我們討論了包括弱監督、半監督、遷移學習和主動學習在內的替代方案。

---

56 Veit Sandfort、Ke Yan、Perry J. Pickhardt 和 Ronald M. Summers，《Data Augmentation Using Generative Adversarial Networks (CycleGAN) to Improve Generalizability in CT Segmentation Tasks》*Scientific Reports* 9，第 1 期（2019年）：16884，*https://oreil.ly/TDUwm*。

ML 演算法在資料分布較平衡的情況下效果很好，在類別嚴重不平衡的情況下，效果則不佳。不幸的是，類別不平衡是實務常態。之後的一節，我們討論了為何類別不平衡導致 ML 演算法難以學習。我們還討論了處理類別不平衡的不同技術，從選擇正確的指標到對資料重新抽樣，再到修改損失函數，以鼓勵模型關注某些樣本。

我們在本章結尾討論了資料增擴技術，這些技術可用於電腦視覺和 NLP 任務，提高模型的效能和泛化能力。

獲得訓練資料後，你將希望從中提取特徵來訓練 ML 模型，我們將在下一章介紹這些內容。

## 第五章

特徵工程

2014 年,「預測 Facebook 廣告點擊的實務經驗」(*https://oreil.ly/oS16J*)這篇論文指出,擁有正確特徵是他們 ML 模型開發過程中最重要的事。從那時起,許多與我合作過的公司一次又一次地發現,一旦他們有了一個可行的模型,與超參數調整等聰明演算法技術比起來,擁有正確特徵往往會給他們帶來最大的效能提升。如果不使用一組好的特徵,即使是最先進的模型架構,仍可能效能不濟。

由於其重要性,ML 工程和資料科學中很大一部分的工作就是得出新的有用特徵。在本章中,我們將回顧與特徵工程相關的常用技術和重要注意事項。我們將專門用一節來詳細介紹一個看似微小但災難性的問題:資料洩漏,以及如何檢測和避免此問題。該問題已讓許多實際運作中的 ML 系統脫偏離軌道。

本章結束時,我們將討論如何設計好的特徵,同時考慮特徵重要性和特徵泛化。談到特徵工程,有些人可能會想到特徵儲存庫。由於特徵儲存庫的概念,與支持多 ML 應用程式的系統基礎更相關,我們將在第 10 章探討。

學習特徵與工程特徵

當我在課堂上講到這個話題時,我的學生經常會問:「特徵工程有什麼好擔憂的? 深度學習不是保證我們無須搭建特徵嗎?」

他們是對的。深度學習的承諾是我們不必手動製作特徵。因此,深度學習有時也稱為特徵學習[1]。許多特徵可以透過演算法自動學習和提取。然而,要做到全自動化製作特徵,我們還有很長遠的路。更何況在撰寫本文時,大多數實際運作的 ML 應用程式都不是深度學習。讓我們透過一個例子來瞭解哪些特徵可以自動提取,哪些特徵仍需要手動製作。

想像一下,你想構建一個情感分析分類器,來決定一則留言是否為垃圾留言。在深度學習之前,對於一段既定文字,你必須手動應用經典文字處理技巧,例如詞形還原、擴展收縮、刪除標點符號和將所有內容轉為小寫。之後,你可能希望將文字拆分成 n 字組合(n-grams),n 為你選擇的值。

若你對此概念不熟悉,n 字組合是來自既定文字樣本中,n 個項目的連續序列。這些項目可以是音素(phonemes)、音節(syllables)、字母或單詞。例如對於貼文「I like food」(我喜歡食物),它的 1 字組合詞集是:["I", "like", "food"], 它的 2 字組合詞集是:["I like", "like food"]。如果我們希望 n 同時為 1 和 2, 則這句話的 n 字組合特徵集為:["I", "like", "food", "i like", "like food"]。

圖 5-1 顯示了經典文字處理技術的範例,你可以使用它來手動製作文字的 n 字組合特徵。

---

1 Loris Nanni、Stefano Ghidoni 和 Sheryl Brahnam,《Handcrafted vs. Non-handcrafted Features for Computer Vision Classification》,*Pattern Recognition* 71(2017 年 11 月):158-72,*https://oreil.ly/CGfYQ*;維基百科,s.v.《Feature learning》,*https://oreil.ly/fJmwN*。

圖 5-1　可用於為文字手動製作 n-gram 特徵的技術範例

為訓練資料生成 n 字組合後，你可以創建一個詞彙表，為每個 n 字組合建立索引。然後，你可以根據其索引將每個貼文轉換成一個向量。如表 5-1 所示，我們得出一個包含七個 n 字組合的詞彙表，每個貼文都可以變成一個包含此七個元素的向量。每個元素則對應該索引值的 n 字組合在貼文中出現的次數。「I like food」將被編碼成向量 [1, 1, 0, 1, 1, 0, 1]。然後可以將該向量用作 ML 模型的輸入值。

表 5-1　1-gram 和 2-gram 詞彙表的例子

I	like	good	food	I like	good food	like food
0	1	2	3	4	5	6

特徵工程需要特定領域技術的知識——這裡所說的領域是自然語言處理（NLP）和文字的母語。特徵工程往往是一個迭代過程，這種迭代可能是很脆弱的。我在早期的 NLP 項目中做特徵工程時，我總得重新來過，要嘛是我忘了應用一種技巧，要嘛是我使用的一種技巧效果不佳，使我不得不回到上一步。

然而，隨著深度學習的興起，這種痛苦得以大大緩解。你不必擔心詞形還原、標點符號或停用詞刪除，只需將原始文字拆為分詞（即 tokenization），從分詞中創建詞彙，然後以此轉換分詞為一發（one-shot）向量。我們的模型有望學會從中提取有用的特徵。在這種新方法中，文字的大部分特徵工程都已被自動化。圖像資料也取得了類似的進展。無須手動從原始圖像中提取特徵並輸入到 ML 模型中，你只需將原始圖像直接輸入到深度學習模型中即可。

然而，ML 系統需要的資料可能不僅僅是文字和圖像。例如，在檢測留言是否為垃圾留言時，除了留言本身的文字之外，你可能還需要使用以下其他訊息：

留言

它收到多少贊成／反對的投票？

發表此留言的用戶

用戶是什麼時候創建的？發文頻率是多少？用戶投下多少贊成票／反對票？

留言所在的貼文

它有多少瀏覽量？熱門貼文往往會吸引更多垃圾留言。

你的模型可以嘗試使用許多特徵，部分如圖 5-2 所示。選擇要使用的訊息，以及如何將這些訊息提取為 ML 模型可用格式的過程，就是特徵工程。對於在 TikTok 上為用戶推薦下一條影片等複雜任務，使用的特徵數量可能高達數百萬。對於特定領域的任務，例如預測詐欺交易，你可能需要銀行業和詐欺交易方面的專業知識才能得出有用的特徵。

Comment ID	Time	User	Text	# ▲	# ▼	Link	# img	Thread ID	Reply to	# replies	...
93880839	2020-10-30 T 10:45 UTC	gitrekt	Your mom is a nice lady.	1	0	0	0	2332332	n0tab0t	1	...

User ID	Created	User	Subs	# ▲	# ▼	# replies	Karma	# threads	Verified email	Awards	...
4402903	2015-01-57 T 3:09 PST	gitrekt	[r/ml, r/memes, r/socialist]	15	90	28	304	776	No		...

Thread ID	Time	User	Text	# ▲	# ▼	Link	# img	# replies	# views	Awards	...
93883208	2020-10-30 T 2:45 PST	doge	Human is temporary, AGI is forever	120	50	1	0	32	2405	1	...

圖 5-2　關於包含在模型中的留言、話題或用戶的一些可能特徵

常見特徵工程操作

由於特徵工程在 ML 專案中重要且普遍，現已有許多技術來簡化其流程。在本節中，我們將討論你在根據資料設計特徵時，或需考慮的幾個最重要操作。它們包括處理缺失值、規模化、離散化、編碼分類特徵、還有生成老派但仍然非常有效的交叉特徵、以及新穎且令人雀躍的位置特徵。此列表雖談不上全面，但它確實包含一些最常見和最有用的操作，是一個不錯的起點。讓我們開始吧！

處理資料值缺失

在實際運作環境處理資料時，可能第一件你注意到的事，就是某些資料值的缺失。然而，跟我訪談過的許多 ML 工程師都不知道，並非所有類型的資料值缺失都有相同地位[2]。為了說明這一點，試想像以下任務：預測某人是否會在未來 12 個月內買房。部分資料在表 5-2 中。

2　根據我的經驗，一個人在面試中處理給定資料集缺失值的能力，與他們在日常工作表現密切相關。

表 5-2　預測未來 12 個月購房的範例資料

ID	年齡	性別	年收入	婚姻狀況	小孩數目	工作	購買
1		A	150,000		1	Engineer	No
2	27	B	50,000			Teacher	No
3		A	100,000	Married	2		Yes
4	40	B			2	Engineer	Yes
5	35	B		Single	0	Doctor	Yes
6		A	50,000		0	Teacher	No
7	33	B	60,000	Single		Teacher	No
8	20	B	10,000			Student	No

資料值缺失有三種類型，而其正式名稱有點讓人搞不懂，我們將透過詳細範例來減輕混淆。

非隨機缺失（MNAR）

缺少值的原因在於真實值本身。在這個例子中，我們可能會注意到一些受訪者沒有透露他們的收入。經調查可能會發現，未申報受訪者的收入往往高於已申報的受訪者。收入值缺失的原因，與資料值的本質有關。

隨機缺失（MAR）

一個值丟失的原因不在於值本身，而在於另一個觀察到的變數。在這個例子中，我們可能會注意到性別「A」受訪者的年齡值經常缺失，這可能是因為本次調查中性別 A 的人不喜歡公開他們的年齡。

完全隨機缺失（MCAR）

資料值的缺失沒規可循。在這個例子中，我們可能認為「工作」列的缺失值可能是完全隨機的，不是因為工作本身，也不是因為任何其他變數。人們有時會無緣無故地忘記填寫該值。然而，這種缺失是非常罕見的。缺少某些值通常是有原因的，你應該進行調查。

遇到缺失值時，我們可以用既定值填充之：插補（imputation）；，也可以把它去掉：刪除（deletion）。我們將討論兩者。

刪除

當我在面試中詢問應聘者如何處理資料值缺失時，許多人傾向於選擇刪除，不是因為此法更好，而是因為更容易做。

一種刪除方法是刪除整列（*column deletion*）：如果一個變數有太多資料缺失，就刪除該變數。例如在上面的範例中，變數「婚姻狀況」有超過 50% 的缺失，因此你可能要從模型中刪除該變數。這種方法的缺點是你可能會刪除重要訊息，並降低模型準確性。婚姻狀況與購買房屋的關聯性可能很高，因為已婚夫婦比單身人士更有可能成為住屋擁有者[3]。

另一種刪除方法是整行刪除（*row deletion*）：如果樣本有缺失值，就刪除該樣本。當缺失屬完全隨機（MCAR）並只涉及少量範例，例如小於 0.1% 時，此方法是可行的。如果整行刪除意味著刪除 10% 的資料樣本，你就不會想這樣做。

但是，以行刪除資料也會刪除模型進行預測所需的重要訊息，尤其當資料值缺失不屬於隨機（MNAR）時。例如，你不會想刪除缺少收入資料的性別 B 受訪者，因為缺少收入資料這件事本身就是訊息（缺少收入可能意味著更高的收入，因此與買房的相關性更高），在進行預測時有用。

更重要的是，以行刪除資料可能會在你的模型中產生偏差，尤其當資料值缺失屬隨機（MAR）時。例如你刪除表 5-2 資料中所有缺少年齡值的範例，你將從資料中刪除所有性別 A 的受訪者，你的模型將無法對性別 A 的受訪者做出良好的預測。

插補

儘管刪除法因為很容易做到，讓人禁不住採用，但刪除資料可能會導致丟失重要訊息，並為模型帶來偏差。如果你不想刪除缺失值，則必須對其進行估算，這意味著「用某些既定值來填充之」。難點在於決定使用哪些「既定值」。

---

3   Rachel Bogardus Drew，《3 Facts About Marriage and Homeownership》，哈佛大學住房研究聯合中心，2014 年 12 月 17 日，*https://oreil.ly/MWxFp*。

一種常見的做法是用默認值填充缺失值。例如工作資料缺失，你可以用空字元串「」來填充。另一種常見做法是用均值、中位數或眾數（最常見的值）填充缺失值。例如一個月份值為 7 月的資料樣本缺少溫度值，可先取 7 月的中位數溫度，以之填充缺失，這會是個不錯的主意。

在許多情況下，這兩種做法都能很好地發揮作用，但有時它們會引致讓人抓狂的錯誤。在一個我參與的項目，我們發現該模型正在輸出垃圾結果，因為該應用程式的前端不再要求用戶輸入他們的年齡，因此年齡值缺失，模型便將其填充為 0。但是該模型在訓練過程中從未見過 0 的年齡值，因此無法做出合理的預測。

一般來說，你應避免用可能值填充缺失值，例如用 0 填充兒童數量的缺失值——0 是兒童數量的可能值。這使得模型很難區分缺失訊息的人和沒有孩子的人。

我們可以同時或依次使用多種技術來處理特定資料集的缺失值。無論你使用什麼技術，可以肯定的是：處理資料值缺失沒有完美的方法。行刪除之法，你可能會丟失重要訊息或加劇偏見。行插補之法，則帶來注入自己偏見並向資料添加雜訊的風險，更嚴重者會造成資料洩漏。如果你不知道什麼是資料洩漏，現在不要驚慌，我們將在第 139 頁「資料洩漏」一節中介紹。

規模化

回到預測未來 12 個月內是否有人買房的任務，資料如表 5-2 所示。我們資料中變數值「年齡」，範圍為 20 到 40，而變數值「年收入」範圍為 10,000 到 150,000。當我們將這兩個變數輸入到 ML 模型中時，它不知道 150,000 和 40 應該代表不同的東西。它只會將兩值都視為數字，而因為 150,000 比 40 在數值上大得多，模型可能會賦予前者更多的重要性，不管哪個變數實際上對生成預測更有用。

在將特徵輸入模型之前，應將它們的規模統一至相近範圍。這個過程稱為**特徵規模化**（*feature scaling*）。這通常可以提高模型效能，而且是最簡單的可做事情之一。忽視這一方法的話，可能會導致模型胡亂做出預測，尤其是使用梯度提升樹（gradient boosted trees）和邏輯回歸等經典演算法時 [4]。

4　特徵規模化曾經將我的模型效能提高近 10%。

直觀地看，要把特徵規模統一，可把它們的值設在 [0, 1] 範圍內。對於一個變數 x，可以使用以下公式，將其值重新調整於此範圍內：

$$x' = \frac{x - \min(x)}{\max(x) - \min(x)}$$

你可以驗證如果 x 是最大值，則規模化值 x' 將為 1。如果 x 是最小值，則規模化值 x' 將為 0。

如果你希望特徵在任意範圍 [a, b] 內——根據經驗，我發現範圍 [–1, 1] 比範圍 [0, 1] 更有效，你可以使用以下公式：

$$x' = a + \frac{(x - \min(x))(b - a)}{\max(x) - \min(x)}$$

當你不想對變數做出任何假設時，規模化到任意範圍是很有效的。如果你認為你的變數可能遵循常態分布，則可對其進行正規化，使其均值和單位變異數為零，或許有所幫助。這個過程稱為標準化（*standardization*）：

$$x' = \frac{x - \bar{x}}{\sigma},$$

其中 $\bar{x}$ 是變數 x 的平均值，σ 是其標準差。

在實踐中，機器學習模型往往難以處理跟從偏態分布的特徵。為了幫助減輕偏度，一種常用的技術是對數轉換（*https://oreil.ly/RMwEy*）：將對數函數應用於你的特徵。圖 5-3 中顯示了對數轉換如何減少資料偏斜的範例。雖然這種技術在許多情況下可以提高效能，但此法並不適用於所有情況。針對對數轉換資料，而不是原始資料的分析，你應該對此有所警惕[5]。

---

5 Changyong Feng、Hongyue Wang、Naiji Lu、Tian Chen、Hua He、Ying Lu 和 Xin M. Tu，《Log-Transformation and Its Implications for Data Analysis》，*Shanghai Archives of Psychiatry* 26, 第 2 期（2014 年 4 月）：105–9，*https://oreil.ly/hHJjt*。

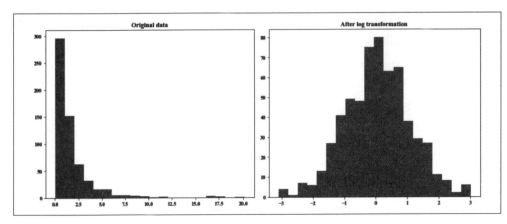

圖 5-3　在許多情況下，對數轉換可以幫助減少資料的偏度

關於規模化，需要注意兩件事情。第一，規模化是資料洩漏的常見來源（這將在第 139 頁「資料洩漏」一節中詳述）。第二，規模化通常需要總體統計資料——你必須查看整套訓練資料，或其子集來計算它的最小值、最大值或平均值。在推論過程中，你將重複使用訓練期間獲得的統計資料來將新資料規模化。如果新資料與訓練相比發生了顯著變化，這些統計資料就不太有用。因此你需要經常重新訓練模型，以應對這些變化。

離散化

在實踐中，我很少發現離散化有幫助，但考慮著作的完整性，本書涵括此技術。假設我們已經使用表 5-2 中的資料，構建了一個模型。在訓練期間，模型看到年收入值「150,000」、「50,000」、「100,000」等資料。在推論過程中，我們的模型遇到一個「9,000.50」的年收入值。

直覺告訴我們，每年 9,000.50 美元與 10,000 美元沒有太大區別，我們希望模型以同樣的方式對待這兩者。但是模型並不知道這一點。模型只知道 9,000.50 與 10,000 不同，並且會區分它們。

離散化是將連續特徵轉化為離散特徵的過程。此過程也稱為量化或合併，透過創建特定範圍值的桶來完成。你可以將年收入分為三個桶，如下所示：

- 低收入：低於 35,000 美元 / 年

- 中等收入：35,000 美元至 100,000 美元 / 年

- 高收入：超過 100,000 美元 / 年

我們的模型不必學習無限個可能的收入值，而是專注於學習三個類別，這是一項更容易學習的任務。這種技術該對有限訓練資料更有幫助。

儘管按定義來說，離散化適用於連續特徵，但它也可以用於離散特徵。年齡變數是離散的，但將值分組到以下桶中可能仍然有用：

- 小於 18

- 18 到 22 歲之間

- 22 到 30 歲之間

- 30 到 40 歲之間

- 40 到 65 歲之間

- 65 歲以上

這種分類的缺點是在類別邊界處引入了不連續性——34,999 美元現在被視為與 35,000 美元完全不同，後者被視為與 100,000 美元相同。選擇類別的邊界可能並不那麼容易。你可以嘗試繪製值的直方圖，並選擇有意義的邊界。一般來說，一般常識、基本分位數，甚至專業領域的知識也會有所幫助。

編碼分類特徵

我們已經討論過如何將連續特徵轉化為分類特徵。我們將在本節討論如何好好處理分類特徵。

沒有在實際運作環境中使用過資料的人，傾向於假設類別是靜態的，這意味著類別不會隨著時間而改變。許多類別確實如此，例如年齡段和收入範圍不太可能發生變化，而且你可以提前準確知道有多少類別。處理這些類別很簡單。你可以為每個類別安排一個數字，這樣就搞定了。

但是，在實際運作環境中，類別會發生變化。想像一下，你正在構建一個推薦系統，來預測用戶可能想從亞馬遜購買哪些產品。你想使用的其中一個特徵是產品品牌。在查看亞馬遜的歷史資料時，你注意到有超多的品牌。早在 2019 年，網站上的品牌就已經超過 200 萬個[6]！

雖然有非常大量品牌數目，但你心想：「我還能應付吧」。你將每個品牌編為一個數字，所以現在你有 200 萬個數字，從 0 到 1999999，對應 200 萬個品牌。是的，我們的模型在歷史資料的測試集上效能出色，你獲准在今天 1% 的流量上進行測試。

實際運作時，你的模型當機了，因為它遇到了一個從未見過的品牌，因此無法編碼。亞馬遜每天都有新品牌加入。為瞭解決這個問題，你創建了一個數值為 2,000,000 的類別「UNKNOWN」，以代表模型在訓練期間未見過的所有品牌。

是的，我們的模型不再當機，但你的賣家抱怨他們的新品牌沒有獲得任何流量。這是因為你的模型沒有在訓練集看到「UNKNOWN」類別，所以它只是不推薦任何「UNKNOWN」品牌的產品。你可以只對最受歡迎的首 99% 品牌進行編碼，並將餘下 1% 的品牌編碼為「UNKNOWN」，來解決此問題。這樣，至少你的模型知道如何處理未知品牌。

你的模型似乎在這一小時內運行良好，接著產品推薦的點擊率直線下降。在過去的一個小時內，有 20 個新品牌加入了你的網站；其中一些是新的奢侈品牌、一些是粗糙的山寨品牌、一些是廣為人知的品牌。但是，你的模型對待它們的方式與對待訓練資料中不受歡迎品牌的方式完全相同。

以上的極端例子，不止是在亞馬遜工作才會發生。這個問題經常發生。例如你想預測一條留言是否是垃圾留言，你可能會想使用發布留言帳戶作為一項特徵，但新帳戶每天也會出現。新產品類型、新網站域名、新餐館、新公司、新 IP 地址等，也是如此。如果你需處理以上任何一項資料，你也不得不處理這個問題。

要找到解決這個問題的方法十分困難。你不想將它們放入一組桶中，因為這真的很難——這是新的用戶，你怎麼知道要如何將之放入不同的組中？

6　《Two Million Brands on Amazon》，*Marketplace Pulse*，2019 年 6 月 11 日，*https://oreil.ly/zrqtd*。

這個問題的一個解決方案是雜湊技巧（*hashing trick*），藉由微軟開發的 Vowpal Wabbit 套件變得普及 [7]。這個技巧的要點是你使用雜湊函數生成每個類別的雜湊值。雜湊值將成為該類別的索引。因為可以指定雜湊空間，所以可以預先固定一特徵有多少個編碼值，而不必知道會有多少個類別。例如你選擇一個 18 位的雜湊空間，等於 2^{18} = 262,144 個可能的雜湊值，則所有類別，甚至是你的模型以前從未見過的類別，都將由 0 到 262,143 之間的索引值編碼。

雜湊函數會引起的一個問題是衝突：兩個類別被分配至相同索引。但是，對於許多雜湊函數，衝突是隨機的；新品牌可與任何現有品牌共享一個索引，而不像上文例子中使用「UNKNOWN」類別一樣，讓新品牌總與不受歡迎的品牌共享一個索引。雜湊特徵衝突的影響，幸而不是那麼糟糕。 Booking.com 的研究表示，即使是 50% 的特徵衝突，效能上的損失也小於 0.5%，如圖 5-4 所示 [8]。

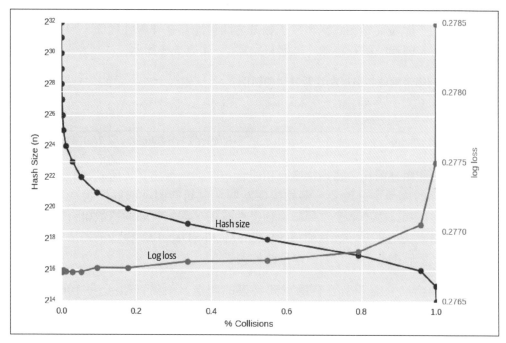

圖 5-4　50% 的衝突率只會導致增加不到 0.5% 的邏輯損失。資料來源：Lucas Bernardi

7　維基百科，s.v.《Feature hashing》，*https://oreil.ly/tINTc.data*。

8　Lucas Bernardi，《Don't Be Tricked by the Hashing Trick》，Booking.com，2018 年 1 月 10 日，*https://oreil.ly/VZmaY*。

你可以選擇足夠大的雜湊空間以減少衝突。你還可以選擇具有所需屬性的雜湊函數，例如局部敏感雜湊函數，其中相似的類別（例如具有相似名稱的網站）被雜湊為彼此接近的值。

它就是個小技法，所以通常被學術界認為是取巧，並將之排除在 ML 課程之外。但它在業界的廣泛採用，證明了其有效性。它對 Vowpal Wabbit 至關重要，並成為 scikit-learn、TensorFlow 和 gensim 框架的一部分。它在持續學習設置中特別有用，在這種情況下，生產環境中的模型會學習傳入的範例中。我們將在第 9 章介紹持續學習。

特徵組合

特徵組合是指組合兩個或多個特徵，以生成新特徵的技術。該技術可用於代表特徵之間的非線性關係，幫助模型建立。例如，對於預測某人在未來 12 個月會否買房的任務，你懷疑婚姻狀況和孩子數量之間可能存在非線性關係，因此你將它們組合起來，創建一個新特徵「婚姻和兒童」，如表 5-3 所示。

表 5-3　如何組合兩個特徵以創建新特徵的範例

Marriage	Single	Married	Single	Single	Married
Children	0	2	1	0	1
Marriage and children	Single, 0	Married, 2	Single, 1	Single, 0	Married, 1

變數之間的非線性關係，透過特徵互相組合，有助模型建立，所以它對於不擅於非線性關係的模型十分重要，例如線性回歸、邏輯回歸、或以樹狀為基礎的模型。它在神經網路中不那麼重要，但它仍然有用，因為明顯的特徵組合偶爾會幫助神經網路更快地學習非線性關係。DeepFM 和 xDeepFM 模型系列是成功將明顯特徵交互用於推薦系統和點擊率預測的例子 [9]。

使用特徵組合時，需要留意特徵空間耗盡的問題。假設特徵 A 有 100 個可能的值，特徵 B 有 100 個可能的特徵；互相搭配這兩個特徵將導致 100 × 100 = 10,000 個可能值的特徵。你將需要更多的模型資料來學習所有可能值。另一要留

9　Huifeng Guo、Ruiming Tang、Yunming Ye、Zhenguo Li 和 Xiuqiang He，《DeepFM: A Factorization-Machine Based Neural Network for CTR Prediction》，*Proceedings of the Twenty-Sixth International Joint Conference on Artificial Intelligence*（IJCAI，2017 年），*https://oreil.ly/1Vs3v*；Jianxun Lian、Xiaohuan Zhou、Fuzheng Zhang、Zhongxia Chen、Xing Xie 和 Guangzhong Sun，《xDeepFM: Combining Explicit and Implicit Feature Interactions for Recommender Systems》，*arXiv*，2018 年，*https://oreil.ly/WFmFt*。

意的地方是，由於特徵互相搭配，增加了模型使用的特徵數量，或使模型過度擬合訓練資料。

離散和連續位置嵌入

位置嵌入在論文「Attention Is All You Need」（*https://oreil.ly/eXk16*）（Vaswani 等，2017 年）中首次引入深度學習社區，現已成為電腦視覺和 NLP 中許多應用程式的標準資料工程技巧。我們將透過一個範例來說明為什麼需要位置嵌入，以及如何實行。

假設一個語言建模任務，基於先前分詞序列，預測下一個分詞（例如單詞、字元或子詞）。實際上，分詞序列可以長達 512。為了簡單起見，讓我們使用單詞作為分詞，序列長度為 8。對於一個包含 8 個單詞的任意序列，例如「有時我想做的是」，我們想要預測這句話的下一個單詞。

嵌入（Embeddings）

嵌入是表示一段資料的向量。我們將同一演算法為一種資料類型生成的所有可能嵌入組合稱為「嵌入空間」。同一空間中，所有嵌入向量具有相同的大小。

嵌入最常見的用途之一是單詞嵌入，你可以用向量表示每個詞。然而，其他類型資料的嵌入越來越受歡迎。例如，Criteo 和 Coveo 等電子商務解決方案使用產品嵌入[10]。Pinterest 具有圖像、圖形、查詢，甚至用戶的嵌入[11]。鑑於嵌入的資料類型如此之多，引起人們為多模式資料創建通用嵌入的興趣。

---

10 Flavian Vasile、Elena Smirnova 和 Alexis Conneau，《Meta-Prod2Vec—Product Embeddings Using Side-Information for Recommendation》，*arXiv*，2016 年 7 月 25 日，*https://oreil.ly/KDaEd*；《Product Embeddings and Vectors》，Coveo，*https://oreil.ly/ShaSY*。

11 Andrew Zhai，《Representation Learning for Recommender Systems》，2021 年 8 月 15 日，*https://oreil.ly/OchiL*。

如果我們使用循環神經網路，它將按順序處理單詞，這意味著單詞的次序資料被暗中輸入了網路。然而，如果我們使用像 Transformer 這樣的模型，單詞是並行處理的，因此需要明確輸入單詞的位置，以便我們的模型知道這些單詞的順序（「狗咬孩子」與「孩子咬狗」分別可大多了）。我們不想將絕對位置 0、1、2、…、7 輸入到我們的模型中，因為根據實驗結果，神經網路不能妥善處理非單位變異數的輸入（這就是我們規模化特徵的原因，如先前在第 130 頁「規模化」小節中討論的那樣）。

如果我們將位置重新規模化到 0 和 1 之間，則 0、1、2、…、7 變為 0、0.143、0.286，…， 1，兩個位置之間的差異又太小，神經網路無法學習區分。

處理位置嵌入，其中一種方法就像單詞嵌入一樣。對於單詞嵌入，我們使用一個嵌入矩陣，以詞彙表大小作為列數，每一列都有該列索引相對應的單詞嵌入。至於位置嵌入，總列數就是總位置數。在我們的例子中，由於我們只使用先前 8 個分詞的序列，因此位置從 0 到 7（見圖 5-5）。

位置嵌入通常與單詞嵌入大小相同，以便將它們相加。例如單詞「food」在位置 0 的嵌入是單詞「food」的嵌入向量與位置 0 的嵌入向量之和。這就是 Hugging Face 的 BERT 在截至 2021 年 8 月時，位置嵌入的實作方式 。因為嵌入隨著模型權重的更新而變化，所以我們說位置嵌入是從學習所得的。

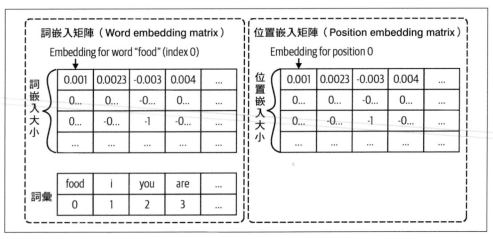

圖 5-5　嵌入位置的一種方法是像對待詞嵌入一樣對待它們

位置嵌入也可以是固定的。每個位置的嵌入仍然是包含 S 個元素的向量（S 是位置嵌入的大小），但每個元素都是使用函數預先定義的，通常是正弦和餘弦函數。在最初的 Transformer 論文（*https://oreil.ly/hifg6*）中，如果元素處於偶數索引，則使用正弦。否則，使用餘弦。見圖 5-6。

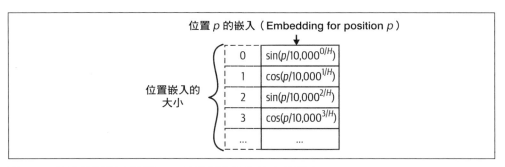

圖 5-6　固定位置嵌入範例。H 是模型產生的輸出的維度。

固定位置嵌入是所謂傅立葉特徵的特例。如果位置嵌入中的位置是離散的，那麼傅立葉特徵也可以是連續的。試考慮表示 3D 物件，例如一個茶壺的任務。茶壺表面的每個位置都由一個連續的三維坐標表示。當位置為連續，我們很難構建具有連續列索引的嵌入矩陣，但我們仍可使用正弦和余弦函數的固定位置嵌入。

以下是坐標 v 處嵌入向量的通用格式，也稱為坐標 v 的傅立葉特徵。傅立葉特徵已被證明可以提高模型以坐標（或位置）作為輸入的任務效能。如果有興趣，你可以在「Fourier Features Let Networks Learn High Frequency Functions in Low Dimensional Domains」（*https://oreil.ly/cbxr1*）（Tancik 等人，2020 年）中瞭解更多。

$$\gamma(v) = \left[a_1 \cos\left(2\pi b_1{}^T v\right), a_1 \sin\left(2\pi b_1{}^T v\right), ..., a_m \cos\left(2\pi b_m{}^T v\right), a_m \sin\left(2\pi b_m{}^T v\right) \right]^T$$

資料洩漏

2021 年 7 月，《麻省理工科技評論》刊登了一篇題為「造了數以百計的 AI 工具來捕捉 Covid。沒有一個幫上忙。」這些模型經過訓練，可從醫學掃描影像預測染上新冠病毒的風險。文中多個範例說明在評估期間效能良好的 ML 模型，無法在實際生產環境中使用。

在一個例子中，研究人員根據患者躺下和站立時進行的掃描，訓練他們的模型。「因為躺著掃描的患者更有可能患重病，所以該模型學會把一個人的姿勢與高染疫風險掛勾。」

在其他一些情況下，模型「學會了掌握某些醫院用來標記掃描的字體。結果，處理更嚴重病例的醫院，其字體成為新冠病毒風險的預測指標[12]。」

這兩個都是資料洩漏的例子。資料洩漏是一種現象，是指一種標籤的形式「漏」到用於進行預測的特徵集中，而這樣的資訊在推理過程中並不存在。

處理資料洩漏具有挑戰性，因為現象通常不明顯。危險之處在於即使經過廣泛評估和測試，它也會導致模型意想不到地失敗。讓我們透過另一範例來說明什麼是資料洩漏。

假設你想要構建一個 ML 模型，來預測肺部 CT 掃描是否顯示癌症跡象。你從醫院 A 獲得了資料，從資料中刪除了醫生的診斷，並訓練了你的模型。它在醫院 A 的測試資料上效能非常好，但在醫院 B 的資料上效能不佳。

你在廣泛調查後瞭解到，當 A 醫院的醫生認為患者患有肺癌時，他們會將患者送往更先進的掃描儀，其輸出的 CT 掃描圖像略有不同。你的模型學會了依靠掃描儀相關的資訊，來預測掃描圖像是否顯示肺癌跡象。B 醫院隨機將患者送到不同的 CT 掃描儀，因此你的模型不可依賴這種資訊。這就是所謂標籤在訓練時洩漏到特徵裡。

資料洩漏不僅見於行內新手，即使是幾位我欽佩的、具經驗豐富的研究人員，以及自己的一個項目中，也曾發生過。儘管資料洩漏很普遍，但 ML 課程中很少涉及此課題。

警示故事：Kaggle 競賽的資料洩漏

2020 年，利物浦大學在 Kaggle（https://oreil.ly/TkvpU）發起了一項「離子開關」（Ion Switching）競賽。任務是確定在每個時間點打開的離子通道數

12　Will Douglas Heaven，《Hundreds of AI Tools Have Been Built to Catch Covid. None of Them Helped》，*MIT Technology Review*，2021 年 7 月 30 日，*https://oreil.ly/Ig1b1*。

量。他們從訓練資料中合成出測試資料，結果有些人利用逆向工程，從洩露現象中取得測試標籤 [13]。本次比賽的兩支獲勝隊伍是能夠利用洩露現象的兩支隊伍，儘管他們或許在不利用此現象的情況下仍能取勝 [14]。

資料洩漏常見原因

在本節，我們將討論資料洩漏的一些常見原因，以及如何避免。

隨機而非按時拆分與時間相關資料

當我在大學學習 ML 時，我學到將資料隨機拆分為訓練、驗證和測試集。這也是 ML 研究論文經常提到的資料拆分方式。然而，這也是資料洩漏的常見原因之一。

在許多情況下，資料是時間相關的，這意味著資料生成的時間會影響其標籤分布。有時，相關性很明顯，例如股票價格。簡單地說，相似股票的價格往往會一起變動。如果今天 90% 的科技股下跌，那麼其他 10% 的科技股很可能也會下跌。在構建預測未來股票價格的模型時，你希望按時間拆分訓練資料，例如使用前六天的資料訓練模型，並使用第七天的資料對其進行評估。如果你隨機拆分資料，則第七天的價格將包含在你的訓練集，並將當天的市場狀況漏到模型中。這就是所謂未來資訊漏到訓練過程。

然而，在許多情況下，相關性並不明顯。想像要預測某人是否會點擊歌曲推薦的任務。一個人是否會聽一首歌，不僅取決於他的音樂品味，還取決於當天的普遍音樂趨勢。如果這天一位音樂藝術家去世了，人們將更有可能去收聽其作品。透過將某一天的樣本包含在訓練集，當天的音樂趨勢資訊也會傳遞到模型中，使其更容易對同一天的其他樣本進行預測。

為了防止未來訊息洩漏到訓練過程中，讓模型在評估期間作弊，請盡可能按時間拆分資料，而不是隨機拆分。例如，如果你有五週的資料，請把前四個星期拆分成訓練集，然後將第 5 週隨機拆分為驗證集和測試集，如圖 5-7 所示。

---

13 Zidmie，《The leak explained!》，Kaggle，*https://oreil.ly/1JgLj*。

14 Addison Howard，《Competition Recap—Congratulations to our Winners!》，Kaggle，*https://oreil.ly/wVUU4*。

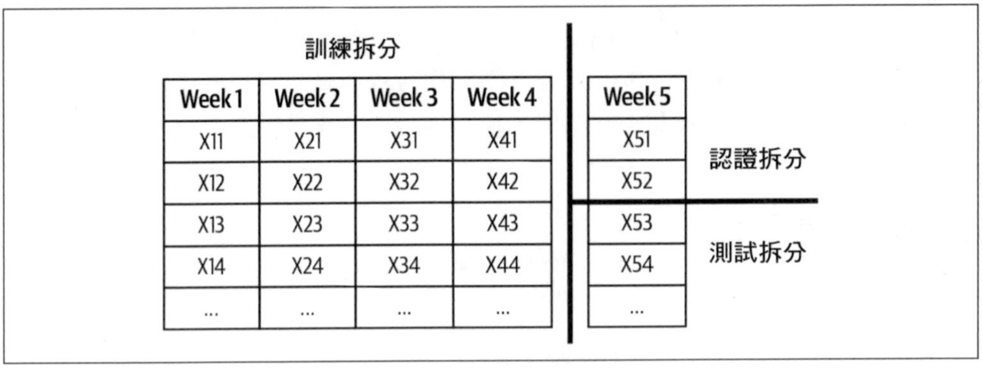

圖 5-7 按時間拆分資料，以防止將來的資訊洩漏到訓練過程中

拆分前規模化

正如第 130 頁「規模化」小節所述，特徵規模化很重要。規模化需要資料的全局統計資料，例如均值、變異數。一個常見錯誤是在整個訓練資料分成不同的部分前，使用了整個練資料集生成的全局統計資料，也就包括了測試樣本的均值和變異數，洩漏到訓練過程中，模型便能調整對測試樣本的預測。這些資料在生產環境中不存在，可能導致模型效能下降。

為避免此類洩漏，在規模化之前，要先拆分資料，然後使用訓練集中的統計資料來將其他拆分集規模化。有人甚至建議，在任何探索性資料分析和資料處理之前，就拆分資料，這樣我們就不會意外獲得有關測試集的資訊。

用測試集的統計資料填充缺失

處理特徵資料值缺失的一種常見方法，是用所有現存資料的平均值或中位數來填補（輸入）缺失。如果平均值或中位數是使用整個資料集，而不僅使用訓練集來計算的話，則可能會發生洩漏。這種類型的洩漏類似於由規模化引起的洩漏類型。我們可以僅使用訓練集中的統計資料，來填充所有拆分集中的缺失值，來防止這種情況。

拆分前資料重複處理不當

如果你的資料中有重複或接近重複的資料，而在拆分資料之前未能刪除它們，可能會導致相同的樣本出現在訓練和驗證／測試集中。資料重複在業界中非常普遍，受歡迎的研究資料集內也會出現。例如，CIFAR-10 和 CIFAR-100 是電腦視

覺研究中兩個受歡迎的資料集。它們於 2009 年發布，但直到 2019 年，Barz 和 Denzler 才發現來自 CIFAR-10 和 CIFAR-100 測試集的圖像中，分別有 3.3% 和 10% 的資料在訓練集重複了 [15]。

資料重複可能是源於蒐集或合併不同資料來源的資料。《自然》（Nature）在 2021 年的一篇文章，將資料重複列為使用 ML 來檢測 COVID-19 的常見陷阱，這是因為：「一個資料集結合了幾個其他資料集，但沒有意識到其中一個組件資料集已經包含另一個組件 [16]。」資料處理不當也可能導致資料重複──例如，過度抽樣可能導致某些例子重複。

為避免這種情況，在拆分前後，請經常檢查是否有重複項，確保萬無一失。如果你要過度抽樣資料，請在拆分後進行。

組合洩漏

一組例子具有高度相關的標籤，卻被拆分到不同資料集。例如，同一位患者可能有兩張相隔一週的肺部 CT 掃描片，它們可能有著相同標籤，表明是否包含肺癌跡象，但一張落到訓練集，另一張落到測試集。這種類型的洩漏，對於檢測任務中，同一物體相隔幾毫秒的照片，是很常見的──其中一些照片落在訓練集，另一些照片落在測試集。如果你不瞭解資料如何生成，就很難避免這種類型的資料洩漏。

資料生成過程的洩漏

上文提到，CT 掃描是否顯示肺癌跡象的資訊如何透過掃描儀洩漏，正是此類洩漏的一例。檢測此類資料洩漏，需要深入瞭解其蒐集方式。例如，你不瞭解不同的掃描儀，或兩家醫院的程序不同，就很難確定模型在 B 醫院效能不佳，是否基於不同的掃描程序。

---

15 Björn Barz 和 Joachim Denzler，《Do We Train on Test Data? Purging CIFAR of Near-Duplicates》，*Journal of Imaging* 6，第 6 期（2020）：41。

16 Michael Roberts、Derek Driggs、Matthew Thorpe、Julian Gilbey、Michael Y eung、Stephan Ursprung、Angelica I. Aviles-Rivero 等人。《Common Pitfalls and Recommendations for Using Machine Learning to Detect and Prognosticate for COVID-19 Using Chest Radiographs and CT Scans》，*Nature Machine Intelligence* 3 (2021)：199–217，*https://oreil.ly/TzbKJ*。

要避免此類洩漏，沒有萬無一失的方法，但你可以透過追蹤資料來源，並瞭解資料的蒐集和處理方式來降低風險。標準化你的資料，讓來自不同來源的資料有相同的平均值和變異數。如果不同的 CT 掃描儀輸出不同解像度的圖像，將所有圖像標準化為相同解像度，模型便更難知道圖像來自哪部掃描儀。不要忘記將相關專業人士納入 ML 設計過程，對於如何蒐集和使用資料，他們可能知道更多！

檢測資料洩漏

從生成、蒐集、抽樣、拆分和處理資料到特徵工程，資料洩漏可能發生在許多步驟中。在 ML 專案的整個生命週期中監控資料洩漏非常重要。

我們可以測量每個特徵或一組特徵相對目標變數（標籤）的預測能力。如果某個特徵具有異常高的相關性，請調查該特徵是如何生成的，以及相關性是否合理。可能是兩個特徵各不會造成洩漏，但兩者一起來就造成洩漏。例如要構建模型來預測員工將在公司工作多久時，單看開始日期和結束日期，並不能得知員工任期，但兩者一起看，就提供了該資訊。

進行消融研究以衡量一個特徵或一組特徵對你的模型的重要性。如果刪除某個特徵導致模型的效能顯著下降，請調查為什麼該特徵如此重要。如果你有大量的特徵，比如說一千個特徵，對它們的每一個可能的組合進行消融研究可能是不可行的，但偶爾對你最懷疑的特徵子集進行消融研究仍然是有用的 . 這是主題專業知識如何在特徵工程中派上用場的另一個例子。消融研究可以按照你自己的時間表離線運行，因此你可以在停機期間利用你的機器來達到此目的。

留意添加到模型中的新功能。如果添加新功能可以顯著提高模型的效能，那麼要嘛該功能非常好，要嘛該功能僅包含有關標籤的洩漏訊息。

每次查看測試拆分時都要非常小心。如果你以任何方式使用測試拆分而不是報告模型的最終效能，無論是想出新功能的想法還是調整超參數，你都有可能將未來的訊息洩露到你的訓練過程中。

造出優良特徵

通常，添加更多特徵會帶來更好的模型效能。根據我的經驗，實際運作模型的特徵列表，只會隨著時間推移而增加。然而，更多的特徵並不總是意味著更好的模型效能。模型在訓練和服務期間擁有太多特徵，可能帶來壞影響，這是其中幾個原因：

- 你擁有的特徵越多，資料洩漏的機會就越大。

- 太多特徵會導致過度擬合。

- 太多特徵的話，模型提供服務時所需的記憶體會增加，你可能需要使用更昂貴的機器／執行個體來提供服務。

- 在進行線上預測時，過多的特徵會增加推論延時，尤其是當你需要從原始資料中提取這些特徵，來進行線上預測。我們將在第 7 章更深入地探討線上預測。

- 無用的特徵會變成技術債。每當你的資料管道發生變化時，所有受影響的特徵都需要相應調整。例如你的應用程式決定不再接收用戶年齡的資訊，則所有涉及用戶年齡的特徵都需要更新。

理論上，如果某項特徵不能幫助模型做出良好的預測，那麼像 L1 正則化這樣的技術應該可以將其特徵權重降為 0。但實務上，刪除不再有用（甚至可能有害）的特徵，使模型看重好的特徵，也許能協助加快模型的學習。

你可以先儲存已刪除的特徵，以便稍後將它們加回來。你還可以只儲存一般特徵的定義，以便組織中的團隊重用和分享。在談到特徵定義管理時，有些人可能會將特徵儲存庫視為解決方案。但是，並非所有特徵儲存庫都可管理其定義。我們將在第 10 章進一步討論特徵儲存庫。

在評估特徵是否適合模型時，你可能需要考慮兩個因素：對模型的重要性，以及在應對未見資料時的通用化程度。

特徵重要性

要衡量一項特徵的重要性，有許多不同方法。如果你使用像梯度提升樹這樣的經典 ML 演算法，衡量特徵重要性的最簡單方法是使用 XGBoost 內置的特徵重要

性函數 [17]。要瞭解更多並非針對個別模型的方法，你也許要查看 SHAP（*SHapley Additive exPlanations*）[18]。InterpretML（*https://oreil.ly/oPllN*）是一個很棒的開源包，它利用特徵重要性來幫助你瞭解模型如何提供預測。

測量特徵重要性的確切演算法很複雜，但直觀地看，透過從模型中刪除該特徵或包含該特徵的一組特徵，來看模型效能下降的程度，即可測量該特徵對模型的重要性。SHAP 很棒，因為它不僅衡量特徵對整個模型的重要性，還衡量了每個特徵對模型特定預測的貢獻。圖 5-8 和 5-9 顯示了 SHAP 如何幫助你理解每個特徵對模型預測的貢獻。

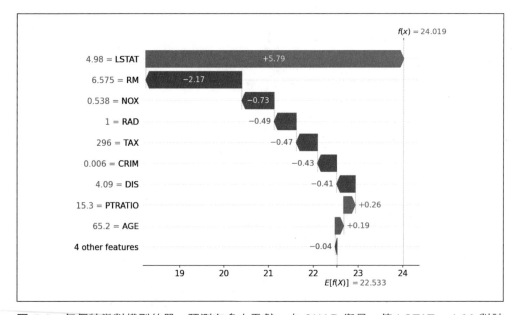

圖 5-8　每個特徵對模型的單一預測有多大貢獻，由 SHAP 衡量。值 LSTAT = 4.98 對該特定預測的貢獻最大。資料來源：Scott Lundberg [19]

17　使用 XGBoost 功能 get_score（*https://oreil.ly/8sCfD*）。

18　可以在 GitHub（*https://oreil.ly/hGxcF*）上找到一個用於計算 SHAP 的優秀開源 Python 包。

19　Scott Lundberg，SHAP（SHapley Additive exPlanations），GitHub 儲存庫，最後到訪時間為 2021 年，*https://oreil.ly/c8qqE*。

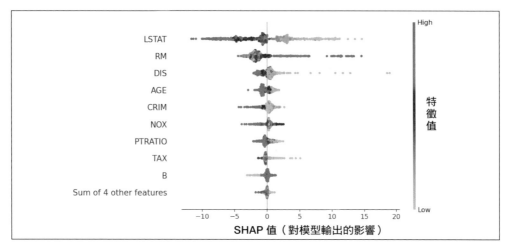

圖 5-9　每個特徵對模型的貢獻程度，由 SHAP 衡量。LSTAT 特徵具有最高的重要性。
資料來源：Scott Lundberg

通常，少數的特徵會佔模型特徵重要性的很大一部分。在衡量點擊率預測模型的
特徵重要性時，Facebook 廣告團隊發現，前 10 項特徵佔了模型總特徵重要性的
一半左右，而最後 300 項特徵貢獻的特徵重要性卻不到 1%，如圖 5-10 所示 [20]。

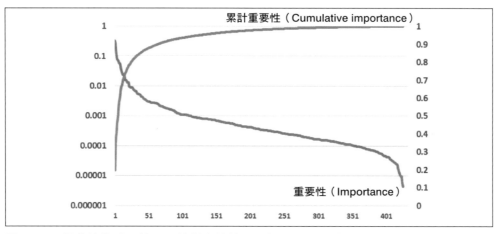

圖 5-10　提升特徵重要性。X 軸對應於特徵的數量。特徵重要性以對數刻度表示。資料
來源：He 等人。

20　Xinran He, Junfeng Pan, Ou Jin, Tianbing Xu, Bo Liu, Tao Xu, Yanxin Shi 等人，《Practical Lessons from
　　Predicting Clicks on Ads at Facebook》，ADKDD'14：*ADKDD '14: Proceedings of the Eighth International
　　Workshop on Data Mining for Online Advertising*（2014 年 8 月）：1–9，*https://oreil.ly/dHXeC*。

特徵重要性技術不僅有助選擇正確的特徵，對於可解釋性也非常有用，因為它們可以幫助你瞭解模型在背後的工作。

特徵通用化

由於 ML 模型的目標是對未見的資料做出正確的預測，因此用於模型的特徵應該通用於未見資料。並非所有特徵都具有相同的通用性。例如，對於預測留言是否為垃圾留言的任務，每個留言的標識符根本不可通用化，不應用作模型特徵。但是，發布留言者的標識符（例如用戶名稱）可能對模型預測有用。

衡量特徵通用化，遠不如衡量特徵重要性般科學，它需要統計知識之上的直覺，和相關專業範疇知識。總體而言，關於通用化，你可能需要考慮兩個方面：特徵覆蓋率和特徵值分布。

覆蓋率是資料樣本於此特徵帶有值的百分比，故此，缺失值越少，覆蓋率越高。一個粗略的經驗法則是，如果這個特徵出現在資料很小一部分中，它的通用性就不會很高。例如你想建立一個模型來預測某人是否會在未來 12 個月內買房，並且你認為某人孩子數量是一個很好的特徵，但你只可在 1% 的資料中獲得此資訊，此特徵就可能不太有用。

這個經驗法則很粗略，因為某些特徵即使在大部分資料缺失的情況下，也仍然有用。當缺失值非隨機產生時尤其如此，也就是說，具有該特徵與否，可能對其價值有著強烈的暗示。例如一項特徵只出現在資料的 1%，但 99% 具有此特徵的例子都帶有 POSITIVE 標籤，這項特徵有用，你應該使用它。

隨著時間的推移，不同資料分割部分之間、甚至同一資料分割部分中的特徵覆蓋範圍，可能大相徑庭。如果某特徵的覆蓋率在訓練和測試集之間有很大差異（例如它出現在訓練集的 90% 例子中，但僅出現在測試集的 20% 例子），這表明你的訓練和測試集並非有著一樣的分布。你可能想調查拆分資料的方式是否合理，以及此特徵是否是資料洩漏的原因。

對於現存特徵值，你可能需要查看它們的分布。如果在可見資料（如訓練集）中的值與未見資料（如測試分割）中的值沒有重疊，則此特徵甚至可能損害模型的效能。

具體來說，假設你想要構建一個模型來估算既定計程車行程所需的時間。你每週都會重新訓練此模型，並且你想使用過去六天的資料來預測今天的 ETA（預計到達時間）。其中一項特徵是 DAY_OF_THE_WEEK（星期幾），你認為它很有用，因為工作日的交通通常比週末更糟糕。此特徵覆蓋率為 100%，因為其值見於每個特徵中。但是，此特徵在訓練集的值是星期一到星期六，而在測試集中的值是星期日。如果你在模型中包含此特徵，但沒有巧妙的方案來編碼日期，則此特徵不會通用到測試集，並且可能會損害模型效能。

另一方面，HOUR_OF_THE_DAY（當天小時）是一個很棒的特徵，因為一天中的時間也會影響交通，且訓練集與測試集的特徵值範圍 100% 重疊。

在考慮特徵的通用化時，要在通用性和具體性之間權衡。你也許意識到一小時內的交通量只取決於繁忙時間與否。所以你生成了特徵 IS_RUSH_HOUR（是繁忙時間），如果是上午 7 點至 9 點，或下午 4 點至 6 點，則將其設置為 1。IS_RUSH_HOUR 比 HOUR_OF_THE_DAY 更具通用性，卻沒有後者那麼具體。在沒有 HOUR_OF_THE_DAY 的情況下使用 IS_RUSH_HOUR，可能會導致模型丟失有關小時的重要資訊。

小結

因為現今 ML 系統的成功仍取決於其特徵，所以對於有興趣實際運作 ML 的組織來說，投入時間和精力進行特徵工程是很重要的。

造出好特徵是一個複雜的問題，沒有懶人包式的答案。最好是透過經驗學習：嘗試不同的特徵，並觀察它們如何影響模型的效能。你也可以向專家學習。我發現非常有用的方法，就是瞭解 Kaggle 競賽獲勝團隊如何造出特徵，來學習他們的技術和過程中的考量。

特徵工程通常涉及相關專業範疇知識，而相關專家不一定是工程師，因此，你設計的工作流程該允許非工程人士參與，這一點非常重要。

以下是特徵工程最佳實踐的總結：

- 按時間將資料拆分為訓練 / 認證 / 測試集，而不是隨機拆分。
- 如要過度抽樣資料，請在拆分後進行。

- 在拆分後規模化和標準化資料，避免資料洩漏。

- 僅使用來自訓練集而不是整個資料的統計資料來擴展你的特徵，並處理缺失值。

- 瞭解你的資料是如何生成、蒐集和處理的。盡可能讓領域專家參與。

- 追蹤資料的來龍去脈。

- 瞭解特徵對模型的重要性。

- 使用通用性強的特徵。

- 從模型中刪除不再有用的特徵。

有了一組好的特徵，我們將進入工作流程的下一部分：訓練 ML 模型。在我們繼續之前，我只想重申，開始模型建立並不意味著資料處理或特徵工程的工作已經完成。我們不會停止處理資料和特徵。在大多數現實 ML 專案中，只要模型在實際運作，蒐集資料和特徵工程的過程就會繼續。我們需要使用新的傳入資料來不斷改進模型，此部分將在第 9 章論述。

## 第六章

模型開發和離線評估

在第 4 章，我們討論如何為模型創建訓練資料，在第 5 章，我們討論如何從訓練資料創造出特徵。透過初始特徵集，我們將轉向 ML 系統的 ML 算法部分。這對我來說一直是最有趣的一步，因為我可以嘗試各種各樣的、甚至是最新的算法和技術。這也是我可以評估自己在資料和特徵工程上投入努力是否成功的第一步，看著這些辛勤工作成果轉化為一個系統，其輸出（預測）可用來評估。

要構建 ML 模型，首先要選擇構建什麼 ML 模型。當今已有很多 ML 算法，更多算法正在積極開發中。本章首先向你介紹六個技巧，助你為任務選擇最佳算法。

接下來的部分討論模型開發的不同方面，例如除錯、實驗追蹤和版本控制、分布式訓練和 AutoML。

模型開發是一個迭代過程。每次迭代後，你需要將模型的效能與之前迭代中的效能進行比較，並評估該迭代在生產環境的適用性。本章的最後一節專門介紹如何在模型部署到生產環境之前的評估工作，涵蓋一系列評估技術，包括微擾測試、不變性測試、模型校準和 slide-based 評估。

我希望大多數讀者已經了解常見的 ML 算法，例如線性模型、決策樹、K- 近鄰演算法和不同類型的神經網路。本章將討論圍繞這些算法的技術，但不會詳細介紹它們的工作原理。因為本章涉及 ML 算法，所以比其他章節涉及更多 ML 知識。如果你不熟悉相關知識，我建議你在閱讀本章前參加線上課程，或著閱讀有關 ML 算法的書籍。希望快速了解基本 ML 概念的讀者，此 GitHub 倉儲（*https://oreil.ly/designing-machine-learning-systems-code*）中的「Basic ML Reviews」（基本 ML 評論）小節可能有幫助。

模型開發和訓練

在本節，我們將討論幫助你開發和訓練模型的必要範疇，包括如何針對你的問題評估不同的 ML 模型、創建模型集合、實驗追蹤和版本控制，以及分布式訓練，這對於現今模型進行訓練的規模來說是必需的。我們將以更進階的主題 AutoML 作結——即使用 ML 來自動選擇最適合問題的模型。

評估機器學習模型

任何既定的問題都有許多可能解決方案。對於一個可以在其解決方案中利用 ML 的任務，你可能想知道應該使用哪種 ML 算法。例如，你是否應該從熟知的邏輯回歸算法開始？或者應該嘗試一個又新又花俏的模型，那應該是處理該問題的最先進技術水平吧？一位更資深的同事提到，梯度提升樹在過去一直為她完成這項任務——你應該聽聽她的建議嗎？

如果你擁有無限時間和算力，那麼從理性的角度來看，當然是嘗試所有可能的解決方案，看看什麼最適合。但是，時間和算力是有限的資源，選擇模型該有策略。

在談論 ML 算法時，許多人會從經典 ML 算法與神經網路的角度來思考。神經網路吸引很多目光和媒體報導，尤其是深度學習，這是可以理解的，因為過去十年人工智慧的大部分進步，都是由於神經網路變得越大越深。

這些目光和報導可能予人一種印象就是，深度學習正在取代經典 ML 算法。然而，儘管我們找到更多實際運作深度學習的使用案例，但經典的 ML 算法並沒有退場。許多推薦系統仍然依賴協同過濾和矩陣分解技術。以決策樹為基礎的算法，包括梯度提升樹，仍然支配著許多有嚴格延時上限的分類任務。

即使在部署了神經網路的應用程式中，經典的 ML 算法仍在協同使用。例如神經網路和決策樹可以在一個整體中一起使用。k- 平均演算法可用於提取特徵，以輸入到神經網路中。反之亦然，預訓練的神經網路（如 BERT 或 GPT-3）可用於生成詞嵌入，以輸入到邏輯回歸模型中。

為問題選擇模型時，你不會把所有可能模型納入考慮之列，而通常先把焦點放在適合問題的一系列模型。假如老闆告訴你建立一個系統來檢測惡意貼文，你知道這是一個文字分類問題（對於既定文字，分辨是否有害）文字分類的常見模型包括單純貝氏，邏輯回歸、循環神經網路和基於 Transformer 的模型，例如 BERT、GPT 及其變體。

如果客戶想建立一個檢測詐欺交易的系統，你知道這是典型的異常偵測問題（詐欺交易是你想要偵測的異常）這個問題的常用算法有很多，包括 K- 近鄰演算法、孤立森林（isolation forest）、聚類和神經網路。

在此過程中，我們必須了解常見的 ML 任務和解決這些任務的典型方法。

不同類型的算法需要不同數量的標籤，以及不同數量的算力。有些算法比其他算法需要更長的時間來訓練，而有些算法則需要更長的時間來做出預測。與神經網路相比，非神經網路算法往往更易於解釋（例如，哪些特徵對將電子郵件歸類為垃圾郵件貢獻最大）。

在考慮使用哪種模型時，不僅要考慮模型的效能（透過準確性、F1 分數和邏輯損失等指標衡量），還要考慮模型的其他屬性，例如所需資料、算力，訓練時間，還有推理時延和可解釋性。例如，一個簡單的邏輯回歸模型可能比複雜神經網路準確性更低，但前者只需較少已標籤資料即可啟動，訓練速度更快，更容易部署，我們也更容易找出預測的原因。

ML 算法之間的比較超出了本著作範圍。比較的工夫做得再好，只要有新算法出來，就會過時。早在 2016 年，LSTM-RNNs 風靡一時，成為 seq2seq（序列到序列）架構的主幹，為許多 NLP 任務提供支持，涵蓋機器翻譯、文字摘要和文字分類。然而，僅僅兩年後，NLP 任務中的循環架構的大部分都被 Transformer 架構取而代之。

要了解不同的算法，最好的方法是讓自己具備基本的 ML 知識，並使用感興趣的算法進行實驗。為了跟上這麼多新的 ML 技術和模型，我發現 NeurIPS、ICLR 和 ICML 等主要 ML 會議上，可以幫助我們緊貼趨勢，另外也可以在 Twitter 上追蹤工作成果易引起熱議的研究人員。

選擇模型的六個小技巧

在無須深入探討不同算法細節的情況下，以下的六個小技巧，也許能幫助你決定採用何種 ML 算法。

避免「最先進」陷阱。在幫助公司和應屆畢業生開始使用 ML 時，我通常不得不花費大量時間來引導他們避免直接進入最先進的模型。我明白為什麼人們想要那些所以最先進（state-of-the-art）的模型。許多人認為這些模型將是解決他們問題的最佳解決方案——如果現存更新更好的解決方案，為何還要嘗試舊方案？還有一個原因，許多企業領導者希望使用最先進的模型，讓企業看起來處於領先地位；開發人員可能也更願意接觸新模型，而非不斷故技重施。

研究人員通常只在學術環境中評估模型，也就是說所謂「最先進模型」，即模型在某些靜態資料集上，比現有模型效能更好。這並不意味著該模型足夠快或足夠便宜以供你實施。這甚至並不意味著該模型在你的資料上會比其他模型效能更好。

雖然了解新技術很重要，也有利於評估你的業務，但解決問題時，最重要是找到可以解決該問題的方案。相對最先進模型，如果有更便宜、更簡單的方案來解決問題，使用簡單的方案就好。

從最簡單的模型開始。Python 之禪指出「簡單優於複雜」，這一原則也適用於 ML。簡單之目的有三。首先，更簡單的模型更容易部署，儘早部署模型可以讓你驗證預測管道是否與訓練管道一致。其次，開始時從簡，逐步添加更複雜的組件，可以讓你理解並除錯模型時更輕鬆。第三，讓最簡單的模型作為基準模型，你可以將更複雜的模型與之比較。

所謂最簡單的模型，並不等於最省力氣的模型。例如，預訓練的 BERT 模型結構很複雜，卻能輕鬆上手，尤其是使用像 Hugging Face 的現成 Transformer 模型。使用這種解決方案時，其社群已經發展成熟，足以幫助你在過程中排解疑難，如此一來，使用複雜解決方案並不是壞主意。但是，你可能仍想嘗試更簡單的解決方案，確保預訓練 BERT 確實比簡單方案更好。預訓練 BERT 開始時可能很輕

鬆，但要將之改進，卻可能耗費很大的精力。而如果從更簡單的模型開始，你將有很大的空間來改進模型。

在選擇模型時避免人為偏見。想像一下，團隊中一名工程師接了一項任務，評估梯度提升樹還是預訓練 BERT 模型模型更適合你的問題。兩週後，這位工程師宣布，最強的 BERT 模型優於梯度提升樹 5%。你的團隊決定使用預訓練 BERT 模型。

然而幾個月後，一位經驗豐富的工程師加入你的團隊，並決定再次研究梯度提升樹。這次卻發現最強的梯度提升樹優於目前在生產環境中使用的預訓練 BERT。為什麼會這樣？

在評估模型時，存在很多人為偏見。評估 ML 架構過程的一個環節，是試驗不同的特徵和不同的超參數集，以找到該架構的最佳模型。如果工程師對架構更感興趣，他們可能會花費更多時間對其進行試驗，這可能會為該架構生成效能更好的模型。

要比較不同的架構，要確認架構設置是可以比較的。如果你為一個架構運行了 100 個實驗，然後對於另一需要評估的架構，只是運行幾個實驗，這是不公平的。你可能還需要為其運行 100 個實驗。

因為模型架構效能在很大程度取決於對其進行評估的相關背景（例如：任務性質、訓練資料、測試資料、超參數等）所以我們很難斷言某模型架構優於另一種架構。這個論斷在某種情況下可能是真的，但不太可能放之四海而皆準。

評估現今良好效能與往後良好效能。現在最好的模型，並不代表兩個月後也是最好。例如，現在還沒有大量資料，故此基於決策樹的模型現在可能表現更好，但兩個月後，你也許能夠將訓練資料量增加一倍，這樣一來，神經網路的效能可能得更好 [1]。

---

1 Andrew Ng 有一個很棒的演講（*https://oreil.ly/o6tGK*），他在演講中解釋說，如果學習演算法存在高偏差，單靠獲得更多的訓練資料不會有太大幫助。而如果學習演算法存在高變異，獲得更多訓練資料可能會有所幫助。

估計模型效能如何隨更多資料改變的簡單方法是使用學習曲線（*https://oreil.ly/9QZLa*）。模型的學習曲線是其效能（例如：訓練損失、訓練準確性、驗證準確性）與其訓練樣本數量的關係圖，如圖 6-1 所示。學習曲線無法助你準確估計更多訓練資料帶來的效能提升，但它可以讓你了解可否從中獲得任何效能提升。

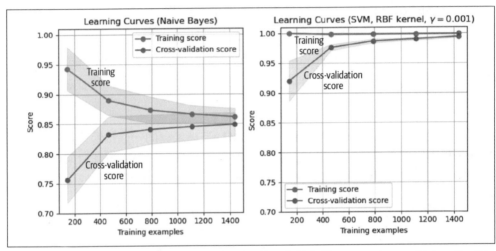

圖 6-1　單純貝氏模型和 SVM 模型的學習曲線。資料來源：scikit-learn（*https://oreil.ly/QA52c*）

我遇到過以下情況：一個團隊評估協同過濾模型和一個簡單神經網路在推薦任務的效能。進行離線評估時，協同過濾模型效能出色。然而，簡單神經網路可根據每個傳入的例子自我更新，而協同過濾必須查看所有資料來更新其底層的矩陣。該團隊決定同時部署協同過濾模型和簡單神經網路。他們使用協同過濾模型為用戶做出預測，並利用新傳入的資料，在生產環境中不斷訓練簡單神經網路。兩週後，簡單神經網路的任務效能勝過協同過濾模型。

在評估模型時，你可能需要考慮它們在將來的改進潛力，以及實現這些改進的難易度。

評估權衡取捨：在選擇模型時，你必須做出許多取捨。要選擇最合適的模型，你先要了解何者對 ML 系統效能更重要。

做出取捨的其中一個典型例子，是偽陽性和偽陰性兩者之間的權衡。減少偽陽性的數量可能會增加偽陰性的數量，反之亦然。在偽陽性比偽陰性更危險的任務中，例如指紋解鎖（未經授權的人不應被歸類為已授權和授予存取權限），你可能更喜歡偽陽性較少的模型。同樣，在偽陰性比偽陽性更危險的任務中，例如新冠病毒篩查（新冠患者不應被歸類為沒有染上新冠病毒），你可能更喜歡產生更少偽陰性的模型。

另一個取捨的例子是運算要求和準確性 —— 更複雜的模型可能提供更高的準確性，但也可能需要更強大的機器，例如 GPU 而非 CPU，生成預測時才有可接受的推理時延。許多人還關心可解釋性和效能上的取捨。更複雜的模型或有更佳效能，但其結果的可解釋性可能較差。

了解模型的假設：統計學家 George Box 在 1976 年說：「所有模型都是錯誤的，但一些模型是有用的。」 現實世界非常複雜，模型只能透過不同假設來接近現實。每個模型都有自己的假設。了解模型所作的假設，以及資料是否滿足這些假設，可以幫助評估哪種模型最適合你的用例。

以下是一些常見的假設。這旨在演示，並不是一個詳盡的列表：

預測假設

　　每個旨在從輸入 X 預測輸出 Y 的模型，都假設可以根據 X 預測 Y。

獨立同分布（*IID*）

　　神經網路假設樣本為獨立同分布（*https://oreil.ly/hXRr2*），也就是說所有樣本都是從相同的聯合機率分布中獨立提取的。

順滑度

　　每個監督式機器學習的方法都假設有一組函數，可以將輸入轉換為輸出，從而將相似的輸入轉換為相似的輸出。如果輸入 X 產生輸出 Y，則近似 X 的輸入將按比例產生近似 Y 的輸出。

易處理性

　　設 X 為輸入，Z 為 X 的潛在表示（latent representation）。每個生成模型（generative model）都假設機率 $P(Z|X)$ 的計算是易於處理的。

界限

線性分類器假設決策邊界是線性的。

條件獨立

單純貝氏分類器假定屬性值在既定的分類中相互獨立。

正態分布

許多統計方法假設資料呈正態分布。

集成

在考慮問題的 ML 解決方案時，或許你希望從單一模型的系統開始（有關為問題選擇模型的過程，已在本章較前篇幅討論過）。開發完一個模型後，你可能開始考慮如何繼續提高其效能。一種持續提升效能的方法是集各模型之大成，而不是僅使用單個模型來進行預測。集成中的每個模型都稱為基礎學習器（base learner）。例如，對於預測電子郵件是垃圾郵件還是非垃圾郵件，你可能有三種不同的模型。每封電子郵件的最終預測是所有三個模型的多數票。因此，如果至少有兩個基礎學習器輸出「垃圾郵件」，則該電子郵件將被歸類為「垃圾郵件」。

截至 2021 年 8 月，Kaggle 競賽的 22 個獲勝的解決方案中，有 20 個使用集成學習[2]。截至 2022 年 1 月，史丹佛問答資料集，即 SQuAD 2.0（*https://oreil.ly/odo12*）上的 20 個最佳解決方案，均是集成學習方案，如圖 6-2 所示。

在生產環境中使用集成方法不太受歡迎，因為集成學習更難部署和維護。然而，對於那些即便是少許效能提升也可帶來巨大經濟收益的任務，例如預測廣告點擊率的任務來說，集成方案仍然很常見。

2　我瀏覽了 Farid Rashidi 的「Kaggle 解決方案」網頁（*https://oreil.ly/vNrPx*）上列出的獲勝解決方案。一個解決方案使用了 33 個模型（Giba，《1st Place-Winner Solution-Gilberto Titericz and Stanislav Semenov》，Kaggle，*https://oreil.ly/z5od8*）。

Rank	Model	EM	F1
	Human Performance *Stanford University* *(Rajpurkar & Jia et al. '18)*	86.831	89.452
1 Jun 04, 2021	IE-Net (ensemble) *RICOH_SRCB_DML*	**90.939**	**93.214**
2 Feb 21, 2021	FPNet (ensemble) *Ant Service Intelligence Team*	90.871	93.183
3 May 16, 2021	IE-NetV2 (ensemble) *RICOH_SRCB_DML*	90.860	93.100
4 Apr 06, 2020	SA-Net on Albert (ensemble) *QIANXIN*	90.724	93.011
5 May 05, 2020	SA-Net-V2 (ensemble) *QIANXIN*	90.679	92.948
5 Apr 05, 2020	Retro-Reader (ensemble) *Shanghai Jiao Tong University* http://arxiv.org/abs/2001.09694	90.578	92.978
5 Feb 05, 2021	FPNet (ensemble) *YuYang*	90.600	92.899
6 Apr 18, 2021	TransNets + SFVerifier + SFEnsembler (ensemble) *Senseforth AI Research*	90.487	92.894

圖 6-2 截至 2022 年 1 月，SQuAD 2.0（*https://oreil.ly/odo12*）上排名前 20 的解決方案都是集成

以下一例能讓你清楚了解到集成學習方案有效的原因。假設你有三個垃圾郵件分類器，每個分類器的準確率為 70%。假設每個分類器對每封電子郵件做出正確預測的機率相等，且這三個分類器不相關，我們將證明透過這三個分類器的多數決投票，可獲得 78.4% 的準確率。

對於每封電子郵件，每個分類器做出正確的機會為 70%。如果至少有兩個分類器是正確的，那麼集成就是正確的。表 6-1 顯示給定一封電子郵件，集成方案下不同可能結果的機率。該集成的準確率為 0.343 + 0.441 = 0.784，即 78.4%。

表 6-1　從三個分類器中獲得多數票的集成可能結果

三個模型的輸出	機率	集成輸出
三者全對	0.7 * 0.7 * 0.7 = 0.343	正確
兩者正確	(0.7 * 0.7 * 0.3) * 3 = 0.441	正確
僅一正確	(0.3 * 0.3 * 0.7) * 3 = 0.189	錯誤
無一正確	0.3 * 0.3 * 0.3 = 0.027	錯誤

僅當集成中的分類器彼此無相關性時，以上演算才成立。如果所有分類器都完全相關）即所有三個分類器都對每封電子郵件做出相同的預測（則集成將與每個單獨的分類器具有相同的準確性。創建集成時，基礎學習器之間的相關性越低，集成效果就越好。因此，創建集成的普遍做法是選擇非常不同類型的模型。例如，你的集成可以包含一個 Transformer 模型、一個遞歸神經網路和梯度提升樹。

創建集成有三種方式：Bagging 算法、提升（boosting）和堆疊（stacking）。除了有助於提高效能外，根據幾篇調查性論文顯示，使用集成方法（例如提升和裝袋）配以重新抽樣，有助於處理不平衡的資料集[3]。我們將從 Bagging 算法開始逐一介紹這三種方法。

Bagging 算法

Bagging 算法是引導聚集（*bootstrap aggregating*）的縮寫，旨在提高 ML 算法的訓練穩定性和準確性[4]。它可以減少變異數並有助於避免過度擬合。

3　Mikel Galar、Alberto Fernandez、Edurne Barrenechea、Humberto Bustince 和 Francisco Herrera，《A Review on Ensembles for the Class Imbalance Problem: Bagging-, Boosting-, and Hybrid-Based Approaches》，*IEEE Transactions on Systems, Man, and Cybernetics, Part C* (*Applications and Reviews*) 42，第 4 期（2012 年 7 月）：463–84、*https://oreil.ly/ZBlgE*；G. Rekha、Amit Kumar Tyagi 和 V. Krishna Reddy，《Solving Class Imbalance Problem Using Bagging, Boosting Techniques, With and Without Using Noise Filtering Method》，*International Journal of Hybrid Intelligent Systems* 15，第 2 期（2019 年 1 月）：67–76，*https://oreil.ly/hchzU*。

4　這裡的訓練穩定性是指訓練損失的波動較小。

對一個給定的資料集，你可以透過歸還抽樣法來創建不同的引導資料集，即
bootstraps，並在每個 bootstrap 上訓練分類或回歸模型，而不是在整個資料集
上訓練一個分類器。歸還抽樣法確保每個引導集都獨立於彼此。圖 6-3 顯示了
Bagging 算法。

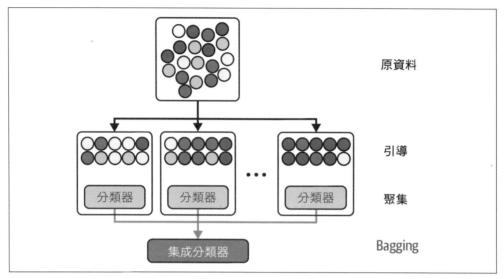

圖 6-3　Bagging 算法圖示。資料來源：改編自 Sirakorn 的圖像（*https://oreil.ly/KEAPI*）

如果是分類問題，最終預測即由各模型投票決定，少數服從多數。例如 10 個分
類器認為是垃圾郵件，而 6 個模型投票認為是非垃圾郵件，則最終預測為垃圾郵
件。

如果是回歸問題，則最終預測取各模型預測的平均值。

Bagging 通常會改進不穩定的方法，例如神經網路、分類和回歸性決策樹，以及
線性回歸中子集的選擇。然而，它會輕微降低穩定方法的效能，例如 K- 近鄰演
算法[5]。

隨機森林就是 Bagging 的一個例子。透過隨機的 Bagging 和特徵，構建出不同
決策樹，其中每棵決策樹只使用隨機的特徵子集。隨機森林即為這些決策樹之合
集。

5　Leo Breiman，《Bagging Predictors》，*Machine Learning* 24 (1996年)：123–40，*https://oreil.ly/adzJu*。

提升

提升是一系列迭代集成算法，可將弱學習器轉換為強學習器。集成中的每個學習器都在同一組樣本上進行訓練，但樣本在迭代中的權重不同。結果，新的弱學習者更關注以住弱學習者的錯誤分類例子。圖 6-4 顯示提升及其涉及步驟。

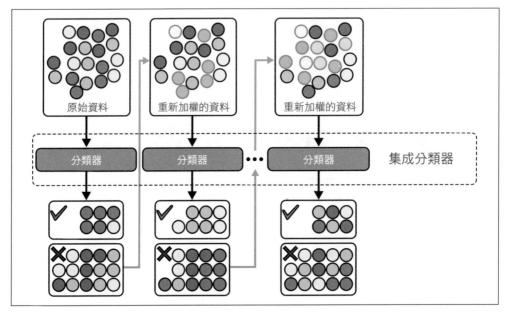

圖 6-4　提升圖示。資料來源：改編自 Sirakorn 的圖像（*https://oreil.ly/h5cuS*）

1. 你首先在原始資料集上訓練第一個弱分類器。

2. 根據第一個分類器對分類效果，對樣本重新加權，例如錯誤分類的樣本獲得更高權重。

3. 在重新加權的資料集上訓練第二個分類器。你的模型集成現在包含第一個和第二個分類器。

4. 根據集成分類的效果，對樣本重新加權。

5. 在重新加權的資料集上訓練第三個分類器。把第三個分類器加至模型集成。

6. 根據所需的迭代數目，重複以上步驟。

7. 模型集成中各權重不同的分類器，最終合起來形成強分類器──較小訓練誤差的分類器有較高的權重。

提升算法的一個例子是梯度提升機（gradient boosting machine，GBM），它通常由弱決策樹開始，最終生成預測模型。它像其他提升方法一樣，以階段方式構建模型，並透過允許優化一任意可微分的損失函數，來進行泛化。

XGBoost 是 GBM 的變體，曾經是許多 ML 競賽獲勝團隊的首選算法[6]。從分類、排序到發現希格斯玻色子的任務，此算法已被廣泛使用[7]。然而，許多團隊一直選用 LightGBM（*https://oreil.ly/1qyWf*），這是一種允許並行學習的分布式梯度提升機框架，通常在大型資料集有著更快的訓練效能。

堆疊

堆疊即你從訓練資料中訓練基礎學習器，然後創建一個元學習器，該元學習器將基礎學習器的輸出組合起來，以輸出最終預測，如圖 6-5 所示。元學習器可以像捷思法一樣簡單：你從所有基礎學習器中獲得多數票（用於分類任務）或平均票（用於回歸任務）。元學習器可以是另一種模型，例如邏輯回歸模型或線性回歸模型。

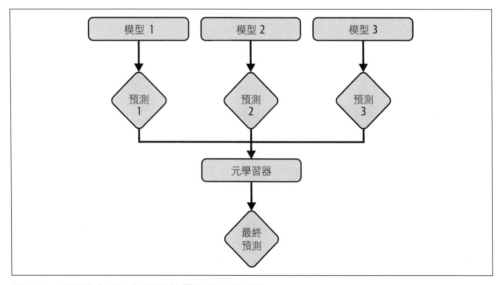

圖 6-5　視覺化來自三個基礎學習器的集成堆疊

6　《Machine Learning Challenge Winning Solutions》，*https://oreil.ly/YjS8d*。

7　Tianqi Chen 和 Tong He，《Higgs Boson Discovery with Boosted Trees》，*Proceedings of Machine Learning Research* 42 (2015): 69–80，*https://oreil.ly/ysBYO*。

有關創建集成的更多好建議，Kaggle 傳奇團隊之一 MLWave 提供了很棒的集成方案指南（*https://oreil.ly/Nu6G6*）。

實驗追蹤及版本控制

在模型開發過程中，你經常需要試驗許多架構和許多不同的模型，以選擇最適合問題的模型。一些模型可能看起來相似，並僅在一個超參數上有所不同（例如：一個模型使用 0.003 的學習率而另一個模型使用 0.002 的學習率）但它們的效能卻截然不同。好好記下所有重啟實驗時所需的各項定義，以及實驗相關的產出物。產出物是在實驗期間生成的檔案——如顯示模型在整個訓練過程中的損失曲線、評估損失圖、日誌或中段結果的文件。這樣你就能夠比較不同的實驗，並選擇最適合你需要的實驗。比較不同的實驗還可以幫助你了解各種微小的變化如何影響模型效能，如此一來，你也可以更清楚了解模型的工作原理。

追蹤實驗進度和結果的過程稱為實驗追蹤。為以後重新創建實驗，或與其他實驗進行比較而記錄實驗所有細節的過程，稱為版本控制。這兩者是相輔相成的。許多最初被設定為處理實驗追蹤的工具，例如 MLflow 和 Weights & Biases，已經發展到包含版本控制。許多最初只是版本控制的工具，例如 DVC（*https://oreil.ly/f3sBp*），現在也結合了實驗追蹤功能。

實驗追蹤

要訓練 ML 模型，很大的一部分就是看顧好學習過程。在訓練過程中會出現很多問題，包括損失不減少、過度擬合、擬合不足、波動的權重值、神經元死去（dead neurons）和記憶體不足。追蹤訓練期間發生的事情很重要，不僅可以檢測和解決這些問題，還可以評估模型是否正在學習有用的東西。

在我剛開始接觸 ML 時，聽說只要追蹤損失和速度。然而一按下快轉鍵，多年後人們追蹤的東西越來越多，實驗追蹤圖板看上去既漂亮又可怕。以下小清單中的事項，也許是你要在每個實驗的訓練過程中追蹤的：

- 對應於訓練集和每個評估集的損失曲線。
- 模型在所有非測試拆分集的效能指標，例如準確度、F1、困惑度。
- 對應樣本、預測和真實標籤的紀錄。這在臨時分析和完整性檢查時派得上用場。

- **模型速度**，每秒執行多少步，或如果你的資料是文字，則為每秒處理的分詞數目。

- **系統效能指標**，例如記憶體使用率和 CPU/GPU 運用率。它們對於識別瓶頸和避免浪費系統資源很重要。

- **任何參數和超參數**隨時間變化的值，其變化會影響模型的效能。如果你使用學習率排程框架，學習率即一例；正在進行梯度範數裁剪時，便有梯度範數（全局和每層）；還有正在進行權重衰減時的權重範數。

從理論角度看，盡可能追蹤一切並不是個壞主意。大部分情況下，你不需要大量查看其中內容。但當確實發生某些事情時，這些內容可能會提供線索，幫助你理解和／或除錯模型。一般來說，追蹤可以讓你觀察到模型的狀態[8]。然而，在實踐中，由於當今工具的局限性，追蹤太多的事情可能會讓人不知所措，而追蹤不太重要的事情也會讓人分心，以至無法追蹤真正重要的事。

實驗追蹤可以跨實驗進行比較。透過觀察組件中的特定變化如何影響模型的效能，你可以對該組件的作用有一些了解。

追蹤實驗的簡單一法是自動複製實驗所需的所有程式碼文件，並記錄所有輸出及其時間標記[9]。然而，使用第三方實驗追蹤工具可以為你提供漂亮的資料儀表板，幫助你向同事分享實驗資料。

版本控制

假設你和團隊在過去幾週內調整了模型，在其中一次運行中，模型終於顯示出令人鼓舞的結果。你想用它進行更廣泛的測試，所以你嘗試使用你在某處記下的超參數集來複製它，卻發現結果並不完全相同。你只記得在這次運行和下一次運行之間，有一些程式碼更改了，但因為過去魯莽的自己認為該更改太微小，所以沒有進行提交指令。你憑記憶致力還原出那一則更改，但仍然無法複製出可觀的成績，因為現在看起來，有太多可能要更改的地方了。

---

8 我們將在第 8 章介紹可觀察性

9 我還在等一個可與 Git Commit 和 DVC Commit 整合的實驗追蹤工具。

如果你的 ML 實驗有了版本控制，這個問題便可避免。 ML 系統部分是程式碼，部分是資料，因此需要版本控制的不僅是程式碼，還有資料。程式碼版本控制已或多或少成為行業標準，然而資料版本控制就像牙線一樣，每人都認為該用它，卻很少人去做。

資料版本控制具有挑戰性，主要有幾個原因。其一是資料容量通常比程式碼大得多，所以我們不能使用一般的程式碼版本化策略來為資料分版。

例如，程式碼版本控制是透過追蹤程式碼庫所做的所有更改來完成的。更改稱為 diff，即 difference 的縮寫。每個變化都是透過逐行比較來衡量的，一句程式碼的長度通常足以允許這種處理。但說到「一句」資料，尤其是以二進位格式儲存的話，可說是長度無盡。在版本紀錄上說這 1,000,000 字元的一行與另一 1,000,000 字元的行不同，沒多大作用。

程式碼版本控制工具允許用戶透過保留所有舊文件的副本，來恢復到以往版本的程式碼庫。但是，使用的資料集可能非常大，以至多次複製的做法並不可行。

程式碼版本控制工具透過讓多人在本機複製程式碼庫，來管控同一程式碼庫。但是，資料集可能不適合放在本機。

其次，當我們版本化資料時，究竟何謂一個 diff，這問題仍然有待解答。diff 是僅指刪除或添加文件時資料儲存庫文件的內容變化？還是整個儲存庫的核對和（checksum）發生變化時？

截至 2021 年，DVC 等資料版本控制工具僅在整個目錄的核對和發生更改，且涉及刪除或添加文件時，才會註冊 diff。

另一個令人困惑的地方是，如何解決合併衝突：如果開發人員 1 使用資料版本 X 訓練模型 A，開發人員 2 使用資料版本 Y 訓練模型 B，如果把 X 和 Y 合併起來，造出資料版本 Z，將是無意義的，因為根本沒有對應 Z 的模型。

第三，如果你使用用戶資料來訓練你的模型，通用資料保護條例（GDPR）等法規可能會使版本控制變得複雜。例如，法規可能要求你根據要求刪除用戶資料，這樣便不可能恢復舊版本資料。

積極的實驗追蹤和版本控制有助於重現，但不能確保百分百重現。你使用的框架和硬體可能將不確定性引入實驗結果 [10]，使你不得不了解運作實驗環境的一切，才能複製實驗結果。

我們一直將 ML 視為黑匣子，所以現行的做法是要進行夠多的實驗，以找出最佳模型。因為我們無法預測哪種配置最有效，所以我們必須多做嘗試。然而，我希望隨著技術領域的進步，我們將對不同的模型有更多了解，並且推斷出哪種模型最有效，而非總是進行千百個實驗。

除錯 ML 模型

調試是開發任何軟體的固有部分。ML 模型也不例外。調試從來都不是一件有趣的事情，基於以下三個原因，調試 ML 模型尤其令人沮喪。

首先，ML 模型失敗時會悄無聲息，我們將在第 8 章深入討論這個主題。程式碼運行了，損失也如預期般減少了。呼叫的函數正確。預測結果出來了，是錯誤的。開發人員沒有注意到這些錯誤。更糟糕的是，用戶也不會使用這些預測，應用程式看似如常運行。

其次，即使你認為自己已經找出程式錯誤，驗證錯誤是否已修復的速度之慢也令人沮喪。在調試傳統軟體程式時，你也許能立即更改錯誤程式碼並看到結果。但是，在更改 ML 模型時，你也許必須重新訓練模型，等待模型進入收斂階段，再來查看錯誤是否已修復，所花時間可能以小時計。在某些情況下，你甚至無法確定錯誤是否已修復，直到將模型部署給用戶。

第三，基於跨功能複雜性，調試 ML 模型是很困難的。ML 系統中有許多組件：資料、標籤、特徵、ML 算法、程式碼、系統基礎設施等。這些不同組件可能受不同團隊管轄。例如，資料由資料工程師管理，標籤由相關主題專家管理，ML 算法由資料科學家管理，基礎架構由 ML 工程師或 ML 平台團隊管理。當發生錯誤時，可能涉及當中任一組件，或其組合，使你很難知道該到哪裡查看，或應該由誰來查看。

---

10 值得注意的例子包括 CUDA 中的原子操作，其中不確定的操作順序導致運行之間不同的浮點捨入誤差。

以下是一些可能導致 ML 模型失敗的因素：

理論限制

如前所述，每個模型都有其關於資料及其使用特徵的假設。一個模型可能會失敗，因為它從中學習的資料不符合假設。例如你使用了線性模型，但資料的決策邊界卻不是線性的。

模型實作不佳

該模型可能非常適合資料，但錯誤在於模型的實作過程中。例如你使用 PyTorch，可能忘記了在評估步驟期間應該停止梯度更新。一個模型的組件越多，可能出錯的地方就越多，也就越難找出問題所在。然而，隨著模型愈趨商品化，以及越來越多的公司使用現成的模型，這已不再是個大問題。

超參數選擇不當

對於相同的模型，一組超參數可以為你提供最領先的結果，而另一組超參數可能會導致模型永遠不會完成收斂階段。該模型非常適合你的資料，實作過程正確，但一組糟糕的超參數可能導致模型沒有用。

資料問題

在資料蒐集和預處理過程中，有很多地方可能會出錯，這可能會導致你的模型效能不佳，例如資料樣本和標籤配對不正確、具噪聲的標籤、使用過時統計資料來正規化的特徵等。

特徵選擇不當

你的模型可能有許多可供學習的特徵。太多的特徵可能會導致你的模型過度擬合訓練資料或導致資料洩漏。太少特徵又可能讓模型缺乏預測能力，無法給出良好的預測。

除錯應該做到防治並重。你應該採取穩妥的實踐措施，最減少錯誤擴散的機會，並制定檢測、定位和修復錯誤的程序。遵循最佳實踐和調試過程的紀律，對於開發、實施和部署 ML 模型至關重要。

不幸的是，現今仍然沒有在 ML 領域中除錯的科學方法。但是，經驗豐富的 ML 工程師和研究人員已經發布了許多經過驗證的調試技術。以下是其中的

三個。有興趣了解更多的讀者，可查看 Andrej Karpathy 的精彩帖文「訓練神經網路的秘訣」（*https://oreil.ly/8fJ08*）。

從簡單開始，逐漸添加更多組件

從最簡單的模型開始，然後慢慢添加更多組件，看看它對效能的影響。例如你想構建循環神經網路（RNN），請先從一層 RNN 單元開始，然後才將多層單元堆疊在一起，或增加正則化處理。例如，你想使用類似 BERT 的模型（Devlin *et al.* 2018），它涉及到掩碼語言模型（MLM）損失和下一句預測（NSP）損失，你可先使用 MLM 損失，然後才添加 NSP 損失。

目前許多人的起始做法，首先是複製最領先模型的開源實作，然後置入自己的資料。如果模型剛好有效，那就最好不過。但如果模型不靈光，則很難除錯系統，因為眾多模型組件中的任一組件也可以導致問題。

單批次過度擬合

簡單實作模型後，嘗試過度擬合少量訓練資料，並對相同資料運行評估，以盡可能降低損失。如果是圖像識別，過度擬合 10 張圖片，看看能不能達到 100% 的準確率；或如果是機器翻譯，嘗試過度擬合 100 對句子，看看能不能達到接近 100 的 BLEU 分數。如果不能過度擬合少量資料，你的實作可能有問題。

設置隨機種子

影響模型隨機性的因素有很多：權重初始化、丟失、資料洗牌等。隨機性使我們很難比較不同實驗的結果——你不知道效能的變化是否是由於不同的模型，還是不同的隨機種子。設置隨機種子可確保不同運行之間的一致性。它能讓你重現錯誤，也能讓其他人重現你的結果。

分佈式訓練

隨著模型越來越大，涉及的系統資源越來越多，公司越來越關心大規模培訓[11]。規模化的專業知識很難獲得，因為它需要定期存取大量運算資源。這個主題足已

11　對於為大量用戶提供服務的產品，你還必須關心模型提供服務的可擴展性，這超出了 ML 專案的範圍，因此本書未涵蓋。

編成一系列的書籍。本節涵蓋一些值得注意的問題，以突出大規模執行 ML 的挑戰，並提供一套核心概念，幫助你為項目規劃資源。

使用不適合記憶體的資料來訓練模型是很常見的。在處理 CT 掃描或基因組序列等醫療資料時，這種情況尤為常見。如果你的團隊在訓練大型語言模型（如 OpenAI、google、NVIDIA、Cohere），文字資料也會發生這種情況。

當你的資料不適合記憶體時，你的預處理算法（例如：中心化、正規化、白化）、洗牌和批量處理資料將使用外部儲存算法，且需要並行[12]。當你的資料樣本較大，例如，一台機器每次只可以處理幾個樣本，你只能降低批量，這會導致基於梯度下降優化過程的不穩定。

在某些情況下，資料樣本太大，甚至無法放入記憶體，你將不得不使用諸如梯度檢查點之類的技術，這是一種利用記憶體容量和運算之間取捨的技術，可以讓你的系統以更少的記憶體來完成更多的運算。根據梯度檢查點開源項目作者的說法：「對於前饋模型，我們能夠將超過 10 倍的大模型安裝到我們的 GPU 上，而運算時間僅增加 20%。[13]」即使樣本適合記憶體，使用檢查點也可以讓你將更多樣本放入一個批次中，進而更快完成模型訓練。

資料並行

在多台機器上訓練 ML 模型已是常態。現代 ML 框架支持的最常見並行方法是資料並行：將資料拆分到多台機器上，在所有機器上訓練模型，然後累積梯度。這引起了幾個問題。

其中一個挑戰，是如何準確有效地從不同的機器上累積梯度。由於每台機器都會產生自己的梯度，如果你的模型等待所有機器完成一次運行——即進行同步的隨機梯度下降（SGD），落後者將導致整個系統變慢，進而浪費時間和資源[14]。

12　根據維基百科：「核外算法是用於處理太大而無法一次放入電腦主記憶體的資料」（s.v.《External memory algorithm》，*https://oreil.ly/apv5m*）。

13　Tim Salimans、Yaroslav Bulatov 和貢獻者，gradient-checkpointing repository，2017 年，*https://oreil.ly/GTUgC*。

14　Dipankar Das、Sasikanth Avancha、Dheevatsa Mudigere、Karthikeyan Vaidynathan、Srinivas Sridharan、Dhiraj Kalamkar、Bharat Kaul 和 Pradeep Dubey，《Distributed Deep Learning Using Synchronous Stochastic Gradient Descent》，*arXiv*，2016 年 2 月 22 日，*https://oreil.ly/ma8Y6*。

落後者問題隨著機器數量而增加，因為工作部件越多，在給定迭代中至少有一個工作部件運行異常緩慢的可能性就越大。然而，許多算法可有效解決這個問題 [15]。

如果你的模型分別使用來自每台機器的梯度來更新權重（即進行異步 SGD）可能會導致梯度過時的問題，因為來自一台機器的梯度已經導致權重改變，而來自另一台機器的梯度還未到達 [16]。

同步 SGD 和異步 SGD 之間的區別如圖 6-6 所示。

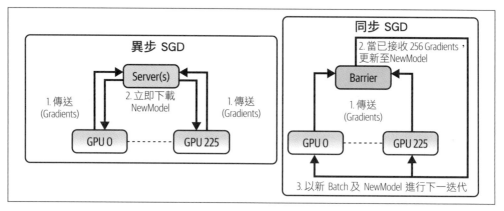

圖 6-6　用於資料並行性的同步 SGD 與異步 SGD。資料來源：改編自 Jim Dowling 的圖像 [17]

15　Jianmin Chen、Xinghao Pan、Rajat Monga、Samy Bengio 和 Rafal Jozefowicz，《Revisiting Distributed Synchronous SGD》，ICLR 2017，*https://oreil.ly/dzVZ5*；Matei Zaharia、Andy Konwinski、Anthony D. Joseph、Randy Katz 和 Ion Stoica，《Improving MapReduce Performance in Heterogeneous Environments》，第 8 期 USENIX 操作系統設計與實現研討會，*https://oreil.ly/FWswd*；Aaron Harlap、Henggang Cui、Wei Dai、Jinliang Wei、Gregory R. Ganger、Phillip B. Gibbons、Garth A. Gibson 和 Eric P. Xing，《Addressing the Straggler Problem for Iterative Convergent Parallel ML》（SoCC '16，加利福尼亞州聖克拉拉，2016 年 10 月 5-7 日），*https://oreil.ly/wZgOO*。

16　Jeffrey Dean、Greg Corrado、Rajat Monga、Kai Chen、Matthieu Devin、Mark Mao、Marc 'aurelio Ranzato 等人，《Large Scale Distributed Deep Networks》，NIPS 2012，*https://oreil.ly/EWPun*。

17　Jim Dowling，《Distributed TensorFlow》，O'Reilly Media，2017 年 12 月 19 日，*https://oreil.ly/VYlOP*。

理論上，異步 SGD 能讓模型進入收斂階段，但需要比同步 SGD 走更多步驟。然而，在實踐中，當有很大量的權重參數時，梯度更新往往是稀疏的，即大多數梯度更新只修改參數的一小部分，並且來自不同機器的兩個梯度更新修改相同權重的可能性較小。當梯度更新稀疏時，未更新梯度就不再是一個大問題，模型在同步和異步 SGD 的幫助下，其收斂過程相似 [18]。

另一個問題是，在多台機器上傳播你的模型，會導致批量非常大。如果一台機器處理的批量為 1,000，那麼 1,000 台機器則處理 1M 的批量（在 2020 年，OpenAI 的 GPT-3 175B 使用批量為 320 萬 [19]）。為了簡化計算，如果在機器上訓練一個紀元需要 100 萬步，那麼在 1,000 台機器上訓練可能只需要 1,000 步。提高學習率可說是直截了當的方法，迫使模型在每一步取得更多的學習成果，但學習率也不能太高，不然會導致收斂過程不穩。實際上，當批量大小超過某臨介點，會產生遞減收益 [20]。

最後，在相同的模型設置下，主要工作部件有時會比其他工作部件使用更多資源。如果是這樣的話，為了充分利用所有機器，你需要找到一種方法來平衡它們之間的工作量。最簡單但並非最有效的方法，就是安排主工作部件使用較小的批量，其他工作部件使用較大的批量。

模型平行

在資料平行的情況下，每個工作部件都有整個模型副本，並為其模型副本執行所有必要的運算。模型平行則指模型的不同組件在不同的機器上進行訓練，如圖 6-7 所示。例如，機器 0 處理前兩層的計算，而機器 1 處理接下來的兩層，或者一些機器可以處理前向傳播，而其他幾台機器處理後向傳播。

18　Feng Niu、Benjamin Recht、Christopher Ré 和 Stephen J. Wright，《Hogwild!: A Lock-Free Approach to Parallelizing Stochastic Gradient Descent》，2011 年，*https://oreil.ly/sAEbv*。

19　Tom B. Brown、Benjamin Mann、Nick Ryder、Melanie Subbiah、Jared Kaplan、Prafulla Dhariwal、Arvind Neelakantan 等人，《Language Models Are Few-Shot Learners》，*arXiv*，2020 年 5 月 28 日，*https://oreil.ly/qjg2S*。

20　Sam McCandlish、Jared Kaplan、Dario Amodei 和 OpenAI Dota 團隊，《An Empirical Model of Large-Batch Trainin》，*arXiv*，2018 年 12 月 14 日，*https://oreil.ly/mcjbV*；Christopher J. Shallue, Jaehoon Lee、Joseph Antognini、Jascha Sohl-Dickstein、Roy Frostig 和 George E. Dahl，《Measuring the Effects of Data Parallelism on Neural Network Training》，*Journal of Machine Learning Research* 20 (2019): 1–49，*https://oreil.ly/YAEOM*。

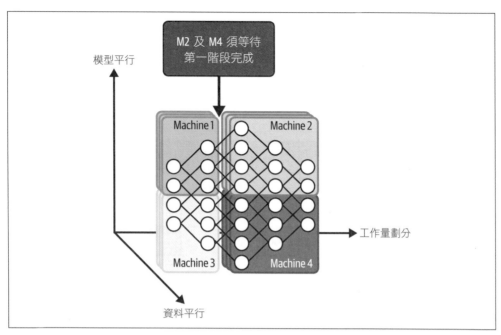

圖 6-7　資料平行和模型平行。資料來源：改編自 Jure Leskovec 的圖像 [21]

模型平可能會引起誤解，因為在某些情況下，平行並不等於模型的不同部分能並行執行。例如，如果你的模型是一個巨大的矩陣，並且該矩陣在兩台機器上被分成兩半，那麼這兩半可能會並行執行。但是，如果你的模型是一個神經網路，你把第一層放在機器 1 上，第二層放在機器 2 上，而第二層需要來自第一層的輸出來執行，那麼機器 2 必須等待機器 1 才能執行。

管道平行是一種巧妙的技術，可以使不同機器上的模型的不同組件更並行地運作。這有多種變體，但關鍵思想是將每台機器的運算分成多個部分。當機器 1 完成運算的第一部分時，它將結果傳遞給機器 2，然後繼續進行第二部分，依此類推。機器 2 現在可以在第一部分上執行其計算，而機器 1 在第二部分上執行其計算。

21　Jure Leskovec，《Mining Massive Datasets》課程，史丹佛大學，第 13 課，2020 年，*https://oreil.ly/gZcja*。

為具體說明，假設你有四台不同的機器，第一、第二、第三和第四層分別位於機器 1、2、3 和 4 上。透過管道平行，每個小批量被分成四個微批量。機器 1 在第一個微批量上計算第一層，然後機器 2 在機器 1 的結果上計算第二層，而機器 1 在第二個微批量上計算第一層，依此類推。圖 6-8 顯示了管道平行在四台機器上的情形；每台機器都為神經網路的一個組件作正向傳遞和反向傳遞。

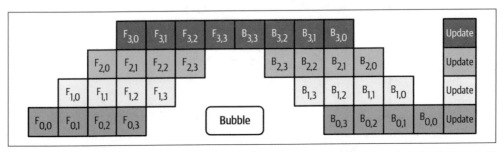

圖 6-8　四台機器上神經網路的管道平行；每台機器都為神經網路的一個組件執行正向傳播 (F) 和反向傳播 (B)。資料來源：改編自 Huang 等人的圖片 [22]

模型平行和資料平行的方法並不相斥。許多公司都使用這兩種方法來更有效利用他們的硬體，即使設置這兩種方法可能需要很大工程。

AutoML

有一個笑話，一個好的 ML 研究人員會在工餘時間把自己自動化，設計一個有足夠智慧的 AI 算法來設計算法。有趣的是，直到 2018 年 TensorFlow 開發大會，Jeff Dean 在台上宣布 Google 打算用 100 倍的算力取代 ML 專業知識，AutoML 引來業界的興奮和恐懼。與其付錢給 100 名 ML 研究人員／工程師來擺弄各種模型，最終還是選出一個不是最佳的模型，為什麼不把這筆錢用在運算上，來找出最佳模型呢？圖 6-9 顯示該活動的屏幕截圖。

22　Yanping Huang、Y oulong Cheng、Ankur Bapna、Orhan Firat、Mia Xu Chen、Dehao Chen、HyoukJoong Lee 等人，《GPipe: Easy Scaling with Micro-Batch Pipeline Parallelism》，*arXiv*，2019 年 7 月 25 日，*https://oreil.ly/wehkx*。

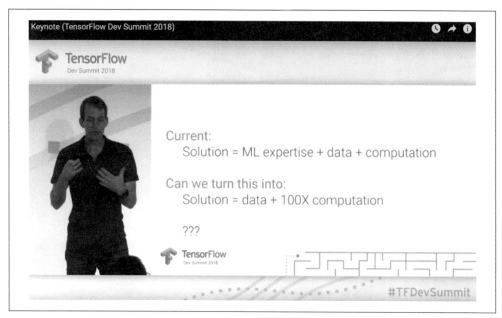

圖 6-9　Jeff Dean 在 2018 年 TensorFlow 開發者峰會上展示了 Google 的 AutoML

軟性 AutoML：超參數調整

AutoML 指的是將尋找 ML 算法的過程自動化，以解決現實世界的問題。在生產環境中，一種溫和的 AutoML 形式，也是最流行的形式，是超參數調整。超參數是用戶提供的參數，其值用於控制學習過程，例如學習率、批量大小、隱藏層數、隱藏單元數、丟失機率、Adam 優化器中的 $\beta1$ 和 $\beta2$ 等。甚至是量化（例如：使用 32 位、16 位或 8 位來表示數字或這些表示的混合）這些都可以被視為要調整的超參數 [23]。

使用不同的超參數集，相同的模型可以在相同的資料集上給出截然不同的效能。Melis 等人在 2018 年的論文「On the State of the Art of Evaluation in Neural Language Models」（ *https://oreil.ly/AY2lF* ）中指出，經良好調整超參數的較弱模型可以勝過更強大、更奇特的模型。超參數調整的目標是在搜索空間內為給定模型找到最佳超參數集——在驗證集上評估的每組超參數的效能。

23　我們將在第 7 章介紹量化。

儘管知道調整超參數的重要性，許多人仍然忽視此方法，轉而採用手動的、依靠直覺的方法。最流行的可以說是研究生下降（graduate student descent，GSD），這是研究生擺弄超參數直到模型可行的「技術」[24]。

然而，越來越多的人將超參數調整作為其標準管道的一部分。流行的 ML 框架要嘛帶有內置實用程式，要嘛具有用於超參數調整的第三方實用程式——例如：帶有 auto-sklearn 的 scikit-learn[25]、帶有 Keras Tuner 的 TensorFlow 和帶有 Tune 的 Ray（*https://oreil.ly/ uulrC*）。超參數調整的流行方法包括隨機搜索[26]、網格搜索和貝氏最佳化[27]。弗萊堡大學 AutoML 小組撰寫的《AutoML: Methods, Systems, Challenges》一書，專門在第一章（*https://oreil.ly/LfqJm*）（你可以線上免費閱讀）介紹超參數最佳化。

在調整超參數時，請記住模型的效能可能對某個超參數的變化比另一參數更敏感，因此你應該更仔細調整敏感的超參數。

永遠不要使用測試集來調整超參數，這一點至關重要。根據模型在驗證集上的效能，為模型選擇最佳超參數集，然後報告模型在測試集上的最終效能。如果你使用測試集來調整超參數，你可能冒上模型過度擬合於測試集的風險。

硬性 AutoML：架構搜索和習得優化器

一些團隊將超參數調整提升到一個新的水平：將模型的其他組件或整個模型視為超參數。卷積層的大小或是否有跳躍層可以被視為超參數。你給予算法這些構建

24　GSD 是一種有據可查的技術。請參閱《How Do People Come Up With All These Crazy Deep Learning Architectures?》，Reddit，*https://oreil.ly/5vEsH*；《Debate About Science at Organizations like Google Brain/FAIR/DeepMind》，Reddit，*https://oreil.ly/2K77r*；《Grad Student Descent》，*Science Dryad*，2014 年 1 月 25 日，*https://oreil.ly/dIR9r*；和 Guy Zyskind（@GuyZys），《Grad Student Descent: the preferred #nonlinear #optimization technique #machinelearning》，Twitter，2015 年 4 月 27 日，*https://oreil.ly/SW1or*。

25　auto-sklearn 2.0 還提供了基本的模型選擇能力。

26　我們在 NVIDIA 的團隊開發了 Milano（*https://oreil.ly/FYWaU*），這是一種無框架偏向（framework-agnostic）的工具，利用隨機搜索來自動調整超參數。

27　我觀察到的一個常見做法是從粗到細的隨機搜索開始，然後一旦搜索空間顯著減少，即試用貝氏或網格搜索。

模組，並讓它弄清楚該如何組合，而不是在卷積層之後手動放置池化層，或線上性函數後放置 ReLu（修正線性單元）。這個研究領域被稱為架構搜尋，或在神經網路領域稱作神經架構搜尋（NAS），此任務旨在尋找出最佳模型架構。

NAS 設置由三個部分組成：

搜索空間

定義可能的模型架構——即可供選擇的構建模組和組合上的限制條件。

效能評估策略

為了不必從頭訓練每個候選架構直到收斂，也能評估其效能。當我們有大量候選架構（比如 1,000 個）時，要訓練所有架構直到完成收斂，可能成本高昂。

搜尋策略

探索搜尋空間。一種簡單的方法是隨機搜尋，即從所有可能的配置中隨機選擇。這種方法不受歡迎，因為即使對於 NAS 來說，它的高成本令人卻步。常見的方法包括強化學習（獎勵改進效能估計的選擇）和進化（對架構增加突變，以選擇出效能最佳的架構，並對它們再增加突變，依此繼續推進）[28]。

對於 NAS，搜尋空間是獨立的——最終架構對每層或每項操作[29]僅取一個可用選項，並且你必須提供一組構建模組。常見的構建模組是各種不同大小的捲積層、線性函數、各種激活函數、池化層、恆等變換層、零填充等。構建模組的集合根據基礎架構而變化，如卷積神經網路（CNN）或 Transformers。

在典型的 ML 訓練，有了模型之後，就是一個學習過程，透過算法可以幫助模型找到一組參數。對於給定資料集，這些參數致力將給定目標函數最小化。當今神經網路最常見的學習過程是梯度下降，它利用優化器，指定如何在給定梯度

---

28 Barret Zoph 和 Quoc V. Le，《Neural Architecture Search with Reinforcement Learning》，*arXiv*，2016 年 11 月 5 日，*https://oreil.ly/FhsuQ*；Esteban Real、Alok Aggarwal、Yanping Huang 和 Quoc V. Le，《Regularized Evolution for Image Classifier Architecture Search》，AAAI 2019，*https://oreil.ly/FWYjn*。

29 你可以連續化搜索空間以實現差異化，但必須將生成的架構轉換為離散架構。請參閱《DARTS: Differentiable Architecture Search》（*https://oreil.ly/sms2H*）（Liu 等人，2018 年）。

更新的情況下，更新模型的各項權重參數 [30]。你可能已經知道，流行的優化器有 Adam、Momentum、SGD 等。理論上，你可以將優化器作為構建模組，包含在 NAS 中，並找出最有效的優化器。

這在實踐中很難做到，因為優化器對其超參數的設置很敏感，而默認超參數通常不太適合橫跨多個架構。

這引申出振奮人心的研究方向：以神經網路取代指定更新規則的函數，由該神經網路計算如何更新模型權重。這導致習得優化器的出現，與手動設計的優化器相對。

由於習得優化器是神經網路，因此需要進行訓練。你可以在訓練其餘神經網路的同一資料集上訓練習得優化器，但要在每次任務重新訓練。

另一種方法是在一組現有任務上訓練習得優化器一次：將這些任務的總損失用作損失函數，並將現有設計的優化器用作學習規則，用於此後的每個新任務。例如 Metz 的團隊構建達數千個任務來訓練習得優化器。他們的習得優化器能夠泛化到新的資料集、領域，以及新的架構 [31]。這種方法的優點在於，習得優化器可以用來訓練出學習得更好的優化器，這是一種自我改進的算法。

無論是架構搜索還是「元學習」學習規則，前期的訓練成本都非常昂貴，世界上只有少數公司能夠負擔得起。但是，對於對實際運作 ML 感興趣的人來說，了解 AutoML 的進展很重要，原因有兩個。首先，由此產生的架構和習得優化器可讓 ML 算法執行多項現實任務，從而在訓練和推理期間節省生產時間和成本。例如 EfficientNets 是 Google 的 AutoML 團隊製作的一系列模型，其精度超過了最先進的水平，效率提高了 10 倍 [32]。其次，它們可能能夠解決許多現實任務，這些任務之前無法透過現有架構和優化器完成。

30　本書 GitHub 儲存庫（*https://oreil.ly/designing-machine-learning-systems-code*）的「Basic ML Reviews」部分會更詳細介紹學習過程和優化器。

31　Luke Metz、Niru Maheswaranathan、C. Daniel Freeman、Ben Poole 和 Jascha Sohl-Dickstein，《Tasks, Stability, Architecture, and Compute: Training More Effective Learned Optimizers, and Using Them to Train Themselves》，*arXiv*，2020 年 9 月 23 日，*https://oreil.ly/IH7eT*。

32　Mingxing Tan 和 Quoc V. Le，《EfficientNet: Improving Accuracy and Efficiency through AutoML and Model Scaling》，*Google AI Blog*，2019 年 5 月 29 日，*https://oreil.ly/gonEn*。

ML 模型開發的四個階段

在我們過渡到模型訓練之前，讓我們看一下 ML 模型開發的四個階段。一旦決定探索 ML，你的策略取決於你所採用的 ML 階段。採用 ML 分為四個階段。一個階段的解決方案可以用作評估下一階段解決方案的基準：

階段 1. 機器學習前

　　如果這是你第一次嘗試根據此類資料給出此類預測，請從非 ML 解決方案開始。你第一次嘗試解決問題持，可以用最簡單的捷思法。例如，要預測用戶接下來要輸入的英文字母，你可以顯示前三個最常見的英文字母「e」、「t」和「a」，這可能已達 30% 準確率。

　　Facebook 動態消息在 2006 年推出時沒有任何智能算法——貼文按時間順序顯示，如圖 6-10 所示[33]。直到 2011 年，Facebook 才開始在動態頂部顯示你最感興趣的新聞消息。

圖 6-10　大約在 2006 年的 Facebook 動態時報。資料來源：Iveta Ryšavá[34]

33　Samantha Murphy，《The Evolution of Facebook News Feed》，*Mashable*，2013 年 3 月 12 日，*https://oreil.ly/1HMXh*。

34　Iveta Ryšavá，《What Mark Zuckerberg's News Feed Looked Like in 2006》，Newsfeed.org，2016 年 1 月 14 日，*https://oreil.ly/XZT6Q*。

根據 Martin Zinkevich 在其鴻文《Rules of Machine Learning: Best Practices for ML Engineering》中的說法：「如果你認為機器學習會給你帶來 100% 的提升，那麼捷思法會讓你達到 50%。」[35] 你甚至可能發現非 ML 解決方案運作得不錯，你還未需要 ML。

階段 2. 最簡單的機器學習模型

對於你的第一個 ML 模型，你希望從一個簡單的算法開始，該算法可以讓你了解其工作原理，從而驗證你的問題框架和資料的有用性。邏輯回歸、梯度提升樹、K- 近鄰演算法在此可能非常有用。它們也更易於實施和部署，這使你可以快速構建一個從資料工程、到開發、再到部署的框架，助你測試效能，逐步建立對解決方案的信心。

階段 3. 優化簡單模型

準備好 ML 框架後，你可以專注優化具有不同目標函數的簡單 ML 模型、進行超參數搜尋、特徵工程、提供更多資料，或建立集成模型。

階段 4. 複雜模型

一旦達到簡單模型的極限，你的用例也需要顯著改進模型，可嘗試使用更複雜的模型。

你還需要透過實驗來弄清楚模型在生產環境中衰減的速度（例如需要相隔多久就是重新訓練），以便你可以構建基礎架構，來支持這種重新訓練要求 [36]。

模型離線評估

在幫助公司制定 ML 策略時，我經常聽到這個普遍又相當困難的問題：「我怎麼知道我們的 ML 模型好不好？」在一個案例中，公司部署了 ML 來檢測對 100 架無人偵察機的入侵，但他們無法衡量系統未能檢測到多少次入侵，而且他們無法確定這一種 ML 算法是否比另一種更符合需求。

35　Martin Zinkevich，《Rules of Machine Learning: Best Practices for ML Engineering》，Google，2019 年，*https://oreil.ly/YtEsN*。

36　我們將在第 9 章深入探討更新模型的頻率。

在評估 ML 系統上缺乏清晰了解，不一定是 ML 專案失敗的成因，但這可能讓你無法找出滿足需求的最佳解決方案，也讓你難以說服上級採用 ML。你可以與業務團隊合作，開發更切合公司業務的模型評估指標 [37]。

理想情況下，評估方法在開發和生產期間應該相同。但在很多時候，理想情況不可能實現的，因為在開發過程中你尚且有真實標籤可用，但在生產環境中卻不會有。

某些任務可以在生產環境中根據用戶的反饋推斷或模擬出的標籤，如第 91 頁「自然標籤」小節所述。例如推薦任務，你可以透過用戶是否點擊來推斷推薦的品質。然而，這種處理帶有許多偏誤。

至於其他任務，你可能無法直接評估模型在生產環境中的效能，可能要依賴廣泛的監控作業，來檢測 ML 系統效能的變化和故障。我們將在第 8 章詳述之。

部署模型後，你需要在生產環境中繼續監控和測試你的模型。我們將在本節討論部署模型前評估模型效能的方法。我們將從評估模型的基調開始。然後，我們將介紹一些總體準確性指標以外的常用方法，來評估你的模型。

基調

有人曾經對我說她的新生成模型在 ImageNet[38] 上獲得了 10.3 的 FID 分數。我不知道這個數字是什麼意思，也不知道她的模型是否有助解決我的問題。

還有一次，我幫助一家公司實作了一個分類模型，其中 90% 的時間都給出了陽性分類。團隊中的一名 ML 工程師非常興奮地對我說，他們的初始模型獲得了 0.90 的 F1 分數。我問他，模型與隨機結果相比為何。他沒有頭緒。原來任務的中陽性分類佔標籤的 90%，就是說如果他的模型在 90% 的時間內隨機輸出正類，其 F1 分數也將在 0.90[39] 左右。他的模型其實就像隨機預測一樣 [40]。

評估指標本身意義不大。在評估模型時，了解你用作評估的基調是很重要的。確切的基調應該按用例而有所分別，而以下是五個可能有助用例的基調：

---

37 請參閱第 26 頁的「業務和 ML 目標」小節。

38 Fréchet inception distance，一種衡量合成圖像品質的常用指標。數值越小，品質應該越高。

39 在這種情況下，準確度約為 0.80。

40 請重閱第 106 頁的「使用正確的評估指標」小節，重溫 F1 不對稱性的概念。

隨機基調

如果我們的模型只是隨機預測，那麼預期效能是多少？預測是按照特定分布隨機生成的，可以是均勻分布或遵從任務的標籤分布。

例如，考慮具有兩個標籤的任務，90% 的情況出現 NEGATIVE 和 10% 的情況出現 POSITIVE。表 6-2 顯示了基調模型做出隨機預測的 F1 和準確度分數。然而，為了說明大多數人有多難直觀理解這些值，請在查看表格之前嘗試在腦海中計算這些原始值。

表 6-2　隨機預測基調模型的 F1 和準確度分數隨機分布

隨機分佈類型	說明	F1	準確率
均勻分布	以相等機率 (50%) 預測每個標籤	0.167	0.5
任務標籤分布	90% 機率給出 NEGATIVE 預測，10% 預測給出 POSITIVE 預測	0.1	0.82

簡單捷思

先把 ML 放在一邊。如果你只是根據簡單的捷思法進行預測，你期望得到什麼樣的效能？例如你想建立一個排名系統，來對用戶動態消息上的項目進行排名，目的是讓該用戶在動態消息上花費更多時間。如果你只是按時間倒序排名，即先顯示最新項目，用戶會花費多少時間？

零規則基調

零規則基調是簡單捷思基調的特別例子，其預測始終給出最常見的類別。

例如，對於推薦用戶最有可能在手機上使用的應用程式，最簡單的模型是推薦他們最常使用的應用程式。如果這個簡單的捷思可以 70% 的準確度預測下一個應用程式，你構建的任何模型都必須顯著優於它，才能證明增加的複雜性是合理的。

人類基調

ML 很多時候的目標都是將人類的工作自動化，了解模型與人類專家相比的效能是非常有用的。例如你在開發自動駕駛系統，要衡量系統的進步時，與真人司機的比較至關重要，否則你可能永遠無法說服你的用戶信任該系統。即使你的系統只為提高人類生產力而非取代專家們，你仍需要了解系統在哪些情況下對人有用。

現有解決方案

在許多情況下，ML 系統旨在取代現有的解決方案，這些解決方案可能是具有大量 if/else 語句或第三方解決方案的業務邏輯。切記將新模型與這些現有解決方案進行比較。沒錯，你的 ML 模型不一定要比現有解決方案更好，才稱得上有用。如果模型更容易使用，或成本更低，即使效能稍差，仍算有用。

在評估模型時，重要的是要區分「一個好的系統」和「一個有用的系統。」好的系統不一定有用，壞的系統也不一定沒用。如果自動駕駛汽車比以前的自動駕駛系統有了明顯改進，那麼它可能是好的，但如果它的效能還不及人類司機，那麼它可能就沒有用了。在某些情況下，即使 ML 系統比普通人駕駛得更好，人們可能仍然不信任它，使得它仍然沒有用武之地。另一個例子是，系統預測用戶接下來會在手機上輸入什麼字詞，如果系統效能比母語人士差得多，我們可能會認定這是個壞的系統。但如果系統的預測可以幫助用戶在某些時候打字更快，系統仍算有用。

評估方法

在學術環境中評估 ML 模型時，人們傾向於關注其效能指標。然而，在生產環境中，我們也希望模型穩健、公平、經過校準，輸出合理。接下來將介紹一些有助衡量這幾點的評估方法。

擾動測試

我有群學生打算開發一個應用程式，來預測某人是否透過咳嗽傳播 COVID-19。最好的模型在訓練資料上效果很好。訓練資料由醫院蒐集咳嗽錄音組成，每段時長兩秒。然而，當他們將模型部署到實際用戶時，該模型給出與隨機預測差不多的預測。

原因之一是，與醫院蒐集的咳嗽聲相比，實際用戶的咳嗽包含很多噪音。用戶的錄音可能包含背景音樂，或附近的聊天記錄。他們使用的麥克風品質參差不齊。用戶可能會在啟用錄音後立即開始錄音，也可能過了不知多少毫秒，才開始錄音。

理想情況下，用於開發模型的輸入資料，應該類似於模型在生產環境中必須使用的輸入資料，但很多時候這是不可能的。

當資料蒐集成本高昂，或過程困難，且可存取訓練用最佳資料與真實資料仍有很大差異時，開發與生產輸入資料差異的情況尤其嚴重。與開發相比，生產環境模型必須使用的輸入通常有更多雜訊[41]。模型處理訓練資料有最好效能，並不意味著它處理具雜訊資料的效能也最好。

要了解模型在具雜訊資料下的效能，你可以對測試集進行小幅更改，以查看這些更改如何影響模型的效能。例如，對於從咳嗽聲預測某人是否感染 COVID-19 的任務，你可以隨機添加一些背景噪音，或隨機剪輯測試音訊，以模擬用戶錄音中的差異。你更應選擇對擾動資料最有效的模型，而不是對乾淨資料最有效的模型。

你的模型對雜訊越敏感，維護就越難，因為只要用戶行為發生輕微變化，例如更換手機，模型效能就可能下降。它還使模型容易受到對抗性攻擊。

不變性測試

柏克萊的一項研究發現，在 2008 年至 2015 年間，多達 130 萬信譽良好的非裔和拉丁裔人，其抵押貸款申請基於種族原因而被拒絕[42]。當研究人員使用被拒絕申請者的收入和信用評分資料，但刪除了可識別出種族的特徵時，申請被接受。

對輸入的某些更改不應導致輸出發生變化。在上例，種族訊息的改變不應該影響抵押貸款的結果。同樣，更改應徵者姓名不應影響簡歷篩選過程的結果，性別也不應影響薪水。如果發生這些情況，則模型已存在偏誤，無論效能有多好，都可能導致它無法使用。

為了避免這些偏誤，一種解決方案是效法柏克萊研究人員發現偏誤的過程：保持輸入相同資訊，但更改敏感資料，以查看輸出是否發生變化。更好的做法，是先從訓練資料的特徵中排除敏感資料[43]。

---

41 噪聲資料的其他範例包括具有不同光照的圖像或帶有意外拼寫錯誤或故意修改的文字，例如將「long」鍵入「loooooong」。

42 Khristopher J. Brooks，《Disparity in Home Lending Costs Minorities Millions, Researchers Find》，*CBS News*，2019 年 11 月 15 日，*https://oreil.ly/TMPVl*。

43 法律也可能要求從模型訓練過程中排除敏感資訊。

定向期望測試

但是，對輸入的某些更改，理應導致輸出發生可預測的變化。例如開發預測房價模型，在保持所有特徵不變的情況下增加地塊面積，不會降低預測房價，減少建築面積也不會提升預測房價。如果輸出與預期朝相反方向改變，模型可能沒有了解到正確的模式，你需要在部署前作進一步調查。

模型校準

模型校準是個微妙又關鍵的概念。想像一下，有人預測某事發生的機率為 70%。意思是在做出預測的所有次數中，預測結果與實際結果的匹配率為 70%。如果模型預測 A 隊有 70% 的機率打敗 B 隊，而兩隊作賽 1000 次後，A 隊的實際勝率只有 60%，那麼這個模型就沒有校準。校準後的模型應給出 A 隊獲勝機率為 60%。

模型校準經常被 ML 從業人員忽視，但它是任何預測系統最重要的其中一環。引用 Nate Silver 在其著作《The Signal and the Noise》的表述，校準是「一個預測的最重要試驗之一——我認為這是最重要的一個。」

我們將透過兩例來說明模型校準的重要性。以推薦用戶觀看下一套電影的任務為例。假設用戶 A 80% 的時間看愛情片，20% 的時間看喜劇。如果你的推薦系統準確地顯示了用戶 A 最有可能觀看的電影，推薦將僅包含浪漫電影，因為比起任何其他類型的電影，用戶 A 更有可能觀看浪漫電影。你可能需要一個更精確的系統，其推薦能實際反映出用戶的觀看習慣。在這種情況下，它們應該包含 80% 的浪漫和 20% 的喜劇 [44]。

另外一例，是預測用戶點擊廣告可能性的任務。為簡單起見，假設只有兩個廣告，廣告 A 和廣告 B。模型預測此用戶將以 10% 的機率點擊廣告 A，以 8% 的機率點擊廣告 B。你不需校準的模型，也會把廣告 A 排在廣告 B 之上。但是，如果你想預測廣告將獲得多少點擊，則需校準你的模型。如果模型預測用戶將以 10% 的機率點擊廣告 A，但實際上只有 5% 點擊了該廣告，你的估算與實際結果將相差甚遠。如果另一個模型，提供相同排名但校準工夫做得更好，你應該採用那個模型。

---

[44] 有關校準建議的更多資訊，請查看 Harald Steck 在 2018 年基於在 Netflix 工作撰寫的論文《Calibrated Recommendations》（*https://oreil.ly/yueHR*）。

要衡量模型的校準成效，一個簡單的方法是計數：計算模型輸出機率 X，和預測成真的頻率 Y，然後繪製 X 與 Y 的對比圖。完美校準模型的圖表，X 在所有資料點都等於 Y。在 scikit-learn 中，你可以使用 `sklearn.calibration.calibration_curve`，繪製二元分類器的校準曲線，如圖 6-11 所示。

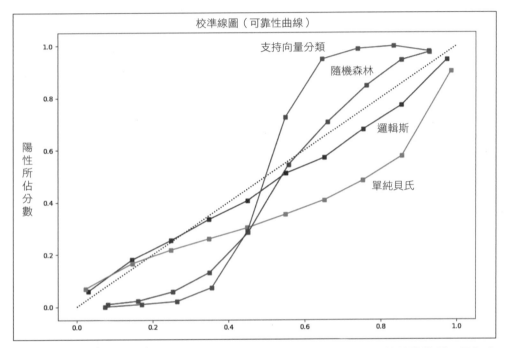

圖 6-11 不同模型在模擬任務上的校準曲線。邏輯回歸模型是最好的校準模型，因為它直接優化了邏輯損失。資料來源：scikit-learn（ *https://oreil.ly/Tnts7* ）

要校準你的模型，一種常用方法是 Platt 規模化（ *https://oreil.ly/pQ0TQ* ），它是在 scikit-learn 中使用 `sklearn.calibration.CalibratedClassifierCV` 實現的。另一個 Geoff Pleiss 的開源佳作在 GitHub（ *https://oreil.ly/e1Meh* ）。對於想要了解更多關於模型校準重要性，以及如何校準神經網路的讀者，可閱讀這篇優秀的部落格（ *https://oreil.ly/wPUkU* ），文章由 Lee Richardson 和 Taylor Pospisil 撰寫，取材自二人在 Google 的工作。

可信度測量

可信度測量可以說是一種考慮每個單獨預測有用程度閾值的方法。即使模型不確定其預測結果,便無差別向用戶展示所有結果,大抵也只會令人令煩惱,並令戶失去對系統的信心。例如智能手錶上的活動檢測系統認為你正在跑步,但你只是走得有點快。在最壞的情況下,它可能會導致災難性後果,例如幫助監督的預測算法,將無辜者標記為潛在罪犯。

如果你只想顯示模型能確定的預測,你如何衡量這種確定性?該顯示預測的確定性閾值是多少?對於低於該閾值的預測該怎麼處理 —— 丟棄之、在人間流轉、還是向用戶詢問更多資料?

雖然大多數指標都能綜合衡量系統效能,可信度衡量指標則針對每個單獨樣本。系統級指標有助了解整體效能,但當你關心系統在每個樣本的效能時,樣本級指標至關重要。

切片式評估

切片意味著將資料分成子集,並分別查看模型在每個子集上的效能。許多公司的一個常犯錯誤,就是他們過於關注低粒度的指標,例如總體 F1,或模型針對整個資料集的準確度,而忽視涉及切片資料的指標。這會引致兩個問題。

第一是他們的模型在不同資料切片有不同效能,但其效能理應相同。例如,他們的資料有兩個子組合,一個佔多數,一個佔少數,多數子組合佔資料的 90%:

- 模型 A 在多數子組合達到 98% 的準確度,但在少數子組合只有 80%,也就是說整體準確度為 96.2%。

- 模型 B 在多數子組合達到 95% 的準確度,也在少數子組合達到 95%,也就是說整體準確度為 95%。

表 6-3 比較了這兩個模型。你會選擇何者?

表 6-3　兩個模型在多數和少數子群上的效能

	Majority accuracy	Minority accuracy	Overall accuracy
Model A	98%	80%	96.2%
Model B	95%	95%	95%

如果一家公司只關注整體指標，他們可能會選模型 A。他們或許安於這個模型的高準確度，直到有一天，用戶發現這個模型對少數子組合有差別待遇，因為該子組合恰好對應一個代表性不足的社群[45]。側重整體效能是有害的，因為這可能引起公眾反對，另外公司也會因此不察覺模型巨大的潛在改進空間。如果公司看到這兩個模型的切片式效能，他們可能會採取不同的策略。例如，他們可能決定改進模型 A 在少數子分組上的效能，從而提高了該模型的整體效能。或者他們決定保留兩個模型，但現在有了更多資訊，部署模型時就可以做出更明智的選擇。

另一個問題是，當模型對不同的資料切片效能應該不同時，其效能相同。有些資料子集是更為關鍵的。例如，當你為預測用戶流失（預測用戶何時取消訂閱或服務）構建模型時，付費用戶比非付費用戶更重要。專注於模型的整體效能，可能會損害其在這些關鍵資料切片上的效能。

切片式評估至關重要，一個有趣且看似不合理的原因是辛普森悖論（*https://oreil.ly/clFB0*）。這個現象是，當一種趨勢出現在幾組資料中，但資料合起來之後，趨勢消失或逆轉。也就是說模型 B 在所有資料上的效能優於模型 A，但模型 A 在每個子組上的效能均優於模型 B。模型 A 和模型 B 在 A 分組和 B 分組上的效能如表 6-4 所示。光看 A 分組和 B 分組，模型 A 都優於模型 B，但合起來之後，模型 B 則優於模型 A。

表 6-4　辛普森悖論的一個例子 [a]

	群組 A	群組 B	總計
模型 A	93% (81/87)	73% (192/263)	78% (273/350)
模型 B	87% (234/270)	69% (55/80)	**83% (289/350)**

a　數字來自 Charig 等人 1986 年的腎結石治療研究：C. R. Charig、D. R. Webb、S. R. Payne 和 JJ. E. Wickham，《Comparison of Treatment of Renal Calculi by Open Surgery, Percutaneous Nephrolithotomy, and Extracorporeal Shockwave Lithotripsy》，*British Medical Journal*（臨床研究版）292，第 6524 期（1986 年 3 月）：879–82，*https://oreil.ly/X8oWr*。

45　Maggie Zhang，《Google Photos Tags Two African-Americans As Gorillas Through Facial Recognition Software》，*Forbes*，2015 年 7 月 1 日，*https://oreil.ly/VYG2j*。

辛普森悖論比想像中更普遍。1973 年，柏克萊研究生統計資料顯示，男性的錄取率遠高於女性，這令人懷疑過程對女性有偏見。然而仔細研究各學系後發現，六個學系中有四個學系的女性錄取率實際上高於男性 [46]，如表 6-5 所示。

表 6-5　伯克利 1973 年研究生錄取資料 [a]

學系	所有報讀者	已取錄	男性報讀者	已取錄	女性報讀者	已取錄
A	933	64%	**825**	62%	108	**82%**
B	585	63%	**560**	63%	25	**68%**
C	918	35%	325	**37%**	**593**	34%
D	792	34%	417	33%	375	**35%**
E	584	25%	191	**28%**	**393**	24%
F	714	6%	373	6%	341	**7%**
Total	12,763	41%	8,442	**44%**	4,321	35%

a　來自 Bickel 等人的資料。（1975）

不管你是否真的會遇上這悖論，重點是聚合過程會導致實際情況被掩蓋和引起相悖。為了做出明智的模型選擇，我們不僅要考慮模型在整個資料上的效能，還需要考慮其在單個資料切片上的效能。切片式評估可以助你提升洞察力，以提高模型的整體效能和關鍵資料效能，並幫助檢測潛在的偏誤。它還可能有助於揭示非 ML 問題。有一次，我們的團隊發現模型的整體效能不錯，但在流動裝置用戶流量方面的效能很差。經過調查，我們了解到這是因為小屏幕（例如手機屏幕）上的一個按鈕被隱藏了一半。

即使你認為資料切片不重要，了解模型如何以更高夥粒度的方式執行，也可以讓你對模型更具信心，從而說服其他利益相關者（例如你的老闆或客戶）信任你的 ML 模型。

要追蹤模型在關鍵切片上的效能，你首先需要知道你的關鍵切片是什麼。你可能想了解如何發現資料中的關鍵部分。不幸的是，切片與其說是一門科學，不如說是一門藝術，這需要大量的資料探索和分析。以下是三種主要方法：

46　P. J. Bickel、E. A. Hammel 和 J. W. O'Connell，《Sex Bias in Graduate Admissions: Data from Berkeley》，*Science* 187（1975年）：398–404，*https://oreil.ly/TeR7E*。

基於捷思法

使用你對資料和手頭任務的領域知識對進行資料切片。例如，在處理網上流量時，你可能希望按照流動設備與桌面設備、瀏覽器類型和位置等維度，進行資料切片。流動裝置用戶的行為可能與桌面用戶截然不同。同樣，不同地理位置的互聯網用戶可能對網站外觀有不同期望 [47]。

錯誤分析

手動檢查錯誤分類的範例，並從中找出模式。當我們看到大多數錯誤分類的範例來自流動裝置用戶時，我們發現了模型對流動裝置用戶的問題。

切片搜尋器

已有研究將搜尋切片的過程系統化，包括 2019 年 Chung 等人的「Slice Finder：Automated Data Slicing for Model Validation」（*https://oreil.ly/eypmq*），還有 Sumyea Helal 在「Subgroup Discovery Algorithms: A Survey and Empirical Evaluation」（*https://oreil.ly/7yBJO*）（2016）中對此進行了介紹。該過程通常從使用柱狀搜尋、聚類或決策等切片生成算法開始，然後剪掉明顯不好的切片算法，再對餘下算法進行排序。

請記住，一旦你發現了這些關鍵切片，每個切片都需要有足夠的、正確標記的資料以進行評估。你的評估品質取決於評估資料的品質。

小結

我們在本章介紹了 ML 系統的 ML 算法部分，有很多 ML 從業者認為這是 ML 專案生命週期中最有趣的部分。透過初始模型，我們可以（以預測的形式）實現我們在資料和特徵工程中的所有辛勤工作，並最終評估我們的假設（即我們可以根據輸入預測輸出）。

我們先了解如何選擇最適合我們任務的 ML 模型。本章沒有深入探討每個單獨模型架構的優缺點（這在現有模型數目不斷增長的情況下只會顯得徒然），本章概述了你需要考慮的各個方面，以做出明智的抉擇，選出最符合目標、限制和需求的模型。

---

47 對於有興趣了解更多關於跨文化用戶體驗設計的讀者，Jenny Shen 有一篇很棒的文章（*https://oreil.ly/MAJVB*）。

然後我們繼續涵蓋模型開發的不同方面。我們不僅涵蓋了單個模型,還涵蓋了模型集合,這是一種廣泛用於競賽和排行榜式研究的技術。

在模型開發階段,你可能會試驗許多不同的模型。通常,對這麼多實驗進行密集的追蹤和版本控制被認為是很重要的,但許多 ML 工程師仍然省略它,可能因為感覺這樣做很麻煩。因此,擁有工具和適當的基礎設施,來自動化追蹤和版本控制的過程必不可少。我們將在第 10 章介紹用於 ML 生產的工具和系統基礎設施。

隨著當今模型越來越大,消耗的資料越來越多,分布式訓練開始成為 ML 模型開發人員的一項基本技能,我們討論了並行技術,包括資料並行、模型並行和管道並行。要讓模型在大型分布式系統上運行,例如讓具有數億甚至數十億參數的模型運行,可能具有挑戰性,並且需要專門的系統工程專業知識。

作為本章的結尾,我們介紹評估模型的方法,以選出最佳模型來部署。單看評估指標沒有多大意義,除非設立基調,來與候選模型比較,我們涵蓋了可考慮進行評估的各種基調,還有在生產環境中進一步評估模型之前,檢查模型完整性必需的一系列評估技術。

通常,無論模型的離線評估有多好,在部署該模型之前,你仍然無法確定模型在生產環境中的效能。在下一章中,我們將介紹如何部署模型。

## 第七章

模型部署和預測服務

在第 4 章到第 6 章中,我們討論了開發 ML 模型的注意事項,從創建訓練資料、提取特徵、開發模型,到制定指標,來評估該模型。這些考慮因素構成了模型的邏輯——即如何從原始資料走到 ML 模型,如圖 7-1 所示。開發此邏輯需要 ML 知識和主題專業知識。在許多公司中,此流程部分都是由 ML 或資料科學團隊完成。

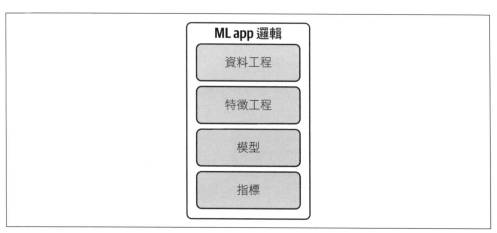

圖 7-1　構成 ML 模型邏輯的不同層面

在本章，我們將討論迭代過程中的另一部分：部署模型。「部署」是一個不太嚴謹的描述，通常指讓模型運行，並可供存取。在模型開發期間，你的模型通常在開發環境運行[1]。要開始部署，模型必須離開開發環境。你可以將模型部署到臨時環境中，進行測試，或部署到終端用戶使用的生產環境中。在本章中，我們專注討論將模型部署到生產環境的部分。

在你繼續閱讀前，我想強調所謂的生產階段定義很廣，像一個光譜。對於一些團隊來說，生產意味著在筆記型電腦中生成漂亮的圖表，以展示給業務團隊。對於其他團隊，生產意味著在每天數百萬用戶的情況下，讓模型保持正常運行。如果你的工作是第一種場景，生產環境和開發環境差不多，這章跟你關係不大。如果你的工作更接近第二種情況，請繼續閱讀。

我曾經在網上讀到：如果你忽略了所有困難的部分，部署是很容易。如果你只是玩玩看，為朋友部署一個模型，你所要做的就是使用 Flask 或 FastAPI 將你的預測功能包裝在一個 POST 請求端點中，將這個預測功能運行的依賴元件放在一個容器中[2]，並將模型及其關聯的容器推送到 AWS 或 GCP 等雲端服務，以公開端點：

```
# 例：如何使用 FastAPI 來把預測功能轉換成
#  POST 端點
@app.route('/predict', methods=['POST'])
def predict():
    X = request.get_json()['X']
    y = MODEL.predict(X).tolist()
    return json.dumps({'y': y}), 200
```

你可以將這個公開的端點用於下游應用程式：例如，當應用程式收到來自用戶的預測請求時，該請求將發送到公開的端點，該端點返回一個預測。如果你熟悉必要的工具，你可以在一小時內完成功能部署。儘管之前很少有人有過部署經驗，經過 10 週的課程後，我的學生都能夠為他們的最終專案部署一個 ML 應用程式[3]。

1　我們將在第 10 章詳細介紹開發環境。

2　我們將在第 9 章詳細介紹容器。

3　CS 329S：「Learning Systems Design」（*https://oreil.ly/A6lFT*）；你可以在 YouTube（*https://oreil.ly/q4pjX*）上看到專案演示。

至於困難的部分，包括讓你的模型以毫秒級時延和 99% 正常運行時間服務數百萬用戶，設置系統基礎設施以便在出現問題時立即通知合適的人，找出問題所在，再進行無縫部署更新來解決問題。

在許多公司，部署模型的責任同時落在模型開發者手中。在其他公司，一旦模型準備好部署，它就會被匯出，並交給另一個團隊進行部署。但是，這種分工可能會增加團隊間的溝通成本，並拖慢模型更新的速度。如果出現問題，調試也變得困難。我們將在第 11 章中詳細討論團隊結構。

 匯出模型意味著將此模型轉換為可供其他應用程式使用的格式。有人稱這個過程「序列化」[4]。你可以匯出模型的兩個部分：模型定義和模型的參數值。前者訂定了模型的結構，例如它有多少個隱藏層，以及每層中有多少個單元。參數值提供了這些單元和層的值。通常這兩個部分一併被匯出。

在 TensorFlow 2 中，你可以使用 `tf.keras.Model.save()`，將模型匯出為 TensorFlow 的 SavedModel 格式。在 PyTorch，你可以使用 `torch.onnx.export()` 將模型匯出為 ONNX 格式。

無論你的工作是否涉及部署 ML 模型，了解模型的使用方式都可以讓你了解它們的限制，並助你根據模型的目的進一步定制它們。

在本章，我們將介紹一些關於 ML 部署的常見迷思，沒有部署 ML 模型的人時常提起這些。然後，我們將討論模型生成預測並將供給用戶的兩種主要方式：線上預測和批量預測。生成預測的過程稱為推理（*inference*）。

我們將繼續討論應該在哪裡進行運算預測：在設備上（也稱為邊緣）和雲端。模型服務和運算預測的方式會影響其設計方式、系統基礎設施以及用戶會遇到的行為。

4　請參閱第 52 頁「資料格式」一節中關於「資料序列化」的討論。

如果你來自學術領域，本章討論的某些主題可能超出你的舒適圈。如果出現不熟悉的術語，請花點時間搜尋它。如果某個部分讓你覺得資訊太密集，請隨意跳過它。本章是模組化的，因此跳過一節不應影響你對另一節的理解。

機器學習部署的迷思

如第一章所述，部署 ML 模型與部署傳統軟體程式可能大有不同。這種差異可能導致從前未部署過模型的人望而生畏，或者低估所需的時間和精力。在本節，我們將解開一些關於部署過程的常見迷思，希望這能讓你以良好的心理狀態展開部署工作。本節對幾乎沒有部署經驗的人最有幫助。

迷思 1：你每次只能部署一兩個 ML 模型

做學術專案時，有人建議我選擇一個小問題來重點研究，故通常會圍繞著單一模型。許多與我交流過的學術領域人士，也傾向於把 ML 生產假定在單一模型的背景下。結果，他們心目中的系統基礎架構不適用於實際應用程式，因為架構只能支持一到兩個模型。

實際上，公司有很多很多 ML 模型。一個應用程式可能有許多不同的功能，每個功能可能需要它自己的模型。考慮像優步這樣的共享汽車應用程式。它需要一個模型來預測以下每個元素：乘車需求、司機是否可接單、預計到達時間、動態定價、詐欺交易、客戶流失等。此外，如果此應用程式在 20 個國家／地區運行，除非你擁有可以概括不同用戶概況、文化和語言的模型，否則每個國家／地區都需要自己的模型集。如果是 20 個國家、每個國家 10 個模型的話，你已經有 200 個模型。圖 7-2 顯示了 Netflix 廣泛使用機器學習的任務。

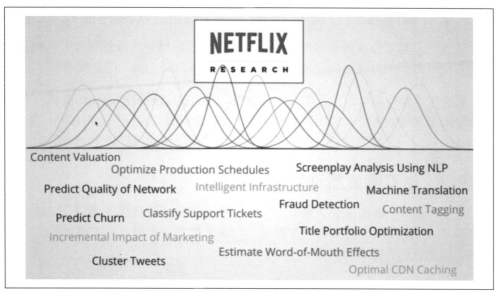

圖 7-2　在 Netflix 中利用 ML 的不同任務。資料來源：Ville Tuulos[5]

事實上，優步在生產環境中擁有數千個模型[6]。Google 在任何時候都有數千個訓練中的模型，參數規模達數千億[7]。Booking.com 擁有 150 多個模型[8]。Algorithmia 2021 年的一項研究表明，在擁有超過 25,000 名員工的組織中，41% 的生產模型超過 100 個[9]。

5　Ville Tuulos，《Human-Centric Machine Learning Infrastructure @Netflix》，InfoQ，2018 年，影片，49:11，*https://oreil.ly/j4Hfx*。

6　Wayne Cunningham，《Science at Uber: Powering Machine Learning at Uber》，*Uber Engineering Blog*，2019 年 9 月 10 日，*https://oreil.ly/WfaCF*。

7　Daniel Papasian 和 Todd Underwood，《OpML '20—How ML Breaks: A Decade of Outages for One Large ML Pipeline》，Google，2020 年，影片，19:06，*https://oreil.ly/HjQm0*。

8　Lucas Bernardi、Themistoklis Mavridis 和 Pablo Estevez，《150 Successful Machine Learning Models: 6 Lessons Learned at Booking.com》，*KDD '19: Proceedings of the 25th ACM SIGKDD International Conference on Knowledge Discovery & Data Mining*（2019 年 7 月）：1743-51，*https://oreil.ly/Ea1Ke*。

9　《2021 Enterprise Trends in Machine Learning》，Algorithmia，*https://oreil.ly/9kdcw*。

迷思 2：如果我們什麼都不做，模仿效能就保持原樣

軟體不像酒那樣會變成陳年佳釀。軟體會衰老。即使似乎沒有任何變化，軟體程式也會隨著時間的推移而退化，這現象稱為「軟體腐爛」或「位元腐爛」。

ML 系統也不能倖免。最重要的是，當你的模型在生產環境中遇到的資料分布與訓練時所依據的資料分布不同時，ML 系統會遭受所謂的資料分布偏移[10]。因此，一個 ML 模型剛完成訓練後，往往效能最佳，然後隨時間推移退化。

迷思 3：你不需要盡可能更新模型

人們往往問我：「我應該多久更新一次模型？」這是一個錯誤的問題。正確的問題應該是：「我可以多久更新一次模型？」由於模型的效能會隨著時間的推移而衰減，因此我們要盡快更新它。

這 ML 領域可從現有 DevOps 最佳實踐中學習。早在 2015 年，人們就已經在不斷推出系統更新。Etsy 每天部署 50 次，Netflix 每天部數千次，AWS 每 11.7 秒就部署一次[11]。

雖然許多公司仍然每月只更新一次模型，甚至每季度更新一次，但微博更新公司某些 ML 模型的迭代週期是 10 分鐘[12]。我在阿里巴巴和字節跳動（TikTok 母公司）等公司聽到過類似的數字。

用 Google 前工程師兼 Slack 資料工程總監 Josh Wills 的話來說：「我們一直努力以盡可能快的[13]速度，將新模型放到生產環境。」

我們將在第 9 章中詳細討論重新訓練模型的頻率。

10　我們將在第 8 章進一步討論資料分布變化。

11　Christopher Null，《10 Companies Killing It at DevOps》，*TechBeacon*，2015 年，*https://oreil.ly/JvNwu*。

12　Qian Yu，《Machine Learning with Flink in Weibo》，QCon 2019，影片，17:57，*https://oreil.ly/RcTMv*。

13　Josh Wills，《Instrumentation, Observability and Monitoring of Machine Learning Models》，InfoQ 2019，*https://oreil.ly/5Ot5m*。

迷思 4：大多數 ML 工程師不需要擔心規模

所謂「規模」因應用程式而異，但例子包括每秒服務數百個查詢、每月服務數百萬用戶的系統。

你可能會爭辯說，如果是這樣，只很少數公司需要擔心規模。只有一個 Google，一個 Facebook，一個 Amazon。這是事實，但少數大公司僱用了大部分軟體工程人員。根據 2019 年 Stack Overflow 開發人員調查，超過一半的受訪者在至少有 100 名員工的公司工作（見圖 7-3）。員工數目與用戶數目並非絕對相關，但公司擁有 100 名員工，他們很有可能為一定合理數量的用戶提供服務。

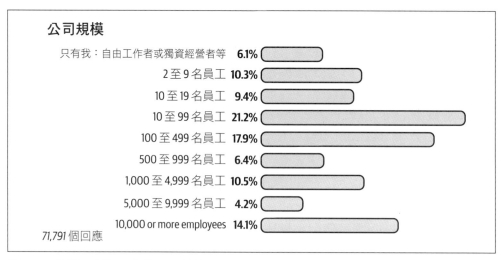

圖 7-3　軟體工程師工作的公司規模分布。資料來源：改編自 Stack Overflow 的圖片 [14]

我找不到針對 ML 特定角色的調查報告，所以我在 Twitter（*https://oreil.ly/e1fjn*）上詢問，並找到了類似的結果。這意味著，如果你正在尋找行業中與 ML 相關的工作，你很可能會在一家擁有至少 100 名員工的公司工作，其 ML 應用程式也許需要規模化。所以從統計學的角度來看，一名 ML 工程師應該關心規模。

14　《Developer Survey Results》，Stack Overflow，2019 年，*https://oreil.ly/guYIq*。

批量預測與線上預測

如何生成預測並將其提供給終端用戶 - 線上還是批量？你需要做出這個奠基性的決定，這將影響你的終端用戶和系統的開發人員。由於行業缺乏標準做法，圍繞批量處理和線上預測的術語仍然很混亂。在本節中，我將盡力解釋每個術語的細微差別。如果你覺得這裡提到的任何術語太令人困惑，請暫時忽略它們。如果你很容易忘記以下內容，我希望你能記住三種主要的預測模式：

- 批量預測，它只使用批量特徵。

- 只使用批量特徵的線上預測（例如預先計算的嵌入值）。

- 同時使用批量特徵和串流特徵的線上預測。這也稱為串流式預測。

線上預測是指在對這些預測的請求到達時，立即生成並返回預測。例如，你在 Google 翻譯中輸入一句英語，然後立即得到它的法語翻譯。線上預測也稱為**按需（on-demand）**預測。傳統上，在進行線上預測時，請求透過 RESTful API 發送到預測服務（例如 HTTP 請求——請參閱第 73 頁的「資料透過服務」小節）。當透過 HTTP 請求發送預測請求時，線上預測也稱為**同步預測**（synchronous prediction）：預測因應請求同步生成。

批量預測（Batch prediction）是指週期性生成預測，或在觸發下生成預測。預測結果儲存在某個地方，例如 SQL 表或記憶體內資料庫，在需要時便可進行檢索。例如，Netflix 可能每四個小時為其所有用戶生成一次電影推薦，預先計算好的推薦在用戶登入 Netflix 時被取用，並顯示給用戶。批量預測也稱為**非同步預測**（asynchronous prediction）：預測與請求不是同步進行。

術語混亂

「線上預測」和「批量預測」這兩個術語可能會讓人混淆。兩者都可以一次對多樣本（批量）或一個樣本進行預測。為了避免這種混淆，人們有時更喜歡「同步預測」和「非同步預測」這兩個術語。然而，這種區別也不完美，因為當線上預測利用實時傳輸將預測請求發送到你的模型時，在技術層面看，請求和預測是非同步的。

圖 7-4 顯示批量預測的簡化架構，圖 7-5 顯示線上預測的簡化版本，僅使用批量特徵。接下來我們將探討「僅使用批量特徵」的意思。

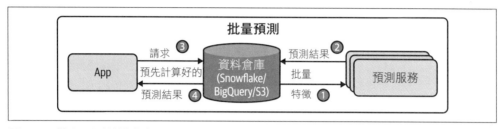

圖 7-4　批量預測的簡化架構

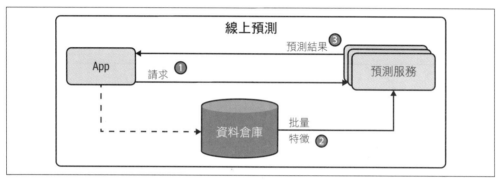

圖 7-5　一種僅使用批量特徵進行線上預測的簡化架構

正如第 3 章所討論的，從歷史資料（例如資料庫和資料倉庫中的資料）運算得出的特徵是批量特徵。從串流資料（實時傳輸中的資料）運算得出的特徵是串流特徵。在批量預測中，我們只使用批量特徵。然而，線上預測可以同時使用批量特徵和串流特徵。例如，在用戶在 DoorDash 下訂單之後，可能需要以下特徵來估算交貨時間：

批量特徵

　　這家餐廳過去的平均準備時間

串流特徵

　　最近 10 分鐘，他們有多少其他訂單，有多少外送員可接單

串流特徵與線上功能

我聽過人說「串流特徵」和「線上特徵」二詞可以互換使用。但它們實際上是不同的。線上特徵通用性更高,因為它們指的是用於線上預測的任何特徵,包括儲存在記憶體中的批量特徵。

一種非常常見於線上預測(尤其是基於時間段生成的推薦)的批量特徵類型是項目嵌入(item embeddings)。項目嵌入通常是批量預先計算的,在需要時被取用,以進行線上預測。這種情況下,這些嵌入值可以被視為線上特徵,而不是串流特徵。

串流特徵專指從串流資料運算得出的特徵。

圖 7-6 顯示了同時使用串流和批量特徵的線上預測簡化架構。有些公司稱這種預測為「串流式預測」,有別於不使用串流式特徵的線上預測。

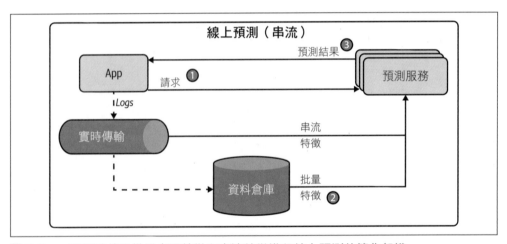

圖 7-6 一種同時使用批量處理特徵和串流特徵進行線上預測的簡化架構

然而,線上預測和批量預測不一定相互排斥的。一種混合解決方案是,預先計算好流行查詢的預測結果,然後對不太流行的查詢進行線上預測。表 7-1 總結了線上預測和批量預測需要考慮的關鍵點。

表 7-1　批量預測和線上預測之間的一些關鍵區別

	批量預測（非同步）	線上預測（同步）
頻率	週期性，例如每幾個小時	請求到達時立即進行
有用	處理累積資料而不需即時結果時（例：推薦系統）	資料樣本生成即需預測結果時（例：詐欺檢測）
已優化	高吞吐量	低時延

在許多應用場景中，線上預測和批量預測分別處理不同用例。像 DoorDash 和 UberEats 這樣的訂餐應用程式，要使用批量預測來生成餐廳推薦——線上生成這些推薦需要很長時間，因為餐廳很多。但是，一旦點擊一家餐廳，就會用到線上預測生成食品推薦。

許多人認為線上預測在成本和效能方面都比批量預測效率低，因為你可能無法將批量的輸入一起處理，並利用向量化或其他優化技術。這不一定正確，我們已經在第 78 頁「批量處理與串流處理」討論過。

此外，借助線上預測，你不必為未到訪用戶生成預測。想像一個應用程式運行時，只有 2% 用戶會每天登入——舉例來說，在 2020 年，Grubhub 就有 3100 萬用戶和 622,000 個每日訂單 [15]。如果你每天為每個用戶生成預測，那麼為 98% 用戶生成預測的算力可說是浪費了。

從批量預測到線上預測

對於學術領域的 ML 人員來說，要提供預測服務，他們可能自然想起線上預測。你給模型一個輸入項，它會在收到該輸入後立即生成預測。這可能是大多數人在製作模型原型時，與模型互動的方式。對於大多數公司來說，這方法在首次部署模型時更容易上手。導出模型後，將之上傳到 Amazon SageMaker 或 Google App Engine，然後取回公開的端點 [16]。如果向該端點發送包含輸入的請求，它將發回基於該輸入生成的預測。

15　David Curry，《Grubhub Revenue and Usage Statistics (2022)》，Business of Apps，2022 年 1 月 11 日，*https://oreil.ly/jX43M*；《Average Number of Grubhub Orders per Day Worldwide from 2011 to 2020》，Statista，*https://oreil.ly/Tu9fm*。

16　在這種情況下，服務接入點的 URL 是 ML 模型的預測服務。

線上預測的一個問題是，你的模型可能需要很長時間才能生成預測。與其在輸入到達時立即生成預測，不如提前運算，將預測結果儲存在資料庫中，當請求到達時即可取用之？這正是批量預測。使用此法，你可以一次為多個輸入生成預測，利用分布式技術有效處理大量樣本。

因為預測是預先計算好的，你不必擔心模型需要多長時間才能生成預測。出於這個原因，批量預測也可被視為減少較複雜模型推理時延的技巧——檢索預測所需的時間，通常少於生成預測所需的時間。

當你想要生成大量預測並且不需要立即獲得結果時，批量預測非常有用。你不必使用所有生成的預測。例如，你先預測所有客戶購買一件新產品的可能性，然後才開始接觸購買可能性最高的前 10% 客戶。

但是，批量預測的問題在於它會降低模型對用戶更改偏好的反應能力。這種限制甚至可以在像 Netflix 這樣擁用前衛技術的公司中看到。假設你最近看了很多恐怖電影，所以當你第一次登入 Netflix 時，恐怖電影主導了推薦項目。但是你今天心情很好，所以你搜索「喜劇」，並開始瀏覽喜劇類別。Netflix 應該了解到，並在你的推薦列表中向你展示更多喜劇，對吧？在撰寫本書時，它仍無法在生成下一批推薦前更新列表，但我相信這個限制將在不久的將來得到解決。

批量預測的另一個問題是，你需要提前知道為該哪些請求生成預測。在為用戶推薦電影的情況下，你能夠事先知道為多少用戶生成推薦 [17]。然而，對於不可預測查詢的情況，假如是一個從英語翻譯成法語的系統，你也許無法預測每一個可能待翻譯的英文文字內容，你需要使用線上預測，在請求到達時生成預測。

在 Netflix 的例子中，批量預測會造成輕微不便（與用戶參與度和留存率緊密相關），但不會引致災難性後果。在許多應用程式中，批量預測會引致災難性失敗，或根本起不了作用。線上預測更顯重要的例子有高頻交易、自動駕駛汽車、語音助手、使用面部或指紋解鎖手機、老年護理中檢測摔倒狀況、和詐欺檢測。檢測到三個小時前發生了詐欺交易，當然總好過檢測不到，但要是做到實時檢測，則可防止該交易繼續進行。

17　如果有新用戶加入，你可以給他們一些通用建議。

當線上預測成本不夠低，或不夠快時，批量預測是一種解決方法。但如果你能夠以完全相同的成本和相同的速度，根據需要生成每個預測，那何必提前生成一百萬個預測，並擔心如何儲存和檢索結果？

隨著硬體變得更加客製化且功能越來越強大，加上業界正在開發更好的技術，以允許更快、更低成本的線上預測，線上預測可能成為預設選項。

近年來，公司進行了大量投資，從批量預測轉向線上預測。為了克服線上預測的時延挑戰，需要兩個組件：

- 一個（接近）實時的管道，可以處理傳入資料，提取串流特徵（如需要），將它們輸入到模型中，並返回一個近乎實時的預測。具有實時傳輸和串流運算引擎的串流管道可以幫助實現這一點。

- 能夠以終端用戶可接受速度生成預測的模型。對於大多數消費者應用程式，可接受時間是以毫秒計。

我們在第 3 章討論了串流處理。我們將在下一節繼續討論串流管道與批量管道的統一。然後我們將在第 218 頁「模型優化」部分討論如何加速推理過程。

統一批量管道和串流管道

批量預測主要是舊時代系統的產物。在過去十年中，大數據處理一直由 MapReduce 和 Spark 等批量系統主導，它們使我們能夠非常高效地定期處理大量資料。當公司開始使用 ML 時，他們利用現有的批量系統進行預測。當這些公司想要使用串流特徵進行線上預測時，他們需要另外構建一個串流管道。且看以下例子，讓你更具體理解。

想像你想要構建一個模型，來為像 Google Map 一樣的應用程式提供到達時間預測。隨著用戶行程更新，預測也不斷更新。其中一項你想使用的特徵，是過去五分鐘內路徑上所有汽車的平均速度。模型訓練過程中，你可能使用上個月的資料。要從訓練資料中提取此特徵，你可能希望將所有資料放入一個 dataframe 中，以便同時為多個訓練樣本運算特徵。在推理過程中，此特徵是透過滑動窗口不斷運算出來的。也就是說這個特徵在訓練過程中是批量運算的，而在推理過程中是串流運算的。

使用兩個不同管道來處理資料，是 ML 生產階段出現錯誤的常見原因。引發錯誤的一個原因是，當一個管道中的更改未正確複製到另一個管道時，兩個管道便提取出兩組不同的特徵。如果兩個管道由兩個不同的團隊維護，這種情況尤其常見，例如 ML 團隊維護用於訓練的批量管道，而部署團隊維護用於推理的串流管道，如圖 7-7 所示。

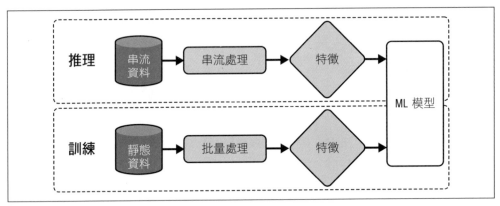

圖 7-7　擁有兩個不同的訓練和推理管道是生產中 ML 錯誤的常見來源

圖 7-8 顯示 ML 系統進行線上預測時，資料管道中一個更詳細但也更複雜的特徵。標記為 Research 的方框元素，是人們在學術領域經常接觸到的內容。

為統一串流處理和批量處理而構建系統基礎設施，已成為近年 ML 社區的熱門話題。包括優步和微博在內的公司，對系統基礎設施進行了重大改革，透過使用 Apache Flink 等串流處理器來統一批量處理和串流處理管道[18]。一些公司使用特徵儲存庫，以確保訓練期間使用的批量特徵與預測中使用的串流特徵維持一致。我們將在第 10 章討論特徵儲存庫。

18　Shuyi Chean 和 Fabian Hueske，《Streaming SQL to Unify Batch & Stream Processing w/ Apache Flink @ Uber》，*InfoQ*，*https://oreil.ly/XoaNu*；Yu，《Machine Learning with Flink in Weibo》。

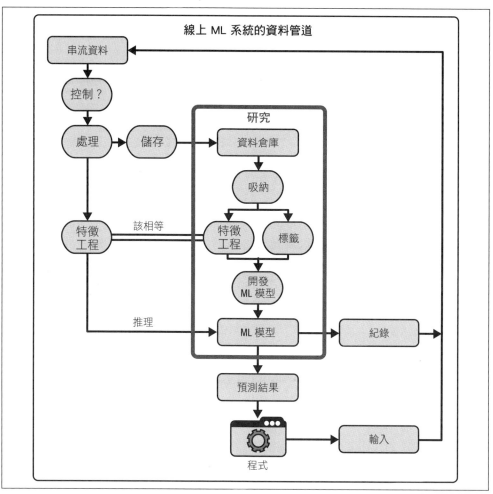

圖 7-8　用於進行線上預測的 ML 系統的資料管道

模型壓縮

我們討論了串流管道，它允許 ML 系統從傳入資料中提取串流特徵，並將它們（接近）實時輸入到 ML 模型中。然而，擁有接近實時的管道還不足以進行線上預測。在下一節中，我們將討論 ML 模型的快速推理技術。

如果等待部署模型生成預測的時間太長，可以透過三種主要方法來減少其推理時延：加快推理速度、減少模型大小、及加快部署環境中的硬體運行速度。

減少模型大小的過程稱為模型壓縮，加快其推理速度的過程稱為推理優化。最初，壓縮模型是為了讓模型適合邊緣設備。然而，縮小的模型通常會使它們運行得更快。

我們將在第 218 頁「模型優化」的部分討論推理優化，我們將在第 212 頁「雲端和邊緣機器學習」部分討論專為加速運行 ML 模型而開發的後端硬體。現在我們討論的是模型壓縮。

關於模型壓縮的研究論文數量正在增長。現成的實用工具正在激增。截至 2022 年 4 月，Awesome Open Source 列出「The Top 168 Model Compression Open Source Projects」(*https://oreil.ly/CYm82*)，該列表還在不斷增加。許多新技術正在開發中，當中你可能最常遇到的四種技術是低秩優化、知識蒸餾、修剪和量化。有興趣了解更多的讀者，可查看 Cheng 等人的「Survey of Model Compression and Acceleration for Deep Neural Networks」，此詳盡評論更新於 2020 年 [19]。

低秩分解

低秩分解背後的關鍵思想，是用低維度張量替換高維度張量 [20]。一種低秩分解是緊湊卷積過濾器（compact convolutional filters），其中過度參數化（具有太多參數）的卷積過濾器被替換為更緊湊的模塊，既減少參數數量，又能提高速度。

例如 SqueezeNets 透過使用多種策略，包括將 3×3 卷積替換為 1×1 卷積，於 ImageNet 實現 AlexNet 級別的準確度，而其參數比 AlexNet 少 50 倍 [21]。

另一個相似的例子，MobileNets 將大小為 $K \times K \times C$ 的標準卷積分解為深度向卷積（$K \times K \times 1$）和點向卷積（$1 \times 1 \times C$），其中 K 為內核大小，C 為顏色通道數

---

19 Yu Cheng、Duo Wang、Pan Zhou 和 Tao Zhang，《A Survey of Model Compression and Acceleration for Deep Neural Networks》，*arXiv*，2020 年 6 月 14 日，*https://oreil.ly/1eMho*。

20 Max Jaderberg、Andrea Vedaldi 和 Andrew Zisserman，《Speeding up Convolutional Neural Networks with Low Rank Expansions》，*arXiv*，2014 年 5 月 15 日，*https://oreil.ly/4Vf4s*。

21 Forrest N. Iandola、Song Han、Matthew W。Moskewicz、Khalid Ashraf、William J. Dally 和 Kurt Keutzer，《SqueezeNet: AlexNet-Level Accuracy with 50x Fewer Parameters and <0.5MB Model Size》，*arXiv*，11 月 2016 年 4 月，*https://oreil.ly/xs3mi*。

目。這意味著每個新的卷積僅使用 $K^2 + C$，而不是 K^2C 參數。如果 $K = 3$，則意味著參數數量可減少八到九倍（見圖 7-9）[22]。

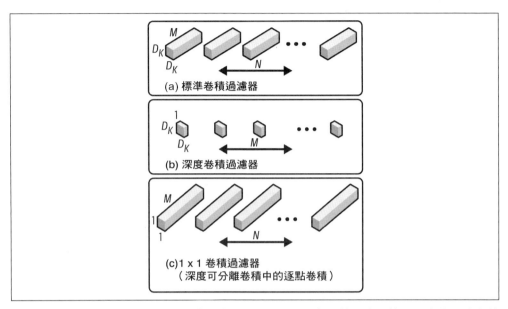

圖 7-9　MobileNets 中的緊湊卷積過濾器。(a) 中的標準卷積過濾器被 (b) 中的深度卷積和 (c) 中的逐點卷積取代，以構建深度可分離過濾器。資料來源：改編自 Howard 等人的圖像。

與標準模型相比，此法已用於開發具有顯著加速的較小模型。然而，它往往特定於某類模型（例如，卷積神經網路特有的緊湊卷積過濾器），還有在設計時需要大量的架構知識，因此還沒有廣泛應用。

知識蒸餾

知識蒸餾是一種藉訓練較小模型（學生）來模仿更大模型或模型集成（教師）的方法。較小模型是你要部署的模型。儘管學生經常在教師預訓練後才接受

22　Andrew G. Howard、Menglong Zhu、Bo Chen、Dmitry Kalenichenko、Weijun Wang、Tobias Weyand、Marco Andreetto 和 Hartwig Adam，《MobileNets: Efficient Convolutional Neural Networks for Mobile Vision Applications》，*arXiv*，2017 年 4 月 17 日，*https://oreil.ly/T84fD*。

訓練，但兩者也可能同時接受訓練 23。生產階段使用蒸餾網路的一個例子是 DistilBERT，它將 BERT 模型的大小減少了 40%，同時保留 97% 的語言理解能力，速度提高 60%24。

此法的優點是無論教師網路和學生網路有什麼架構差異，它都行得通。例如，你可以將隨機森林作為學生，將 Transformer 作為教師。缺點在於它高度依賴教師網路的存在。如果你使用預訓練模型作為教師模型，訓練學生網路將需要更少的資料，訓練速度也可能更快。但是，如果你沒有可用的教師網路，訓練學生網路前則必須先訓練教師網路，而訓練教師網路將需要更多資料，並花費更多時間進行訓練。這種方法的成效也容易受到不同應用程式和模型架構影響，因此尚未在生產階段廣泛使用。

修剪

修剪（*Pruning*）方法最初用於決策樹，你可以剪掉樹中對分類不重要和冗餘的部分 25。隨著神經網路得到更廣泛應用，人們意識到神經網路被過度參數化，開始尋找方法，應對額外參數帶來的工作量。

在神經網路的語境，修剪有兩個涵義。一種是移除神經網路的整個節點，這意味著改變其架構，並減少其參數數量。更常見的涵義，是找出對預測最無用的參數，並將它們設置為 0。在這種情況下，修剪不會減少參數總數，而只是減少非零參數的數量。神經網路的架構保持不變。這有助於減小模型大小，因為修剪使神經網路更加稀疏，而稀疏架構往往需要比密集結構更少的儲存空間。實驗表明，修剪技術可以將訓練後網路的非零參數數量減少超過 90%，在不影響整體準確性的情況下降低儲存要求，並提高推理的運算效能 26。在第 11 章中，我們將討論修剪如何將偏誤引入模型。

23　Geoffrey Hinton、Oriol Vinyals 和 Jeff Dean，《Distilling the Knowledge in a Neural Network》，*arXiv*，3 月 2015 年 9 月，*https://oreil.ly/OJEPW*。

24　Victor Sanh、Lysandre Debut、Julien Chaumond 和 Thomas Wolf，《DistilBERT, a Distilled Version of BERT: Smaller, Faster, Cheaper and Lighter》，*arXiv*，2019 年 10 月 2 日，*https://oreil.ly/mQWBv*。

25　因此得名「修剪」。

26　Jonathan Frankle 和 Michael Carbin，《The Lottery Ticket Hypothesis: Finding Sparse》，ICLR 2019，*https://oreil.ly/ychdl*。

雖然人們普遍認為修剪是有效的 [27]，但關於修剪的實際價值也引起很多討論。Liu 等人認為修剪的主要價值不在於繼承「重要權重」，而在於修剪後的架構本身 [28]。在某些情況下，修剪可以作為架構搜索的範式，而修剪後的架構應該從頭訓練，重新成為密集模型。然而，Zhu 等人表明修剪後的大型稀疏模型優於重新訓練的密集模型 [29]。

量化

量化（*Quantization*）是最普遍和最常用的模型壓縮方法。它執行簡單，在任務和架構上的通用性也很高。

量化透過使用更少位元來表示模型參數，來減小模型大小。預設情況下，大多數軟體包使用 32 位來表示浮點數（單精度浮點數）。如果一個模型有 100M 個參數，每個參數需要 32 位來儲存，它將佔用 400 MB。如果我們使用 16 位來表示一個數字，用到的記憶體將減少一半。用 16 位來表示一個浮點數稱為半精度。

你的模型可以全為整數，而非浮點數；每個整數只需要 8 位來表示。這種方法也稱為「固定點」。在極端情況下，一些人嘗試以 1 位來表示每個權重（二進位權重神經網路），如 BinaryConnect 和 XNOR-Net[30]。XNOR-Net 論文的作者從中衍生出 Xnor.ai，這是一家專注於模型壓縮的新創公司。2020 年初，它被 Apple 公司以 2 億美元的價格收購 [31]。

27　Davis Blalock、Jose Javier Gonzalez Ortiz、Jonathan Frankle 和 John Guttag，《What Is the State of Neural Network Pruning?》，*arXiv*，2020 年 3 月 6 日，*https://oreil.ly/VQsC3*。

28　Zhuang Liu、Mingjie Sun、Tinghui Zhou、Gao Huang 和 Trevor Darrell，《Rethinking the Value of Network Pruning》，*arXiv*，2019 年 3 月 5 日，*https://oreil.ly/mB4IZ*。

29　Michael Zhu 和 Suyog Gupta，《To Prune, or Not to Prune: Exploring the Efficacy of Pruning for Model Compression》，*arXiv*，2017 年 11 月 13 日，*https://oreil.ly/KBRjy*。

30　Matthieu Courbariaux、Yoshua Bengio 和 Jean-Pierre David，《BinaryConnect: Training Deep Neural Networks with Binary Weights During Propagations》，*arXiv*，2015 年 11 月 2 日，*https://oreil.ly/Fwp2G*；Mohammad Rastegari、Vicente Ordonez、Joseph Redmon 和 Ali Farhadi，《XNOR-Net: ImageNet Classification Using Binary Convolutional Neural Networks》，*arXiv*，2016 年 8 月 2 日，*https://oreil.ly/gr3Ay*。

31　Alan Boyle、Taylor Soper 和 Todd Bishop，《Exclusive: Apple Acquires Xnor.ai, Edge AI Spin-out from Paul Allen's AI2, for Price in $200M Range》，*GeekWire*，2020 年 1 月 15 日，*https://oreil.ly/HgaxC*。

量化不僅減少佔用記憶，但也提高了計算速度。首先，它允許我們增加批量大小。其次，較低的精度會加快計算速度，從而進一步減少訓練時間和推理時延。想像我們要把兩個數字加起來。如果我們在每一位元逐一執行加法，每次加法需要 x 納秒，那麼對於 32 位數字將花費 32x 納秒，而對於 16 位數字只需要 16x 納秒。

量化也有缺點。減少表示數字的位數，意味著你只可表示更小範圍的值。對於該範圍之外的值，你必須四捨五入和 / 或進行縮放處理，以使其在範圍內。捨入數字會導致捨入誤差，而小的捨入誤差也可以導致效能發生大變化。四捨五入和 / 或進行縮放後，你還冒著數字下溢 / 溢出並變為 0 的風險。要在底層實現高效的四捨五入和縮放並不簡單，幸而主要軟體框架內置此功能。

量化可以發生在訓練期間（量化感知訓練）[32]，即模型以較低精度訓練，也可以發生在訓練後，即模型先以單精度浮點數訓練，然後量化以進行推理。在訓練期間使用量化，意味著你可以為每個參數使用更少的記憶體，這允許你在相同的硬體上訓練更大的模型。

最近，在大多數現代訓練硬體的支持下，低精度訓練變得越來越流行。 NVIDIA 推出了支持混合精度訓練的 Tensor Cores 處理單元 [33]。Google TPU（張量處理單元）還支持使用 Bfloat16（16 位大腦浮點格式）進行訓練，該公司將其稱為「雲 TPU 高效能之秘訣」[34]。定點訓練還沒有那麼流行，但已經取得一定成果 [35]。

---

32 在 2020 年 10 月，TensorFlow 的量化感知訓練實際上並沒有訓練權重較低位的模型，而是蒐集統計資料，以用於訓練後的量化。

33 Chip Huyen、Igor Gitman、Oleksii Kuchaiev、Boris Ginsburg、Vitaly Lavrukhin、Jason Li、Vahid Noroozi 和 Ravi Gadde，《Mixed Precision Training for NLP and Speech Recognition with OpenSeq2Seq》，*NVIDIA Devblog*，2018 年 10 月 9 日，*https://oreil.ly/WDT1l*。這是我的帖子！

34 Shibo Wang 和 Pankaj Kanwar，《BFloat16: The Secret to High Performance on Cloud TPUs》，*Google Cloud Blog*，2019 年 8 月 23 日，*https://oreil.ly/ZG5p0*。

35 Itay Hubara、Matthieu Courbariaux、Daniel Soudry、Ran El-Y aniv 和 Yoshua Bengio，《Quantized Neural Networks: Training Neural Networks with Low Precision Weights and Activations》，*Journal of Machine Learning Research* 18（2018年）：1–30；Benoit Jacob, Skirmantas Kligys, Bo Chen, Menglong Zhu, Matthew Tang,Andrew Howard、Hartwig Adam 和 Dmitry Kalenichenko，《Quantization and Training of Neural Networks for Efficient Integer-Arithmetic-Only Inference》，*arXiv*，2017 年 12 月 15 日，*https://oreil.ly/sUuMT*。

定點推理已經成為行業標準。一些邊緣設備只支持定點推理。最流行的設備端機器學習推理框架（像是 google 的 TensorFlow Lite、Facebook 的 PyTorch Mobile、NVIDIA 的 TensorRT），只需幾行程式碼，即可免費提供訓練後量化。

案例研究

為了更好地了解如何在生產環境優化模型，以下是 Roblox 的一個有趣案例研究，講述他們如何擴展 BERT 以在 CPU 上每天處理超過 10 億個請求[36]。對於他們的許多 NLP 服務，他們需要處理每秒 25,000 次推理，時延需低於 20 毫秒，如圖 7-10 所示。他們從具有固定形狀輸入的大型 BERT 模型開始，然後將 BERT 替換為 DistilBERT，並將固定形狀輸入替換為動態形狀輸入，最後對其進行量化。

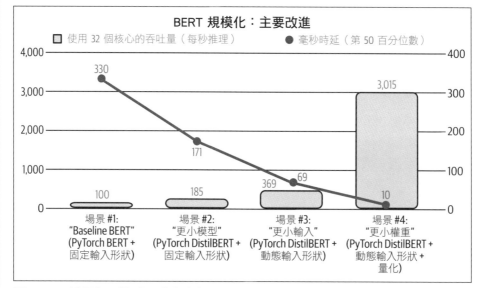

圖 7-10　透過各種模型壓縮方法來改善時延。資料來源：改編自 Le 和 Kaehler 的圖像

36　Quoc Le 和 Kip Kaehler，《How We Scaled Bert To Serve 1+ Billion Daily Requests on CPUs》，Roblox，2020 年 5 月 27 日，*https://oreil.ly/U01Uj*。

他們獲得的最大效能提升來自量化。將 32 位浮點數轉換為 8 位整數可將時延降低 7 倍，並提高吞吐量 8 倍。

這似乎有望改善時延；但是我們應該對這些結果持保留態度，因為這裡沒有提到每次效能改進後輸出品質的變化。

ML 在雲端與邊緣

你需要考慮的另一個決定，是模型運算將在何處進行：在雲端還是在邊緣。在雲端即大量運算是在雲端完成的，無論是公有雲還是私有雲。在邊緣意味著大量運算是在消費設備上完成的，例如：瀏覽器、電話、筆記本電腦、智能手錶、汽車、安全攝像頭、機器人、嵌入式設備，FPGA（現場可程式化邏輯閘陣列）和 ASIC（特殊應用積體電路）──這些也被稱為邊緣設備。

最簡單的方法是將模型打包，並透過託管雲服務（例如 AWS 或 GCP）進行部署，這就是許多公司開始使用 ML 時的部署方式。雲服務以絕佳的方式，使公司可以輕鬆地讓 ML 模型正式運作。

然而在雲端部署也有許多缺點。首先是成本。ML 模型可能是運算密集型的，而且計算成本很高。甚至早在 2018 年，像 Pinterest、Infor 和 Intuit 這樣的大公司，每年就已經在雲端服務上花費了數億美元 [37]。對於中小型公司來說，這個數字可能在每年 5 萬美元到 200 萬美元之間 [38]。一個處理雲服務的失誤，可導致新創公司破產 [39]。

37　Amir Efrati 和 Kevin McLaughlin，《As AWS Use Soars, Companies Surprised by Cloud Bills》，*The Information*，2019 年 2 月 25 日，*https://oreil.ly/H9ans*；Mats Bauer，《How Much Does Netflix Pay Amazon Web Services Each Month?》，Quora，2020 年，*https://oreil.ly/HtrBk*。

38　《2021 State of Cloud Cost Report》，Anodot，*https://oreil.ly/5ZIJK*。

39　《Burnt $72K Testing Firebase and Cloud Run and Almost Went Bankrupt》，Hacker News，2020 年 12 月 10 日，*https://oreil.ly/vsHHC*；《How to Burn the Most Money with a Single Click in Azure》，Hacker News，2020 年 3 月 29 日，*https://oreil.ly/QvCiI*。我們將在第 300 頁的「公有雲與私有資料中心」一節中更詳細地討論公司如何應對雲端和邊緣的高額雲費用。

隨著雲計算費用的攀升，越來越多的公司正在尋找將運算推向邊緣設備的方法。在邊緣完成的運算越多，對雲端運算的需求就越少，他們為服務器支付的費用就越少。

除了有助於控制成本，邊緣計算還有許多吸引之處。首先是它允許應用程式在雲計算無法運行的地方運行。當模型位於公有雲上時，資料發送至雲端並返回，模型依靠穩定的互聯網連接性。邊緣計算允許模型在沒有互聯網連接，或連接不可靠的情況下工作，例如農村地區或發展中國家。我曾與多家公司和組織合作過，這些公司和組織制定了嚴格的「無互聯網政策」，也就是說無論我們出售的是什麼應用程式，都不能依賴互聯網連接。

其次，當模型已經在消費者設備上，便不需太擔心網路時延。要求透過網路傳輸資料（將資料發送到雲上的模型進行預測，然後將預測發送回用戶）可能會使某些用例無法實現。在許多情況下，網路時延是比推理時延更大的瓶頸。例如你能把 ResNet-50 的推理時延從 30 毫秒減少到 20 毫秒，但網路時延可能會長達幾秒，這取決於你所在的位置和你嘗試使用的服務。

將模型置於邊緣，在處理敏感用戶資料時也有優勢。雲上的 ML 意味著系統可能要透過網路發送用戶資料，使資料容易被攔截。使用雲計算通常還意味著將許多用戶的資料儲存在同一個地方，即一次洩露就可能影響到很多人。據《Security》雜誌報導：「近 80% 的公司在過去 18 個月經歷過雲端資料外洩[40]。」

邊緣計算可以更輕鬆地遵守有關如何傳輸或儲存用戶資料的法規，例如 GDPR。雖然邊緣計算可能會減少隱私問題，但並不能完全消除隱私問題。在某些情況下，邊緣計算可能會讓攻擊者更容易竊取用戶資料，例如他們可以直接攻擊設備。

要將運算轉移到邊緣，邊緣設備必須有足夠強大的能力處理運算，有足夠的空間來儲存 ML 模型，並將它們加載到記憶體中，以及足夠的電池量或連接電源，在合理時間內維持供電狀態。如果你的手機能夠運行 BERT，在手機上運行全大小的 BERT，電池很快就耗盡了。

40　《Nearly 80% of Companies Experienced a Cloud Data Breach in Past 18 Months》，*Security*，2020 年 6 月 5 日，*https://oreil.ly/gA1am*。

由於邊緣計算相對雲計算來說有許多優勢，因此公司爭相開發針對不同 ML 用例優化的邊緣設備。包括 google、Apple 和特斯拉在內的巨擘都宣布了自行製造晶片的計畫。與此同時，ML 硬體新創公司已經籌集了數十億美元，用於開發更好的 AI 晶片[41]。預計到 2025 年，全球的活躍邊緣設備數量將超過 300 億[42]。

有了這麼多新的硬體產品來運行 ML 模型，一個問題出現了：我們如何確保模型有效在任何硬體上運行？在下一節，我們將討論如何編譯和優化模型，以在特定硬體後端中運行。

在此過程中，我們將介紹你在處理邊緣模型時可能會遇到的重要概念，包括中介碼（IRs）和編譯器。

為邊緣設備編譯和優化模型

對於使用特定框架（例如 TensorFlow 或 PyTorch）構建的模型要在硬體後端上運行，該框架必須得到硬體供應商的支持。例如，儘管 TPU 於 2018 年 2 月公開發布，但要到了 2020 年 9 月，PyTorch 才可在 TPU 上運行。在此之前，如果你想使用 TPU，你必須使用 TPU 支持的框架。

在硬體後端為框架提供支持，是一項耗時且工程密集的工作。將 ML 不同的工作負載聯繫到硬體後端，需要了解並充分利用該硬體的設計，不同的硬體後端有不同的記憶體佈局和計算原語，如下所示圖 7-11。

41　請參閱簡報 #53，CS 329S 的第 8 講：部署 - 預測服務，2022 年，*https://oreil.ly/cXTou*。

42　《Internet of Things (IoT) and Non-IoT Active Device Connections Worldwide from 2010 to 2025》，Statista，*https://oreil.ly/BChLN*。

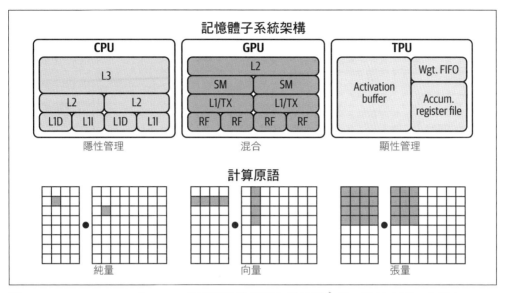

圖 7-11　CPU、GPU 和 TPU 的不同計算原語和記憶體佈局。資料來源：改編自 Chen 等人的圖片 [43]

比如 CPU 的計算原語一直是一個數（純量），GPU 的計算原語一直是一維向量，而 TPU 的計算原語是二維向量（張量）[44]。與二維向量相比，一維向量執行卷積算子時會有很大不同。同樣，你需要考慮不同的 L1、L2 和 L3 佈局和緩衝區大小，以做出有效調用。

基於以上的技術挑戰，框架開發人員往往只專注於為少數服務器級硬體提供支持，而硬體供應商則傾向於為範圍較窄的框架提供自己的內核庫。將 ML 模型部署到新硬體需要大量手動。

與其為每個新的硬體後端定位新的編譯器和庫，不如我們創建一個中間人來橋接框架和平台？框架開發人員將不再需要支持所有類型的硬體；他們只需要將他框架程式碼轉譯給這個中間人。硬體供應商只需支持一個中間人，而不是多個框架。

43　Tianqi Chen、Thierry Moreau、Ziheng Jiang、Lianmin Zheng、Eddie Yan、Meghan Cowan、Haichen Shen 等人，《TVM: An Automated End-to-End Optimizing Compiler for Deep Learning》，*arXiv*，2018 年 2 月 12 日，*https://oreil.ly/vGnkW*。

44　現在很多 CPU 有向量指令，有的 GPU 有張量核心，都是二維的。

這種「中間人」稱為中介碼（IR）。IR 處於編譯器工作的核心。編譯器從模型的原始程式碼生成一系列高級別和低級別的 IR，然後生成硬體後端的本機程式碼，以便它可以在該硬體後端上運行，如圖 7-12 所示。

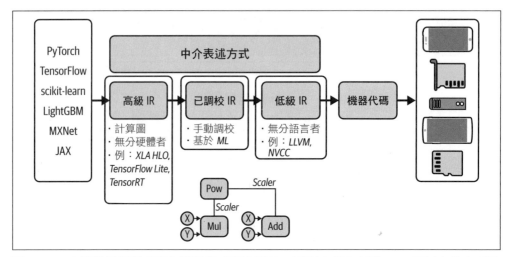

圖 7-12　在原始模型程式碼和機器程式碼之間的一系列高級和低級 IR，可以在給定硬體後端上運行

此過程也稱為降級（*lowering*），因為你將高級框架程式碼「降」為低級硬體原生程式碼。這不屬於轉譯，因為它們之間沒有一對一的關聯對應。

高級 IR 通常是 ML 模型的計算圖。計算圖是描述計算執行順序的圖。感興趣的讀者可以閱讀 PyTorch（*https://oreil.ly/who8P*）和 TensorFlow（*https://oreil.ly/O8qR9*）中的計算圖。

模型優化

模型程式碼「降級」，並在所選硬體運行後，你可能會遇上效能問題。生成的機器程式碼可能能夠在硬體後端上運行，但可能無法高效運行。生成的程式碼可能不懂得善用資料局部性和硬體快取，或者它可能不會利用可以加快程式碼速度的高級功能，例如向量或平行操作。

典型的 ML 工作流程由許多框架和庫組成。例如，你可以使用 pandas/dask/ray 從資料中提取特徵。你可能會用 NumPy 執行向量化。你可能會使用 HuggingFace 的預訓練 Transformers 模型生成特徵，然後使用由 sklearn、TensorFlow 或 LightGBM 等各種框架構建的模型集成進行預測。

儘管這些框架中的個別功能可能會得到優化，但這裡幾乎沒有跨框架的優化。在這些功能之間轉移資料來進行計算，這種單純想法，可能導致整個工作流程的速度降低一整個級別。史丹佛 DAWN 實驗室的研究人員進行的一項研究發現，在單線程中，與手動優化的程式碼相比，使用 NumPy、pandas 和 TensorFlow 的典型 ML 工作負載，其運行速度要慢 *23 倍* [45]。

在許多公司中，通常發生的情況是資料科學家和 ML 工程師開發的模型在開發環境中似乎運行良好。然而，當部署這些模型時，才發現它們太慢了，因此公司聘請優化工程師，針對模型運行的硬體優化模型。Mythic 優化工程師的職位描述範例如下：

這願景存在於 AI 工程團隊中，我們以專業知識，開發針對我們的硬體優化的 AI 算法和模型，並為 Mythic 的硬體和編譯器團隊提供指導。

AI 工程團隊透過以下方式對 Mythic 產生重大影響：

- 開發量化和穩建性 AI 再訓練工具
- 研究利用神經網路適應性的編譯器的新功能
- 開發針對我們硬體產品優化的新神經網路
- 與內部和外部客戶交互，以滿足他們的發展需要

優化工程師很難招到，而且聘請費用昂貴，因為他們需要同時具備 ML 和硬體架構方面的專業知識。優化編譯器（也可以優化程式碼的編譯器）是一種替代解決方案，因為它們可以自動執行優化模型的過程。在將 ML 模型程式碼降低為機器程式碼的過程中，編譯器可以查看 ML 模型的計算圖及其包含的運算子（卷積、循環、交叉熵），並找到加速之法。

要優化你的 ML 模型，有兩種取態：局部和全局。局部指優化模型的一個或一組運算子。全局則是從端到端，優化整個計算圖。

有一些已知的標準局部優化技術，可以加速你的模型，大多數技術會利用平行運算，或減少晶片上的記憶體存取。以下是四種常用技術：

---

45 Shoumik Palkar、James Thomas、Deepak Narayanan、Pratiksha Thaker、Rahul Palamuttam、Parimajan Negi、AnilShanbhag 等人，《EvaluatingEnd-to-EndOptimizationforDataAnalyticsApplicationsinWeld》，*Proceedings of the VLDB Endowment* 11，第 9 期（2018年）：1002–15，*https://oreil.ly/ErUIo*。

向量化（*Vectorization*）

給定一個迴圈或巢狀迴圈，與其一次執行一個項目，不如同時執行記憶體中連續的多個元素，以減少資料輸入／輸出引起的時延。

平行化（*Parallelization*）

給定一個輸入陣列（或 n 維陣列），將其分成不同的、獨立的工作部分，並對每個部分單獨執行操作。

迴圈分塊（*Loop tiling*）[46]

在迴圈中更改資料存取順序，以更佳發揮硬體的記憶體佈局和快取。這種優化依賴硬體。CPU 上的良好存取模式不同於 GPU 上的良好存取模式。

運算子融合（*Operator fusion*）

將多個運算子融合為一個運算子，以避免多餘的記憶體存取。例如，對同一個陣列的兩個操作，需要對該陣列進行兩次迴圈。在融合的情況下，它只是一個迴圈。圖 7-13 顯示運算子融合的範例。

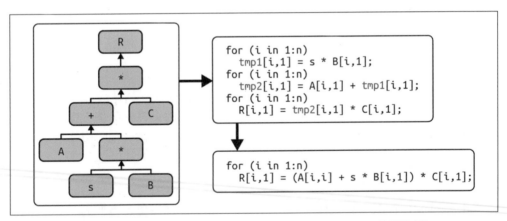

圖 7-13　運算子融合的範例。資料來源：改編自 Matthias Boehm 的圖像 [47]

---

[46] 有關迴圈分塊的實用視覺化表達，請參閱 Colfax Research 的演示《Access to Caches and Memory》（*https://oreil.ly/7ipWQ*），簡報第 33 頁。演示來自英特爾架構程式設計和優化的第 10 節：實務工作坊系列。整個系列可在 *https://oreil.ly/hT1g4* 獲取。

[47] Matthias Boehm，《Architecture of ML Systems 04 Operator Fusion and Runtime Adaptation》，格拉茨工業大學，2019 年 4 月 5 日，*https://oreil.ly/py43J*。

要更大幅度加速，你需要碰到計算圖中的更高級別的結構。例如帶有計算圖卷積神經網路，可將之作垂直或水平融合，以減少記憶體存取並加快模型速度，如圖 7-14 所示。

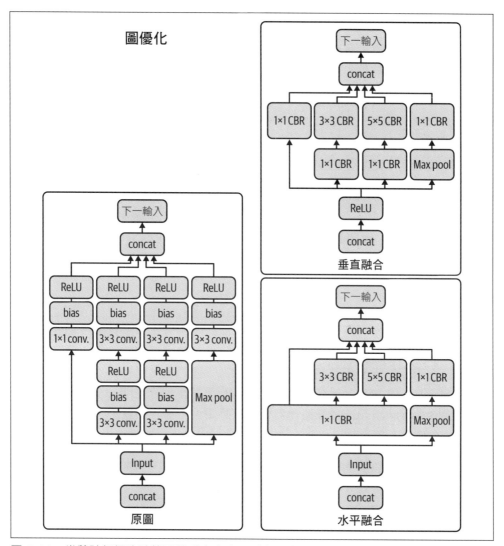

圖 7-14　卷積神經網路計算圖的垂直和水平融合。資料來源：改編自 TensorRT team 的圖像 [48]

---

[48]　Shashank Prasanna、Prethvi Kashinkunti 和 Fausto Milletari，《TensorRT 3: Faster TensorFlow Inference and Volta Support》NVIDIA 開發人員，2017 年 12 月 4 日，*https://oreil.ly/d9h98*。CBR 代表「卷積（convolution）、偏差（bias）和 ReLU」。

使用 ML 來優化 ML 模型

如上一段有關卷積神經網路垂直和水平融合所指出,對於給定的計算圖,有許多可能的執行方法。例如,給定三個運算子 A、B 和 C,你可以將 A 與 B 融合、將 B 與 C 融合,或者將 A、B 和 C 融合在一起。

傳統上,框架和硬體供應商聘請優化工程師,他們根據自己的經驗,提出如何最佳執行模型計算圖的捷思。例如,NVIDIA 可能有一名工程師或一組工程師專注於如何讓 ResNet-50 在他們的 DGX A100 伺服器上真正快速地運行 [49]。

手工設計的捷思有幾個缺點。首先,它們不是最佳化的。不能保證工程師提出的捷思法就是最好的解決方案。其次,它們是非適應性的。在新框架或新硬體架構上重複這個過程,需要付出巨大的努力。

由於模型優化取決於其計算圖所包含的運算子,因此模型優化確實很複雜。優化卷積神經網路不同於優化循環神經網路,後者又不同於優化 Transformer。NVIDIA 和 Google 等硬體供應商專注於為其硬體優化 ResNet-50 和 BERT 等流行模型。但如果你是一名 ML 研究員,並且想出了一個新的模型架構,那怎麼辦?你可能需要自行優化模型,在被硬體供應商採用和優化之前,證明它是快速的。

如果你對於該用什麼捷思沒有頭緒,一個可能的解決方案,是嘗試所有可能的方法來執行計算圖,記錄它們需要運行的時間,然後選擇最好的一個。然而,可能路徑的組合繁多,探索所有路徑是很棘手的。幸運的是,對於棘手問題找出近似解決方案正是 ML 擅長的。我們何不使用 ML 來縮小搜索空間,這樣我們就不用探索那麼多路徑,並預測一條路徑需要多長時間,這樣我們就不必等待整個計算圖執行完畢吧?

要估計一條透過計算圖的路徑運行需要多久是很困難的,因為它需要對該圖做出很多假設。專注於圖的一小部分會容易許多。

---

49 這也是為什麼你不應該過份理解基準測試結果,例如 MLPerf 的結果(*https://oreil.ly/XrW2C*)。流行模型在某種硬體上運行得非常快並不意味著任意模型在該硬體上也運行得非常快。可能只是這個模型被過度優化了。

如果你在 GPU 上使用 PyTorch，你可能已經見過 `torch.backends.cudnn.bench` `mark=True`。當此項設置為 True 時，將啟用 *cuDNN* 自動調諧（*autotune*）。cuDNN 自動調諧在一組預定的卷積運算子執行選項中來進行搜索，然後選擇最快的方法。cuDNN autotune 儘管有效，但僅適用於卷積運算子。一個更通用的解決方案是 autoTVM（*https://oreil.ly/ZNgzH*），它是開源編譯器棧 TVM 的一部分。autoTVM 使用的是子圖，而不僅僅是一個運算子，因此它使用的搜索空間要複雜得多。autoTVM 的工作方式相當複雜，但簡單來說：

1. 它首先將你的計算圖分解為子圖。

2. 它預測每個子圖有多大。

3. 它分配時間為每個子圖搜索最佳路徑。

4. 它將每個子圖的最佳可能方式拼接一起，以執行整個圖。

autoTVM 測量運行每條路徑所花費的實際時間，這為其提供了真實資料來訓練成本模型，以預測未來路徑需要多長時間。這種方法的優點在於，由於模型是使用運行時生成的資料進行訓練的，因此它可以適應任何運行所需的硬體類型。缺點是成本模型需要更多時間才能開始改進。圖 7-15 顯示對於 NVIDIA TITAN X 上的 ResNet-50 模型，autoTVM 與 cuDNN 相比的效能提升。

雖然基於 ML 編譯器的成果令人留下深刻印象，但也有一個問題：可能很慢。你需要遍歷所有可能的路徑，並找到最優化的路徑。對於複雜的 ML 模型，此過程可能需要數小時，甚至數天。但這是一次性操作，優化搜索的結果可以置於快取，用於優化現有模型，並作為未來微調部分的起點。你為一個硬體後端優化模型一次，然後在相同硬體類型的多個設備上運行它。當你有一個準備用於生產環境的模型和其運行推理的目標硬體時，這種優化就最好不過。

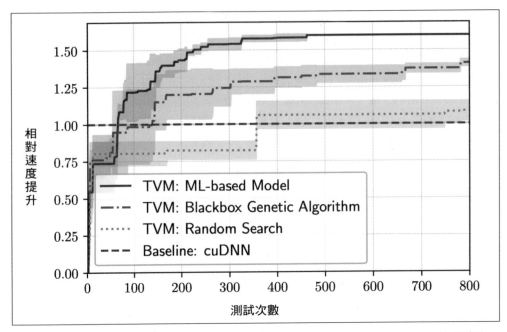

圖 7-15　對於 ResNet-50，autoTVM 在 NVIDIA TITAN X 實現比 cuDNN 更快的速度。autoTVM 需要大約 70 次試驗才能勝過 cuDNN。資料來源：Chen 等人 [50]

瀏覽器中的 ML

我們一直在討論編譯器如何幫助我們在某些硬體後端生成機器本機程式碼，以運行模型。其實，也可以透過在瀏覽器中運行該程式碼，來生成可以在任何硬體後端上運行的程式碼。如果你可以在瀏覽器運行模型，那麼模型就可在任何支持該瀏覽器的設備上運行：MacBook、Chromebook、iPhone、Android 手機等。你不必理會設備使用什麼晶片。如果 Apple 決定從 Intel 晶片轉向 ARM 晶片，你也不必擔心。

說到瀏覽器，很多人都會想到 JavaScript。有一些工具可以將模型編譯成 JavaScript，例如 TensorFlow.js（*https://oreil.ly/3Afzv*）、Synaptic（*https://oreil.ly/SYiLq*）和 brain.js（*https: //oreil.ly/83IIa*）。然而，JavaScript 速度很慢，而且它作為一種程式設計語言，處理複雜邏輯（例如從資料中提取特徵）的能力有限。

50　Chen 等人，《TVM: An Automated End-to-End Optimizing Compiler for Deep Learning》。

更可靠的方法是 WebAssembly（WASM）。WASM 是一套公開的標準，允許在瀏覽器中執行程序。在 scikit-learn、PyTorch、TensorFlow 或任何使用的框架構建模型後，你可將模型編譯為 WASM，而非特定硬體上運行的編譯版本。然後你將取得一個可執行文件，並與 JavaScript 一起使用。

WASM 是我近年看過最振奮人心的技術趨勢之一。它效能卓越、易於使用，其生態系統發展有燎原之勢 [51]。截至 2021 年 9 月，全球 93% 的設備都支持此技術 [52]。

由於 WASM 運行在瀏覽器中的速度很慢是它的主要缺點。儘管 WASM 已經比 JavaScript 快得多，但與設備（例如 iOS 或 Android 應用程式）上運行的程式碼相比，仍然很慢。Jangda 等人的一項研究顯示，編譯為 WASM 的應用程式比本機應用程式運行速度平均慢 45%（Firefox）至 55%（Chrome）[53]。

小結

恭喜，你已完成了本書中技術含量最高的章節之一！本章是偏重技術性討論，因為部署 ML 模型面對的挑戰在工程上，而不在於 ML 本身。

我們討論了部署模型的不同方法，比較了線上預測和批量預測，以及邊緣機器學習和雲端機器學習。每種方式都各有挑戰。線上預測使模型更快回應用戶不斷變化的偏好，但你必須擔心推理時延。當模型生成預測的時間太長時，批量預測是一種解決方法，但它會降低模型靈活性。

同樣，在雲端進行推理很容易設置，但網路時延和雲端成本，可能使其變得不太實際。要在邊緣進行推理，設備需具有足夠的計算能力、記憶體和電池。

無論如何，我認為這些挑戰大多是基於運行 ML 模型時，面對硬體上的限制。隨著硬體變得更強大，並針對 ML 進行優化，我相信 ML 系統將過渡至設備上的線上預測，如圖 7-16 所示。

51　Wasmer，*https://oreil.ly/dTRxr*；Awesome Wasm，*https://oreil.ly/hlIFb*。

52　我可以使用 _____ 嗎？，*https://oreil.ly/slI05*。

53　Abhinav Jangda、Bobby Powers、Emery D. Berger 和 Arjun Guha，《Not So Fast: Analyzing the Performance of WebAssembly vs. Native Code》，USENIX，*https://oreil.ly/uVzrX*。

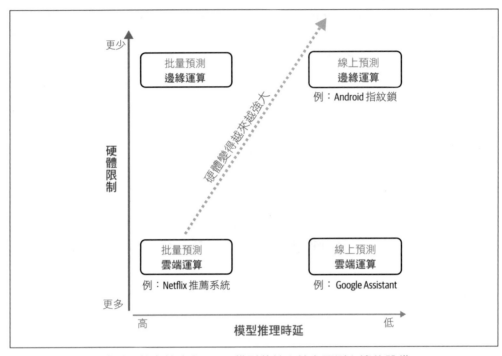

圖 7-16　隨著硬體變得越來越強大，ML 模型將轉向線上預測和邊緣設備

我曾經認為，一個 ML 專案在部署模型後就完成了，相信本章已明確指出我之前的想法是大錯特錯。將模型從開發環境轉移到生產環境，會產生一系列全新的問題。首先是如何在生產環境中保持該模型。在下一章，我們將討論生產模型會面對什麼失敗情況，以及如何持續監控模型，檢測並盡快解決問題。

## 第八章

資料分布轉移和監控

一位高階管理人員告訴我以下的故事，相信許多讀者也有共鳴。大約兩年前，他的公司聘請了一家諮詢公司來開發 ML 模型，幫助預測下週每款雜貨的需求，以便相應地補貨。諮詢公司花了六個月的時間來開發模型。當諮詢公司移交模型時，公司進行了部署，對其效能也非常滿意。他們終於可以向投資者自誇是一家 AI 驅動公司。

然而一年過後，指標下降。某些商品的需求被高估，導致額外商品過期。同時，某些商品的需求被低估，導致銷售損失[1]。最初，他的庫存團隊手動更改模型的預測，以糾正注意到的模式，但最終，模型的預測變得非常糟糕，以至無法使用。他們有三種選擇：向同一家諮詢公司支付巨額資金以更新模型；向另一家諮詢公司支付更多的錢，因為這家公司即時跟上進度；或者聘請內部團隊，繼續維護模型。

這家公司吸取的慘痛教訓，也是業內其他公司正在經歷的一課：部署模型不是流程終點。模型的效能在生產中會隨著時間的推移而下降。部署模型後，我們仍然需要持續監控其效能，以檢測問題，並部署更新來修復問題。

---

[1] 這似乎是一種相當常見的庫存預測模式。Eugene Yan 在他的文章《6 Little-Known Challenges After Deploying Machine Learning》也有提及退化反饋迴路的類似故事（*https://oreil.ly/p1yCd*）（2021 年）。

在本章和下一章，我們將涵蓋把模型保持在生產環境的必要課題。首先，我們會介紹 ML 模型在開發中效能出色卻在生產中失敗的原因。然後，我們將深入探討一個特別普遍和棘手的問題，這幾乎影響所有生產 ML 模型，就是資料分布變化。當模型在生產中的資料分布與訓練期間接觸到的資料分布相異或相悖時，就會發生這種情況。我們將繼續介紹如何監控分布變化。在下一章，我們將介紹如何在生產環境中不斷更新模型，以適應資料分布的變化。

ML 系統故障原因

在確定 ML 系統故障原因之前，讓我們簡單討論一下什麼是 ML 系統故障。所謂故障，即系統的一個或多個期望被違反。對於傳統軟體，我們主要關心系統的操作預期：系統是否在預期的操作指標（例如時延和吞吐量）內執行其邏輯。

對於 ML 系統，我們關心它的操作指標和 ML 效能指標。以一個英 - 法機器翻譯系統為例，其操作期望可能是，給定一個英文句子，系統會在一秒鐘內返回法語翻譯。它的 ML 效能期望是，返回翻譯在 99% 情況下是原始英語句子的準確翻譯。

如果你在系統中輸入了一個英文句子，卻沒有得到翻譯，這違反了第一種預期，所以這是一個系統故障。

如果你得到的翻譯不正確，它不一定是系統故障，因為預期的準確性有一定誤差範圍。但如果你一直向系統輸入不同英文句子，系統也一直返回錯誤翻譯，那麼第二個期望就被違反了，這就是系統故障。

操作預期上的違規更容易檢測，因為它們通常連帶操作中斷的狀況，例如超時、網頁上的 404 錯誤、記憶體不足錯誤或記憶體區段錯誤。但是，ML 效能預期上的違規更難檢測，因為這樣做需要測量和監控生產 ML 模型的效能。在以上的英語 - 法語機器翻譯系統，如果我們不知道正確的翻譯是什麼，那麼我們很難檢測模型是否在 99% 情況下返回正確翻譯。Google 翻譯錯翻天的結果，用戶還是拿來照樣用的個案多不勝數，因為他們不知道這些翻譯是錯誤的。基於以上原因，ML 系統發生故障時總是無聲無息。

為有效檢測和修復生產環境中的 ML 系統故障，我們需要了解為何模型在開發過程中證明運行良好後，卻在生產中失敗。我們將檢查兩種類型的故障：軟體系統故障和 ML 特定故障。

軟體系統故障

軟體系統故障是非 ML 系統可能發生的故障。以下是軟體系統故障的一些範例：

相依失效（*Dependency failure*）

系統相依的軟體包或程式碼庫中斷，這會導致系統崩潰。相依性由第三方維護時，常出現這種失敗模式，如果該第三方不再存在，此失敗模式更為常見[2]。

部署失敗（*Deployment failure*）

由部署錯誤引起的故障，例如不小心部署了舊版本模型的二進位文件，或當系統沒有讀取或寫入某些文件的正確權限時。

硬體故障（*Hardware failures*）

當你用於部署模型的硬體（例如 CPU 或 GPU）未按應有的方式運行時。例如使用的 CPU 出現過熱並發生故障[3]。

停機或崩潰（*Downtime or crashing*）

如果系統的某個組件從某處伺服器（例如 AWS 或其他託管服務）運行，當該伺服器發生故障時，你的系統也會因此出現故障。

某些故障確實不是 ML 特有的，但不能說它們對 ML 工程師不重要。2020 年，Google 的兩名 ML 工程師 Daniel Papasian 和 Todd Underwood 研究了 96 個 Google 大型 ML 管道中斷的案例。為確定原因，他們審查了過去 15 年的資料，並發現這 96 宗故障中，有 60 宗發生的原因與 ML 沒有直接關係[4]。大多數問題都與分布式系統有關，如工作流程排程的程式或編排器出錯，或與資料管道有關，例如多個來源的資料不正確地連接在一起，或使用了錯誤的資料結構。

2　這是許多公司對使用新創公司產品猶豫不決的原因之一，也是許多公司更願意使用開源軟體的原因之一。當你使用的產品不再由其創建者維護，如果該產品是開源的話，至少你能夠存取程式碼庫並自行維護它。

3　宇宙射線會導致硬體故障（維基百科，s.v《Soft error》，*https://oreil.ly/4cvNg*）。

4　Daniel Papasian 和 Todd Underwood，《How ML Breaks: A Decade of Outages for One Large ML Pipeline》，Google，2020 年 7 月 17 日，影片，19:06，*https://oreil.ly/WGabN*。非 ML 故障可能仍然是間接由 ML 引起的。例如，對於非 ML 系統，伺服器可能會故障，但由於 ML 系統往往需要更多的算力，因此可能會導致該伺服器故障更頻繁。

解決軟體系統故障不需要 ML 技能，而是傳統的軟體工程技能，解決這些問題超出了本書的範圍。因為傳統軟體工程技能在部署 ML 系統中的重要性，ML 工程主要是工程，而不是 ML[5]。對於有興趣從軟體工程的角度學習如何讓 ML 系統變得可靠的讀者，我強烈推薦 O'Reilly 出版的《Reliable Machine Learning》一書。Todd Underwood 是其中一名作者。

軟體系統故障普遍存在的一個原因是，行業採用 ML 仍屬初始階段，圍繞 ML 生產的工具有限，最佳實踐方案尚未開發完善，或建立起標準。然而，隨著生產階段 ML 的相關工具和最佳實踐方案愈趨成熟，有理由相信軟體系統故障的比例將會下降，而 ML 特定故障的比例將會增加。

ML 特定故障

ML 特定故障即特定於 ML 系統的故障。例如資料蒐集和處理時出現問題、設置不佳的超參數、訓練管道中的更改未被正確複製至推理管道（反之亦然）、資料分布變化導致模型效能隨時間惡化的、邊緣案例和退化的反饋迴路。

在本章，我們將專注於解決 ML 特定的故障。儘管它們只佔故障的一小部分，但它們可能比非 ML 故障更危險，因為它們很難檢測和修復，且可能讓整個 ML 系統變得不能使用。我們在第 4 章詳細介紹了資料問題，在第 6 章介紹了超參數調整，在第 7 章介紹了使用兩條獨立管道進行訓練和推理的危險。在本章中，我們將討論三個新問題，這些問題在部署模型後很常出現，分別是生產資料不同於訓練資料、邊緣個案、退化反饋迴路。

生產資料不同於訓練資料

當我們說 ML 模型從訓練資料中學習時，這意味著該模型學習訓練資料的潛在分布，目的是利用這種學習到的分布，為未見資料（即訓練時沒有看到的資料）生成準確的預測。我們將在第 238 頁的「資料分布偏移」小節中探討這在數學上的涵義。當模型能夠為看不見的資料生成準確的預測時，我們說這個模型「通用至未見資料」[6]。我們在開發過程中用來評估模型的測試資料，應該代表看不見的資料，而模型在測試資料上的效能應該讓我們了解模型的通用化能力。

5　我的職業生涯巔峰：伊隆・馬斯克同意我的看法（*https://oreil.ly/mBseG*）。

6　當面對面的學術會議仍然存在時，我經常聽到研究人員爭論誰的模型可以更好地通用化。「我的模型比你的模型通用程度更高」是最霸氣的。

我在 ML 課程學到的第一件事是，訓練資料和未見資料必須來自相似的分布。我們假定未見資料與訓練資料有著相同的平穩分布。如果未見資料來自不同的分布，則該模型可能無法很好地進行通用化 [7]。

這種假設在大多數情況下很難成立，原因有兩個。首先，真實世界背後的資料分布不太可能與訓練資料的分布相同。要為模型計畫一個可準確代表生產環境資料的訓練資料集，已證明非常困難 [8]。真實世界資料有很多面向，很多時候甚至是無限的，而訓練資料則是有限的，並受各種限制，例如資料集創建和處理期間可用的時間、運算能力和人力資源。正如第 4 章中所述，許多選擇偏誤和抽樣偏誤可能發生，使真實世界的資料與訓練資料產生分歧。分歧可以很小，比如說真實世界資料使用了另一種編碼方式代表 Emoji 符號。這種分歧會導致一種常見的故障模式，稱為訓練 - 服務傾斜（*train-serving skew*）：模型在開發中效能出色，但部署後效能強差人意。

其次，現實世界不是靜止的。世事無常，資料分布亦如是。在 2019 年，人們搜索「武漢」可能為了獲得旅行資訊，但自從新冠疫情爆發以來，人們搜索「武漢」可能是希望了解這個新冠發源地。另一種常見的故障模式是，模型在首次部署時效能良好，但隨著資料分布的變化，效能便漸降。只要模型仍在生產環境，就需要持續監控和檢測這種故障模式。

當我使用以上新冠病毒的例子來說明資料偏移時，有些人會覺得資料偏移只是由異常事件引起，它們不會經常發生。其實資料偏移一直在發生，有突如其來的、循序漸進的，也有週期性的。特定事件可以使其突然發生，例如競爭對手改變定價政策時，你必須更新價格預測以作回應；或者是你在新地區推出產品；或者當名人提到你的產品，導致新用戶激增，諸如此類。它們也可以漸漸發生變化，因為社會規範、文化、語言、趨勢、行業等都會隨著時間改變。至於週期性發生的偏移，例如人們在寒冷多雪的冬天比在春天更可能發出共享汽車請求。

---

7 Masashi Sugiyama 和 Motoaki Kawanabe，《*Machine Learning in Non-stationary Environments: Introduction to Covariate Shift Adaptation*》，（劍橋，馬薩諸塞州：麻省理工學院出版社，2012 年）。

8 John Mcquaid，《Limits to Growth: Can AI's Voracious Appetite for Data Be Tamed?》，*Undark*，2021 年 10 月 18 日，*https://oreil.ly/LSjVD*。

由於 ML 系統的複雜性以及不良的部署措施，監控版面上看似資料偏移的狀況，很大一部分是由內部錯誤[9]引起的。例如資料管道中的錯誤、錯誤輸入的缺失值、訓練和推理階段中提取特徵不一致、使用錯誤資料子集的統計資料來標準化特徵、錯誤模型版本、或應用程式界面中的錯誤，迫使用戶改變他們的行為。

由於這是一種影響幾乎所有 ML 模型的錯誤模式，我們將在第 238 頁「資料分布偏移」小節詳細介紹。

邊緣案例

想像有一輛自動駕駛汽車可以在 99.99% 的時間內安全駕駛，但在另外 0.01% 的時間內，它可能會發生災難性事故，使你永久受傷甚至死亡[10]。你會搭乘這輛車嗎？

想說不？當然不止你一個這樣想。如果這些故障導致災難性後果，那麼即使 ML 模型在大多數情況下效能良好，只要在少數情況下失敗，都可能無法使用。出於這個原因，主要的自動駕駛汽車生產商正專注於讓其系統能夠在邊緣案例中運行[11]。

邊緣案例即極端的資料樣本，它們會導致模型出現災難性錯誤。儘管邊緣情況通常指同一分布中提取的資料樣本，但如果令模型輸出不佳的資料樣本數量突然增加，則可能表明資料背後的分布已經發生變化。

自動駕駛汽車一例，通常用於說明邊緣案例如何令我們無法部署 ML 系統。但這也適用於任何安全至上的應用程式，例如醫療診斷、交通控制、電子蒐證[12]等。它也適用於其他應用類型。想像一下，一個客戶服務聊天機器人可以對大多數請

9　一家監控服務公司的首席技術長（CTO）告訴我，在他的估計中，服務捕獲的偏移中有 80% 由人為錯誤造成。

10　這意味著自動駕駛汽車比一般真人司機更安全。在 2019 年，每 100,000 名持照司機的交通相關死亡率為 15.8，即 0.0158%（《Fatality Rate per 100,000 Licensed Drivers in the U.S. from 1990 to 2019》，Statista，2021 年，*https://oreil.ly/w3wYh*）。

11　Rodney Brooks，《Edge Cases for Self Driving Cars》，*Robots, AI, and Other Stuff*，2017 年 6 月 17 日，*https://oreil.ly/Nyp4F*；Lance Eliot，《Whether Those Endless Edge or Corner Cases Are the Long-Tail Doom for AI Self-Driving Cars》，*Forbes*，2021 年 7 月 13 日，*https://oreil.ly/L2Sbp*；Kevin McAllister，《Self-Driving Cars Will Be Shaped by Simulated, Location Data》，*Protocol*，2021 年 3 月 25 日，*https://oreil.ly/tu8hs*。

12　e-discovery（*https://oreil.ly/KCets*），即電子發現，是指法律程序中的發現步驟，例如訴訟、政府調查或資訊自由法案的要求，所尋求的資訊為電子格式。

求做出合理的回應，但有時，它會給出過份的種族或性別歧視內容。採用這個機器人的公司都要冒上品牌風險，這使得該機器人不能使用。

邊緣案例和異常值

你可能希望了解異常值和邊緣案例之間的區別。邊緣案例的定義因領域而異。基於 ML 近年才開始在生產環境被採用，邊緣案例仍發現階段，這使得它們的定義存在爭議。

在本書中，異常值指向的是資料：即該例子與其他例子明顯不同。邊緣案例指的是效能：即該例子的模型輸出效果明顯低於其他例子。異常值可能導致模型效能異常糟糕，使其成為邊緣案例。然而，並非所有異常值都是邊緣案例。例如，在高速公路上亂穿馬路的人是異常值，但如果你的自動駕駛汽車能夠準確檢測到該人並決定適當的動作，這就不會成為邊緣案例。

在模型開發過程中，異常值會對模型效能產生負面影響，如圖 8-1 所示。在許多情況下，移除異常值可能是有益的，因為它可以幫助模型學習更好的決策邊界，並更好地普及至未見資料。但是在推理過程中，你通常不能刪除或忽略與有顯著差異的查詢。你可選擇對其進行轉換——例如：當你在 Google 搜索中輸入「機氣學席」時，google 可能會問你是不是指「機器學習」。但可能你也希望，即使模型要處理意料之外的輸入，也能維持良好效能。

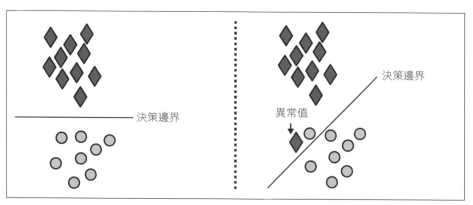

圖 8-1　左圖顯示了沒有異常值時的決策邊界。右圖顯示了有一個異常值時的決策邊界，這與第一種情況下的決策邊界有很大不同，而且可能不太準確。

退化反饋迴路

在第 91 頁「自然標籤」一節，我們討論了反饋迴路，即從顯示預測到提供預測反饋所花費的時間。反饋可用於提取自然標籤，以評估模型的效能並進行下一次訓練迭代。

當預測本身影響反饋時，可能會發生退化反饋迴路，而反饋又會影響模型的下一次迭代。更正式的說法是，當系統輸出用於生成未來的輸入時，就會創建一個退化的反饋迴路，這反過來會影響系統的未來輸出。在 ML 框架，系統預測會影響用戶與系統的交互方式，並且由於用戶與系統的交互資料有時會用作訓練同一系統的，因此可能會出現退化的反饋迴路，造成意外後果。退化反饋迴路在帶有用戶自然標籤的任務中尤為常見，例如推薦系統和廣告點擊率預測。

舉個具體例子，假設你構建了一個系統，向用戶推薦他們可能喜歡的歌曲。系統排名靠前的歌曲先展示給用戶。因為歌曲首先被顯示，用戶點擊它們的次數更多，這讓系統更有信心，認為這些推薦是好的。一開始，A 和 B 兩首歌的排名可能只是略有不同，但因為 A 的排名高一點，所以在推薦列表中出現的位置更高，使得用戶點擊 A 的次數更多，使得系統把 A 的排名推得更高。一段時間後，A 的排名會比 B 高很多[13]。退化反饋迴路是流行電影、書籍或歌曲越來越受歡迎的原因之一，這使得新項目很難打入流行榜。這類型場景在生產環境非常普遍，並引起大量研究。此現象有許多別稱，包括「曝光偏差」、「流行偏差」、「過濾氣泡」，還有「迴聲室效應」。

另外分享一個例子，說明退化反饋迴路如何被我們「引狼入室」。假設你要建立一個簡歷篩選模型，來預測具有特定簡歷的人是否能勝任這份工作。該模型發現，特徵 X 可以準確預測某人是否合格，因此它會推薦具有特徵 X 的簡歷。你可以將 X 替換為「讀過史丹佛大學」、「在 google 工作過」或「男性身分」等特徵。招聘人員只面試模型推薦的人，即他們只面試具有 X 特徵的候選人，意味著公司只僱用具有 X 特徵的候選人。這樣一來又使模型更加重視特徵 X[14]。看清模型如何給出預測（如第 5 章所述，測量每個特徵對模型的重要性），在這種情況下，可以幫助檢測模型針對特徵 X 的偏差程度。

---

13 Ray Jiang、Silvia Chiappa、Tor Lattimore、András György 和 Pushmeet Kohli，《Degenerate Feedback Loops in Recommender Systems》，*arXiv*，2019 年 2 月 27 日，*https://oreil.ly/b9G7o*。

14 這與「倖存者偏差」有關。

如果無人察覺退化反饋迴路，導致模型頂多也只能給出次優的結果；最壞情況是讓資料中存在的偏見延續和放大，例如對沒有特徵 X 的候選人產生偏見。

檢測退化反饋迴路。如果退化反饋迴路如此糟糕，我們如何知道系統中的反饋迴路是否在退化？當系統處於離線狀態時，退化反饋迴路很難檢測到。退化迴路由用戶反饋引致，但系統在上線（即部署給用戶）之前，都不會有用戶。

對於推薦系統的任務，即使系統處於離線狀態，也可以透過測量系統輸出的流行多樣性，來檢測退化反饋迴路。一個項目的受歡迎程度可以根據過去與之交互的次數（例如，查看、喜歡、購買等）來衡量。所有項目的受歡迎程度可能遵循長尾分布：少數項目的互動次數很高，而大多數項目根本沒有互動。Brynjolfsson 等人提出了總體多樣性（*aggregate diversity*）和長尾項目的平均覆蓋率（*average coverage of long tail items*）等各種指標。（*https://oreil.ly/8EKPf*）（2011），Fleder 和 Hosanagar（*https://oreil.ly/PmNQm*）（2009），以及 Abdollahpouri 等人（*https://oreil.ly/EkiFw*）（2019）可以幫助你衡量推薦系統輸出的多樣性[15]。低分意味著你的系統輸出是同質的，這可能是由流行偏差引起的。

在 2021 年，Chia 等人進一步提出點擊率相對流行度的衡量方法。他們首先根據受歡迎程度，將項目分配於桶內——例如：一號桶由互動次數少於 100 次的項目組成，二號桶由互動次數超過 100 次但少於 1000 次的項目組成等等。然後對於每桶項目，他們測量推薦系統給出預測的準確性。如果系統推薦受歡迎項目的表現比推薦不太受歡迎項目好得多，則可能會受到流行偏差的影響[16]。一旦系統進入生產環境，而你注意到預測隨著時間推移變得單一化，系統可能已受到退化反饋迴路影響。

---

15 Erik Brynjolfsson、Yu (Jeffrey) Hu 和 Duncan Simester，《Goodbye Pareto Principle, Hello Long Tail: The Effect of Search Costs on the Concentration of Product Sales》，*Management Science* 57，第 8 期 (2011 年)：1373–86，*https://oreil.ly/tGhHi*；Daniel Fleder 和 Kartik Hosanagar，《Blockbuster Culture's Next Rise or Fall: The Impact of Recommender Systems on Sales Diversity》，Management Science 55，第 5 期（2009 年），*https://oreil.ly/Zwkh8*；Himan Abdollahpouri、Robin Burke 和 Bamshad Mobasher，《Managing Popularity Bias in Recommender Systems with Personalized Re-ranking》，*arXiv*，2019 年 1 月 22 日，*https://oreil.ly/jgYLr*。

16 Patrick John Chia、Jacopo Tagliabue、Federico Bianchi、Chloe He 和 Brian Ko，《Beyond NDCG: Behavioral Testing of Recommender Systems with RecList》，*arXiv*，2021 年 11 月 18 日，*https://oreil.ly/7GfHk*。

糾正退化反饋迴路。退化反饋迴路是一個常見問題，因此有許多糾正建議。我們將在本章討論兩種方法。第一是使用隨機化，第二個是使用位置特徵。

如上文所述，退化反饋迴路會導致系統的輸出隨著時間推移變得更加單一化。在預測過程引入隨機化，可以降低單一性。以推薦系統為例，我們不止向用戶顯示系統排名高的項目，還有隨機項目，並使用他們的反饋來確定這些項目的真實品質。這就是 TikTok 遵循的方法。每條新影片都獲得隨機的初始流量配額「池」（最多可達數百次展示）。透過初始流量，我們可以在不帶偏見情況下，評估每條影片的品質，以確定是否應將影片移至更大的流量池，或標記為不相關[17]。

隨機化已證明可以提高多樣性，但其代價對是用戶體驗的影響[18]。向用戶展示完全隨機的項目，可能會導致用戶對我們的產品失去興趣。一種智能探索策略，例如第 289 頁「以上下文賭博機作為一種探索策略」一節中討論的策略，可以幫助增加項目多樣性，同時把預測的準確度損失控制在可接受範圍。Schnabel 等人使用少量隨機化和因果推理技術，來估計每首歌曲不帶偏見的程度[19]。他們能夠證明該算法能夠糾正推薦系統，使推薦對創作者一視同仁。

上文另一個討論點是，退化反饋迴路是由用戶對預測的反饋引起，而根據顯示的位置，用戶對預測的反饋出現有偏差。考慮以上的推薦系統例子，你每次向用戶推薦五首歌曲，並發現與其他四首歌曲相比，最受推薦的歌曲更有可能被點擊。你不確定模型是否特別擅長挑選熱門歌曲，還只是用戶盲目點擊任何置頂歌曲。

如果顯示預測的位置以任何方式影響其反饋，可使用位置特徵對位置資訊進行編碼。位置特徵可以是數字（例如位置 1、2、3 ……）或布林值（例如預測結果「是否」置頂）。請注意這裡的「位置特徵」與第 5 章中提到的「位置嵌入」不同。

17　Catherine Wang，《Why TikTok Made Its User So Obsessive? The AI Algorithm That Got You Hooked》，*Towards Data Science*，2020 年 6 月 7 日，*https://oreil.ly/J7nJ9*。

18　Gediminas Adomavicius 和 YoungOk Kwon，《Improving Aggregate Recommendation Diversity Using Ranking-Based Techniques》，*IEEE Transactions on Knowledge and Data Engineering 24*，第 5 期（2012 年 5 月）：896–911，*https://oreil.ly/0JjUV*。

19　Tobias Schnabel、Adith Swaminathan、Ashudeep Singh、Navin Chandak 和 Thorsten Joachims，《Recommendations as Treatments: Debiasing Learning and Evaluation》，*arXiv*，2016 年 2 月 17 日，*https://oreil.ly/oDPSK*。

以下是如何使用位置特徵一個簡單例子。在訓練過程中，將「是否首先推薦歌曲」作為特徵，添加到訓練資料中，如表 8-1 所示。此特徵允許模型了解「成為熱門推薦」對點擊歌曲的可能性有多大影響。

表 8-1　向你的訓練資料添加位置特徵，以減輕退化反饋迴路

ID	歌曲	類型	年份	藝人	用戶	第一位	點擊
1	Shallow	Pop	2020	Lady Gaga	listenr32	**False**	No
2	Good Vibe	Funk	2019	Funk Overlord	listenr32	**False**	No
3	Beat It	Rock	1989	Michael Jackson	fancypants	**False**	No
4	In Bloom	Rock	1991	Nirvana	fancypants	**True**	Yes
5	Shallow	Pop	2020	Lady Gaga	listenr32	**True**	Yes

在推理過程中，你預測的是「不管歌曲推薦在哪裡，用戶會否點擊該歌曲」，因此你可以將 1st Position 特徵設置為 False。然後你可以查看模型為每個用戶給出的不同歌曲預測變化，並重新安排每首歌曲的顯示順序。

這是一個很簡單的例子，單靠此法或不足以對抗退化反饋迴路。一種更複雜的方法，是使用兩種不同的模型，第一個模型用來預測用戶基於推薦顯示位置看到並考慮該推薦的機率。第二個模型用來預測用戶在看到並考慮該項目後，點擊該項目的機率。第二個模型與位置無關。

資料分布偏移

在上一節，我們討論了 ML 系統故障的一些常見原因。我們將在本節集中討論一個特別棘手的故障原因：就是資料分布偏移，或簡稱資料偏移。資料分布偏移是指監督學習中模型處理的資料隨時間變化的現象，這會導致該模型的預測准確性隨時間下降。訓練模型的資料分布稱為**源分布**（*source distribution*）。模型運行推理的資料分布稱為**目標分布**（*target distribution*）。

儘管隨著 ML 在行業中的日益普及，圍繞資料分布偏移的討論在最近幾年才普遍起來，但早在 1986 年，已有研究觸及從資料中學習之系統的資料分布偏移[20]。有一本關於資料集分布偏移的書，由 Quiñonero-Candela 等人所著的《Data Shift in Machine Lerning》，由 MIT Press 於 2008 年出版。

20　Jeffrey C. Schlimmer 和 Richard H. Granger, Jr.，《Incremental Learning from Noisy Data》，*Machine Lerning* 1 (1986): 317–54，*https://oreil.ly/FxFQi*。

資料分布偏移的類型

雖然資料分布偏移通常與其他術語互換使用，例如：「概念偏移」、「協變數偏移」，還有偶爾出現的「標籤偏移」，但它們其實是資料偏移的三種不同子類。請注意，從研究的角度來看，關於不同類型資料偏移的討論涉及大量數學知識，且大部分討論都是有用的：既然我們要開發有效的算法來檢測和解決資料偏移，就需要了解這些偏移的原因。在生產環境，當遇到分布變化，資料科學家通常不會停下來想想這是什麼類型的變化。他們最關心的是要做些什麼來應對這種偏移。如果你覺得這些討論過於深入，請隨意跳到第 241 頁「一般資料分布變化」的部分。

要理解概念偏移、協變數偏移和標籤偏移的涵義，我們首先需要定義幾個數學符號。設模型輸入項稱為 X，輸出項為 Y。我們知道在監督學習中，訓練資料可以看作是來自聯合分布 $P(X, Y)$ 的一組樣本，然後 ML 所做的通常就是建立基於 $P(Y|X)$ 的模型。這個聯合分布 $P(X, Y)$ 可以用兩種方式分解：

- $P(X, Y) = P(Y|X)P(X)$
- $P(X, Y) = P(X|Y)P(Y)$

$P(Y|X)$ 表示給定輸入之輸出的條件機率 —— 例如：給定電子郵件內容，一封電子郵件為垃圾郵件的機率。$P(X)$ 表示輸入的機率密度。$P(Y)$ 表示輸出的機率密度。標籤偏移、協變數偏移和概念偏移的定義如下：

協變數偏移（Covariate Shift）

　　當 $P(X)$ 改變但 $P(Y|X)$ 保持不變時。這是指聯合分布的第一次分解。

標籤偏移（Label shift）

　　當 $P(Y)$ 改變但 $P(X|Y)$ 保持不變時。這是指聯合分布的二次分解。

概念飄移（Concept drift）

　　當 $P(Y|X)$ 改變但 $P(X)$ 保持不變時。這是指聯合分布的第一次分解 [21]。

如果你感到困惑，先別慌。我們將在下一節中以例子說明它們的區別。

21　你可能想知道 $P(X|Y)$ 發生變化但 $P(Y)$ 保持不變的情況，如在第二次分解中那樣。我從未見過這種設置的相關研究。我問了幾位專門研究資料偏移的研究人員，他們還告訴我這種設置太難研究了。

協變數偏移

協變數偏移是研究最廣泛的資料分布偏移形式之一 [22]。在統計學中，協變數是一個獨立變數，它可以影響給定統計試驗的結果，但沒有直接關係。假設你正在進行一項實驗，以確定地點如何影響房價。房價的變數就是直接關係者，而你知道建築面積也會影響價格，因此建築面積是一個協變數。在監督式 ML，標籤即是直接關係者的變數，輸入特徵是協變數。

從數學上講，協變數偏移是指 $P(X)$ 發生變化，但 $P(Y|X)$ 保持不變，這意味著輸入的分布發生變化，但在給定輸入的情況下輸出的條件機率保持不變。

以下有關檢測乳腺癌的任務可有助具體說明。你知道 40 歲以上的女性患乳腺癌的風險更高 [23]，因此你有一個變數「年齡」作為輸入項。訓練資料中 40 歲以上的女性可能比推理資料中的女性多，因此訓練資料和推理資料的輸入分布不同。然而，對於給定年齡的範例，例如 40 歲以上，這個例子患乳腺癌的機率是恆定的。因此 $P(Y|X)$，即 40 歲以上患乳腺癌的機率，是相同的。

在模型開發過程中，協變數偏移可能是由於資料選擇過程出現偏差而發生，這可能是因為某些類別蒐集範例有困難。例如要研究乳腺癌，你要獲取女性到診所檢測乳腺癌的資料。因為醫生鼓勵 40 歲以上的人進行檢查，所以資料樣本都集中於 40 歲以上的女性。所以說，協變數偏移與樣本選擇偏差問題密切相關 [24]。

訓練資料被人為更改，使模型更容易學習，也可能導致協變數偏移。正如第 4 章中所述，ML 模型很難從不平衡的資料集中學習，因此要蒐集更多稀有類別的樣本，或對稀有類別的資料進行過度抽樣，使模型更容易學習。

協變數偏移也可能由模型的學習過程引起，尤其是主動學習。在第 4 章，我們定義主動學習為「我們不是隨機選擇樣本來訓練模型，而是利用捷思，使用對模型

22 Wouter M. Kouw 和 Marco Loog，《An Introduction to Domain Adaptation and Transfer Learning》，*arXiv*，2018 年 12 月 31 日，*https://oreil.ly/VKSVP*。

23 《Breast Cancer Risk in American Women》，美國國家癌症研究所，*https://oreil.ly/BFP3U*。

24 Arthur Gretton、Alex Smola、Jiayuan Huang、Marcel Schmittfull、Karsten Borgwardt 和 Bernard Schölkopf，《Covariate Shift by Kernel Mean Matching》，*Journal of Machine Learning Research*（2009 年），*https://oreil.ly/s49MI*。

最有幫助的樣本。」這意味著因應學習過程，訓練用輸入資料的分布變得與現實世界輸入資料的分布不同，變相導致協變數偏移 [25]。

在生產環境，協變數偏移通常是由於環境或使用應用程式的方式出現重大變化。假設你有一個模型可預測免費用戶轉化為付費用戶的可能性。用戶的收入水平是一個特徵。Y 公司營銷部門最近發起了一項活動，該活動吸引了比當前群組更富裕的用戶。模型中的輸入分布發生了變化，但給定收入水平用戶轉化的機率維持不變。

如果事先知道真實世界的輸入分布與訓練輸入分布有何不同，你可以利用**重要性加權**（*importance weighting*）等技術來訓練你的模型，以處理真實世界的資料。重要性加權包括兩個步驟：首竹 估計真實世界輸入分布與訓練輸入分布之間的密度比例，然後根據該比例，對訓練資料進行加權，並在該加權資料上訓練 ML 模型 [26]。

然而，因為我們不知道分布在現實世界中會如何變化，所以很難事先訓練模型，使其穩健應對新的、未知的分布。已有人研究試圖幫助模型學習表達跨資料分布不變的潛在變數 [27]，但我不察覺它們有被行業採用的趨勢。

標籤偏移

標籤偏移，也稱為先驗偏移、先驗機率偏移或目標偏移，是在 $P(Y)$ 發生變化，但 $P(X|Y)$ 保持不變。你可以將之視為輸出分布發生變化的情況，但對於給定的輸出，輸入分布保持不變。

請記住協變數偏移是指輸入分布發生變化。當輸入分布發生變化時，輸出分布也會發生變化，導致協變數偏移和標籤偏移同時發生。考慮以上關於協變數偏移的乳腺癌預測任務。因為訓練資料中 40 歲以上的女性比推理資料中的女性多，所以在訓練期間，POSITIVE 標籤的百分比更高。但是，如果你從訓練資料中隨機

25　Sugiyama 和 Kawanabe，《*Machine Learning in Non-stationary Environments*》。

26　Tongtong Fang、Nan Lu、Gang Niu 和 Masashi Sugiyama，《*Rethinking Importance Weighting for Deep Learning under Distribution Shift*》，*NeurIPS Proceedings* 2020，*https://oreil.ly/GzJ1r*；Gretton 等人，《Covariate Shift by Kernel Mean Matching》。

27　Han Zhao、Remi Tachet Des Combes、Kun Zhang 和 Geoffrey Gordon，《On Learning Invariant Representations for Domain Adaptation》，*Proceedings of Machine Learning Research* 97（2019年）：7523-32，*https://oreil.ly/ZxYWD*。

選擇患有乳腺癌的人 A，並從測試資料中隨機選擇患有乳腺癌的人 B，要被選中者超過 40 歲的話，則 A 和 B 有著相同的機率。這意味著 $P(X|Y)$，即患有乳腺癌的人中，年齡為 40 歲以上的機率，是一樣的。所以這也是一個標籤偏移的案例。

但是，並非所有協變數偏移都會導致標籤偏移。這是一個細微的點，所以我們另舉一例來說明之。想像一下，現在每個女性都服用一種預防藥物，可以幫助降低她們患乳腺癌的機率。對於所有年齡段的女性，機率 $P(Y|X)$ 都會減少，因此它不再屬於協變數偏移的情況。然而，給定一個患有乳腺癌的人，年齡分布保持不變，所以這仍然是標籤轉移的情況。

由於標籤偏移與協變數偏移密切相關，因此檢測和調整模型以適應標籤偏移的方法，類似於適應協變數偏移的方法。我們也將在本章加之論述。

概念飄移

概念飄移，也稱為往後移動，是指輸入分布保持不變，但給定輸入時，輸出的條件分布發生變化。你可以視之為「相同輸入，不同輸出」。假設你負責一個根據房屋特徵預測房屋價格的模型。在 COVID-19 之前，在舊金山購買一戶三房的公寓可能要花費 200 萬美元。然而，在 COVID-19 初期，許多人離開了舊金山，因此同樣的公寓只需花費 150 萬美元。因此，即使房屋特徵的分布保持不變，給定特徵的房價條件分布也發生了變化。

在許多情況下，概念飄移是週期性的或季節性的。例如：共享汽車價格會在工作日和週末波動，機票價格會在假期上漲。公司可能有不同的模型來處理週期性和季節性飄移，例如：一個模型預測工作日的共享汽車價格，另一個模型預測週末的價格。

一般資料分布變化

現實世界中還有其他類型的變化，即使沒有得到很好的研究，它們仍然會降低模型效能。

一種是特徵變化（*feature change*），例如添加新特徵、刪除舊特徵，或特徵所有可能值的集合發生變化 [28]。例如模型曾使用年份作為「年齡」特徵，但現在它使用月份，則該特徵值的範圍發生了飄移。我們團隊曾發現模型的效能直線下降，是因為管道中的一個錯誤，導致一個特徵值為 NaN（「not a number」的縮寫）。

28　你可以將此視為 $P(X)$ 和 $P(Y|X)$ 都發生變化的情況。

標籤對應架構更改（*Label schema change*）是指 *Y* 的一組可能值發生更改。隨著標籤轉移，*P(Y)* 發生變化，但 *P(X|Y)* 保持不變。而隨著標籤對應架構的改變，*P(Y)* 和 *P(X|Y)* 都變化了。所謂對應架構，即資料結構的描述。標籤的對應架構說明了該任務的標籤如何構成，例如類別對應整數值的字典 ：{"POSITIVE": 0, "NEGATIVE": 1}，即為一個對應架構。

對於回歸任務，標籤對應架構可能會因為標籤值可能範圍的變化而更改。假設你正在構建一個模型來預測信用評分，原本使用的信用評分系統範圍是 300 到 850，但你切換到一個從 250 到 900 的新系統。

對於分類任務，標籤對應架構可能會基於新類別發生變化。假設你在構建一個診斷疾病的模型，而現在出現一種新疾病。類別也可能過時了，或變得更加細分。假設你負責提及品牌貼文的情緒分析模型。最初，你的模型只預測三個類別：POSITIVE、NEGATIVE 和 NEUTRAL。然而，營銷部門意識到最具破壞性的貼文是憤怒的貼文，因此他們想要把 NEGATIVE 分為兩類：SAD 和 ANGRY。你的任務現在有四個類，而不是三個類。當類別數量發生變化時，你的模型結構可能會發生變化 [29]，你可能需要重新標記資料，並從頭開始訓練模型。標籤架構更改在高基數任務（具有大量類別的任務）中尤為常見，例如產品或文件分類任務。

沒有規定說每次只會發生一種類型的偏移。一個模型可能同時遭受多種類型的偏移，使得處理更加困難。

檢測資料分布偏移

只有在導致模型效能下降時，資料分布偏移才會成為問題。第一件可做的事情，就是在生產環境監控模型的準確性指標（準確率、F1 分數、召回率、AUC-ROC 等）看看它們是否發生變化。這裡的「變化」通常指「減少」，但如果模型準確率突然上升或大幅波動，不清楚原因的話，我也會想調查一下。

透過將模型的預測與真實標籤進行比對，我們得出準確性相關的指標 [30]。在模型開發期間，你可以存取標籤，但在生產環境，你不一定能經常存取標籤，即使你

29　如果你使用使用 softmax 的神經網路作為分類任務的最後一層，則此 softmax 層的維度為 [隱密單元數目×分類數目]。當類別的數量發生變化時，softmax 層中的參數數量也會發生變化。

30　如果你使用無監督學習方法，你不需要真實標籤，但當今絕大多數應用程式都是監督式的。

這樣做，也如第 91 頁「自然標籤」小節所述，獲取標籤過程會有延遲。在合理的時間窗口內存取標籤，對了解模型效能有極大幫助。

當基準真相標籤不可用、或因延遲太久而無用時，我們可以監視其他相關的分布，例如輸入分布 $P(X)$、標籤分布 $P(Y)$、條件分布 $P(X|Y)$ 和 $P(Y|X)$。

雖然我們不需要知道基準真相標籤 Y 來監控輸入分布，但監控標籤分布和兩種條件分布都需要知道 Y。在研究中，人們一直在努力理解和檢測目標分布沒有標籤下的標籤偏移。其中一項成果是 Lipton 等人（2018）的 Black Box Shift Estimation（*https://oreil.ly/4rKh7*）。然而在業界，大多數飄移檢測方法都側重於檢測輸入分布的變化，尤其是特徵的分布，將在本章中加以討論。

統計方法

在業界，許多公司用來檢測兩個分布是否相同的一種簡單方法是比較它們的統計資料，例如最小值、最大值、平均值、中位數、變異數、各種分位數（例如第 5、25、75 或 95 分位數）、偏度、峰度等。例如，你可以在推理過程中計算特徵值的中位數和變異數，並將它們與訓練過程中計算的指標進行比較。截至 2021 年 10 月，即使是 TensorFlow Extended 的內置資料驗證工具（*https://oreil.ly/knwm0*），也僅使用匯總統計來檢測訓練資料和服務資料之間的偏差，以及不同日期訓練資料之間的變化。這是一個好開始，但這些指標還遠遠不夠[31]。如果均值、中位數和變異數能有力總結分布的話，才可說三者對分布有用。如果這些指標存在顯著差異，推理分布可能已從訓練分布偏移，但即便是這些指標相近，也不能保證沒有偏移。

更複雜的解決方案，是使用雙樣本假設檢驗，簡稱為雙樣本檢驗。它是確定兩個總體（兩組資料）之間的差異是否具有統計顯著性的測試。如果差異在統計上有顯著性，則差異由於抽樣變異引起隨機波動的機率非常低，因此，差異是由「這兩個總體來自兩個不同的分布」這一事實造成的。如果你將昨天的資料視為資料來源人群，將今天的資料視為目標人群，且它們在統計上存在差異，則資料背後的分布可能在昨天和今天之間發生了變化。

---

[31] Hamel Husain 就為什麼 TensorFlow Extended 的偏差檢測如此糟糕，在 CS 329S 課堂做了一段精彩的演講：機器學習系統設計（*https://oreil.ly/Y9hAW*）（史丹佛大學，2022 年）。你可以在YouTube（*https://oreil.ly/ivxbQ*）收看。

需要注意的是，僅因為差異具有統計顯著性，並不意味著它實際上很重要。然而一個好的捷思是，如果你能夠從相對較小的樣本中檢測到差異，那麼它可能是一個嚴重的差異。如果差異需要大量樣本才能被檢測出來，可能不需太擔心。

基本的雙樣本檢驗是 Kolmogorov–Smirnov 檢驗，也稱為 K-S 或 KS 檢驗 [32]。它是一種非參數統計檢驗，這意味著它不需要基礎分布的任何參數。它不對基礎分布做出任何假設，這意味著它可以適用於任何分布。然而，KS 檢驗的一個主要缺點是它只能用於一維資料。如果模型的預測和標籤是一維的（標量數值），則 KS 檢驗可用於檢測標籤或預測偏移。然而，它不適用於高維度資料，而特徵通常是高維度的 [33]。KS 測試的成本可能太昂貴，並產生太多誤報 [34]。

另一個測試是 Least-Squares Density Difference，一種基於最小二乘密度差估計方法的算法 [35]。還有 MMD，Maximum Mean Discrepancy（*https://oreil.ly/KzUuw*）（Gretton 等人，2012），一種用作多變數雙樣本測試、基於核心的技術，以及其變體 Learned Kernel MMD（*https://oreil.ly/C5dXI*）（Liu 等人，2020 年）。MMD 在研究領域中很受歡迎，但在撰寫此書時，我還不知道業界中有任何公司使用它。Alibi Detect（*https://oreil.ly/162tf*）是一個很棒的開源包，實現了許多飄移檢測算法，如圖 8-2 所示。

通常，低維資料比高維資料的雙樣本測試更有效，因此強烈建議你在對資料執行雙樣本測試之前，降低資料維度 [36]。

---

32 I. M. Chakravarti、R. G. Laha 和 J. Roy，《Handbook of Methods of Applied Statistics》，卷。第 1 輯，*Techniques of Computation, Descriptive Methods, and Statistical Inference*（紐約：Wiley，1967 年）。

33 Eric Feigelson 和 G. Jogesh Babu，《Beware the Kolmogorov-Smirnov Test!》，賓夕法尼亞州立大學天體統計中心，*https://oreil.ly/7AHcT*。

34 Eric Breck、Marty Zinkevich、Neoklis Polyzotis、Steven Whang 和 Sudip Roy，《Data Validation for Machine Learning》，*Proceedings of SysML*，2019 年，*https://oreil.ly/xoneh*。

35 Li Bu、Cesare Alippi 和 Dongbin Zhao，《A pdf-Free Change Detection Test Based on Density Difference Estimation》，*IEEE Transactions on Neural Networks and Learning Systems* 29，第 2 期（2018 年 2 月）：324–34，*https://oreil.ly/RD8Uy*。作者聲稱該方法適用於多維輸入。

36 Stephan Rabanser、Stephan Günnemann 和 Zachary C. Lipton，《Failing Loudly: An Empirical Study of Methods for Detecting Dataset Shift》，*arXiv*，2018 年 10 月 29 日，*https://oreil.ly/HxAwV*。

探測器	列表式	圖像	時間 序列	文字	分類特徵	線上	特徵 層面
Kolmogorov-Smirnov	✓	✓		✓	✓		✓
Cramér-von Mises	✓	✓				✓	✓
Fisher's Exact Test	✓				✓	✓	✓
Maximum Mean Discrepancy (MMD)	✓	✓		✓	✓	✓	
Learned Kernel MMD	✓	✓		✓	✓		
Context-aware MMD	✓	✓	✓	✓	✓		
Least-Squares Density Difference	✓	✓		✓	✓	✓	
Chi-Squared	✓				✓		✓
Mixed-type tabular data	✓				✓		✓
Classifier	✓	✓	✓	✓	✓		
Spot-the-diff	✓	✓	✓	✓	✓		✓
Classifier Uncertainty	✓	✓	✓	✓	✓		
Regressor Uncertainty	✓	✓	✓	✓			

圖 8-2　Alibi Detect 實現的一些飄移檢測算法（ *https://oreil.ly/162tf* ）。資料來源：專案的 GitHub 倉儲截圖

用於檢測偏移的時間量程窗口

所有偏移並非相同——有些偏移往往比其他偏移更難察覺。例如偏移以不同的速度發生，突然的偏移比緩慢、漸進的偏移更容易檢測出來 [37]。偏移也可能發生在兩個維度上：空間或時間。空間偏移是指接入點之間發生的偏移，例如應用程式獲得了一組新用戶，或應用程式轉到不同類型的設備上提供服務。時間變化是隨時間發生的變化。為了檢測時間偏移，一種常見的方法是將 ML 應用程式的輸入資料視為時間序列資料 [38]。

---

[37] Manuel Baena-García、José del Campo-Ávila、Raúl Fidalgo、Albert Bifet、Ricard Gavaldà 和 Rafael Morales-Bueno，《Early Drift Detection Method》，2006 年，*https://oreil.ly/Dnv0s*。

[38] Nandini Ramanan、Rasool Tahmasbi、Marjorie Sayer、Deokwoo Jung、Shalini Hemachandran 和 Claudionor Nunes Coelho Jr.，《Real-time Drift Detection on Time-series Data》，*arXiv*，2021 年 10 月 12 日，*https://oreilly/xmdqW*。

處理時間偏移時，查看資料的時間量程窗口會影響我們可以檢測到的偏移。如果你的資料以一週為週期，則小於一週的時間量程將無法檢測到該週期。考慮圖 8-3 中的資料，如果我們使用第 9 天到第 14 天的資料作為資料來源分布，那麼第 15 天看起來像是一個偏移。但是，如果我們使用第 1 天到第 14 天的資料作為源分布，那麼第 15 天的所有資料點都可能基於同一分布。此例說明了週期差異能干擾偏移存在的真實性，因此檢測時間偏移是很困難的。

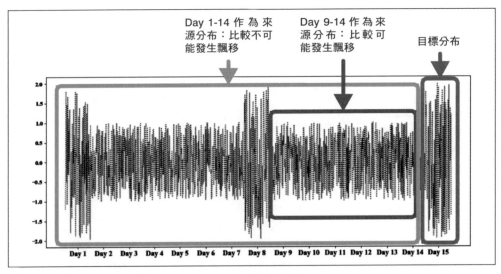

圖 8-3　分布是否隨時間飄移取決於指定的時間量程窗口

在計算隨時間變化而運轉的統計資料時，區分累積統計資料（*cumulative*）和滑動統計資料（*sliding statistics*）很重要。滑動統計資料是在單個時程窗口內計算的，例如一小時。累積統計資料會隨著更多資料不斷更新。即對於每個時程窗口的起始點，滑動準確度被重置，而累積滑動準確度沒有被重置。由於累積統計信息包含來自先前時間窗口的信息，因此它們可能會掩蓋特定時間窗口中發生的事情。圖 8-4 顯示了累積準確度如何隱藏 16 到 18 小時之間準確度突然下降的範例。

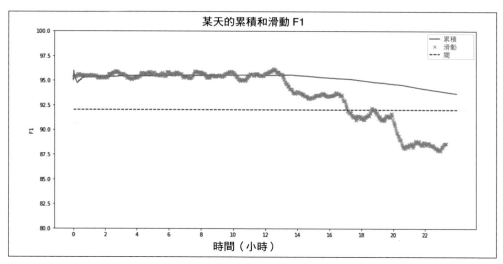

圖 8-4 累積準確度掩蓋了第 16 個小時和第 18 個小時之間出現的準確度驟降。來源：改編自 MadeWithML 的圖片（*https://oreil.ly/viegx*）

在時間空間中處理資料，會使事情變得更加複雜，需要時間序列分析技術的知識，例如時間序列分解，此部分超出本書範圍。對對時間序列分解感興趣的讀者，Lyft 的工程團隊有一個很好的案例研究（*https://oreil.ly/zi1kk*），介紹了他們如何分解時間序列資料，以應對市場季節性。

今天，許多公司使用訓練資料的分布作為基礎分布，並以一定的顆粒程度（例如：每小時和每天）監控生產資料分布[39]。時間量程窗口越短，你能夠越快檢測資料分布的變化。然而，時間量程窗口太短會導致錯誤的偏移警報，如之前圖 8-3 的範例所述。

一些平台，尤其是那些處理實時資料分析（如監控）的平台，提供合併操作的方式，允許把更短時程窗口的統計資料，合併並創建更大時程窗口的統計資料。例如，你可以每小時計算你關心的資料統計資料，然後將這些每小時統計資料塊合併，並以每天的方式查看。

更高級的監控平台甚至套用根本原因分析（RCA）功能，自動分析各大小時間窗口的統計資料，以準確檢測資料發生變化的時間窗口[40]。

39　我正在研究一種可按分鐘細分的解決方案。

40　感謝 Goku Mohandas 在 MLOps Discord 服務器上分享此技巧（*https://oreil.ly/UOJ8h*）。

解決資料分布偏移

公司如何處理資料偏移，取決於 ML 基礎設施設置的複雜程度。一方面，我們有些公司剛剛開始使用 ML，仍努力將 ML 模型投入生產階段，因此他們還沒有達到資料偏移可能造成災難性後果的階段。然而，在未來的某個時間點（也許是三個月，也許是六個月）他們可能意識們最初部署的模型已經退化至弊大於利的程度。然後他們需要調整模型，適應變化後的分布，或用其他解決方案替換它們。

與此同時，許多公司認為資料轉移是不可避免的，因此他們會定期重新訓練模型（每月一次、每週一次或每天一次）不管轉移的程度如何。如何確定重新訓練模型的最佳頻率是一個重要的決定，許多公司仍然根據直覺，而不是實驗資料來確定[41]。我們將在第 9 章中詳細討論重新訓練頻率。

要使模型在生產中使用新的分布，主要有三種方法。第一種是目前主導研究領域的方法：使用海量資料集訓練模型。這裡我們希望訓練資料集足夠大，讓模型學習到全面透徹的分布，以至模型在生產中遇到的任何資料點都可能源自同一分布。

第二種方法在研究領域中不太流行，它是在不需要新標籤的情況下，把經訓練的模型適配至目標分布。Zhang 等人（2013）使用因果解釋以及條件分布和邊際分布的核心嵌入，來校正模型對協變數偏移和標籤偏移的預測，而不使用目標分布中的標籤[42]。同樣，Zhao 等人（2020）提出了領域不變的表示學習：一種無監督領域適應技術，即使在分布變化的情況下，也可以無差異學習資料表示方式[43]。然而，這一研究領域尚未得到充分探索，尚未在行業中得到廣泛採用[44]。

41　正如一位早期評閱者 Han-chung Lee 所指出，這也是因為較小的公司沒有足夠資料供給模型。當你沒有很多資料時，最好有一個基於時間的方案，而不是讓方案過度擬合不足的資料。

42　Kun Zhang、Bernhard Schölkopf、Krikamol Muandet 和 Zhikun Wang，《Domain Adaptation under Target and Conditional Shift》，*Proceedings of the 30th International Conference on Machine Learning*（2013 年），*https://oreil.ly/C123l*。

43　Han Zhao、Remi Tachet Des Combes、Kun Zhang 和 Geoffrey Gordon，《On Learning Invariant Representations for Domain Adaptation》，*Proceedings of Machine Learning Research* 97 (2019)：7523–32，*https://oreil.ly/W78hH*。

44　Zachary C. Lipton、Yu-Xiang Wang 和 Alex Smola，《Detecting and Correcting for Label Shift with Black Box Predictors》，*arXiv*，2018 年 2 月 12 日，*https://oreil.ly/zKSlj*。

第三種方法是當今業界通常採用的方法：使用來自目標分布的標記資料，再訓練模型。然而，重新訓練模型並不是那麼簡單。重練可能意味著在舊資料和新資料上從頭開始重新訓練你的模型，或者繼續在新資料上訓練現有模型。後者也稱為微調。

想重練模型，要先回答兩個問題。首先，是從頭開始訓練模型（無狀態重練），還是從最後一個檢查點繼續訓練它（有狀態重練）？第二，使用什麼資料——過去 24 小時、上週、過去 6 個月還是飄移開始時的資料？你可能需要進行實驗，以確定哪種最適合你的重練策略 45。

在本書中，我們使用「重新訓練」來指代從頭開始的訓練和微調。我們將在下一章詳談重練策略。

熟悉資料偏移文獻的讀者，可能經常看到「資料偏移」老是與「領域適應」和「遷移學習」這些概念出現。如果你將分布視為領域，那麼使模型適應新分布的問題，就類似於使模型適應不同領域的問題。

同樣而言，如果你將學習聯合分布 $P(X, Y)$ 視為一項任務，那麼將一個從某聯合分布上訓練出來的模型，調整至另一個聯合分布，可以被視為一種遷移學習的形式。正如第 4 章所述，遷移學習指「為一項任務開發的模型被重新用作第二項任務模型的起點」的一系列方法。不同之處在於，有了遷移學習，就不需要為第二個任務從頭開始訓練基礎模型。但要使模型適應新的分布，你也可能需要從頭開始訓練模型。

解決資料分布偏移，不必在變化發生後才開始動手。你可以設計對偏移更穩健的系統。一個系統使用多個特徵，而不同的特徵以不同的速率變化。假設你在構建預測用戶會否下載應用程式的模型。你可能會想將該應用程式在應用程式商店中的排名用作一項特徵，因為排名較高的應用程式往往獲得更多的下載次數。但應用程式排名變化非常快。你可能希望將每個應用程式的排名分為一般類別，例如十大、排名 11 到 100 之間、101 到 1,000 之間、1,001 到 10,000 之間等。同時，一個應用程式的類別變化頻率可能會低很多，但它們預測用戶會否下載該應用程式的能力可能更弱。在為模型選擇特徵時，需要在特徵的效能和穩定性之間做出權衡：一個特徵可能對準確性非常有益，但會迅速惡化，迫使你更頻繁地訓練模型。

45　一些監控供應商聲稱他們的解決方案不僅能夠檢測模型何時應該重新訓練，還能夠檢測到哪些資料需要重新訓練。我無法驗證這些說法的有效性。

你也可以把系統設計成更容易適應偏移。例如，在像舊金山這樣的大城市，房價變化可能比亞利桑那州鄉郊地方更快，因此服務於舊金山的房價預測模型，可能需要比服務於亞利桑那州郊區的模型更頻繁地更新。如果你使用相同的模型來服務兩個市場，則必須使用來自兩個市場的資料，並以舊金山模型更新的速度來更新模型。但是，如果你為每個市場使用單獨的模型，則可以僅在必要時更新每個模型。

在我們繼續下一節之前，我想重申，並非所有模型在生產中的效能下降都需要ML 解決方案。今天許多 ML 的失敗個案仍然是由人為錯誤引起的。如果你的模型失敗是由人為錯誤引起，你首先需要找到這些錯誤，來修復它們。檢測資料偏移很困難，但確定導致偏移的原因可能更難。

監控和可觀察性

隨著業界意識到 ML 系統可能會出現很多問題，許多公司開始投資於生產環境ML 系統的監控和可觀察性。

監控和可觀察性有時可以互換使用，但它們是不同的。監控是指追蹤、測量和記錄不同指標的行為，這些指標可以幫助我們確定何時出現問題。可觀察性意味著以某種方式設置我們的系統，使我們能夠看到我們的系統，以幫助我們調查出了什麼問題。以這種方式設置我們系統的過程也稱為「儀器控制法」。儀器控制法的範例包括向函數添加計時器、計算特徵中的 NaN、追蹤輸入如何透過你的系統進行轉換、記錄異常事件（例如異常長的輸入）等。可觀察性是監控的一部分。沒有某種程度的可觀察性，就不可能進行監控。

監控是完全指標相關的。因為 ML 系統是軟體系統，所以你需要監控的第一類指標是操作指標。這些指標旨在傳達系統的健康狀況。它們一般分為三個層次：運行系統的網路、運行系統的機器和運行系統的應用程式。這些指標的例子是時延、吞吐量、模型在最後一分鐘／一小時／一天收到預測請求的數量、返回 2xx程式碼的請求的百分比、CPU/GPU 利用率、記憶體利用率等等。無論你的 ML模型有多好，只要系統出現故障，你都會受到影響。

讓我們看一個例子。軟體系統在生產階段最重要的特徵之一是可用性，即系統有多久時間可提供合理效能。這個特徵是透過正常運行時間（uptime），即系統正常啟動的時間百分比來衡量的。系統是否「正常運行」的條件由服務級別目標

（SLO）或服務級別協議（SLA）來定義。例如，SLA 可訂明，如果服務的時延中位數少於 200 毫秒，且第 99 個百分位數少於 2 秒，則該服務被視為正常運行。

服務提供商可能會以 SLA 的方式來擔保系統正常運行的時間。例如擔保系統在 99.99% 時間下正常運行，如果不能達到此水平，他們將向客戶退還款項。例如，截至 2021 年 10 月，AWS EC2 服務提供至少 99.99%（四個 9）的每月正常運行時間百分比，如果每月正常運行時間百分比低於該百分比，他們將向你退還服務積分，以用於未來的 EC2 付款 [46]。每月 99.99% 的正常運行時間，意味著該服務每月只能停機 4 分鐘多，而 99.999% 即每月只能停機 26 秒！

但是，對於 ML 系統，系統健康狀況比系統正常運行時間更重要。如果 ML 系統正常運行，但給出垃圾預測結果，用戶是不會欣然接受的。你要監控的另一類指標是特定於 ML 的指標，它們會告訴你 ML 模型的健康狀況。

ML 特定指標

在 ML 特定指標中，需要監控通常有四部分：模型的準確性相關指標、預測、特徵和原始輸入。這些產出物是由 ML 系統管道四個不同階段生成的，如圖 8-5 所示。產出物在管道位置越深，其經歷的轉換就越多，使得該產出物中的改變更可能源於轉換過程中的錯誤。然而，一個產出物經歷的轉換越多，結構化程度就越高，並越接近你真正關心的指標，使監控變得更容易。我們將逐一詳細介紹這些產出物。

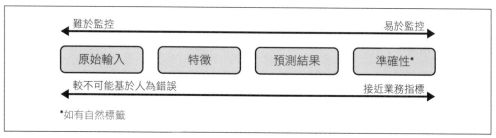

圖 8-5　一個產出物經歷的轉換越多，它的變化就越有可能是由其中一個轉換中的錯誤引起的

46　《Amazon Compute Service Level Agreement》，亞馬遜雲端運算服務（AWS），最後更新於 2021 年 8 月 24 日，*https://oreil.ly/5bjx9*。

監控與準確性相關的指標

如果系統收到任何對於預測的用戶反饋（包括點擊、隱藏、購買、贊成、反對、收藏、書籤、分享等），你絕對應該進行記錄和追蹤。一些反饋可用於推斷自然標籤，然後以此計算模型的準確性相關指標。與準確性相關的指標，是幫助你確定模型效能是否下降的最直接指標。

即使反饋不能用於直接推斷自然標籤，它也可以用於檢測 ML 模型效能的變化。例如構建系統來向用戶推薦下一套 YouTube 影片時，你不僅要追蹤用戶是否點擊推薦影片（點擊率），還要追蹤用戶持續觀看該影片的時間，以及他們是否完成觀看（完成率）。如果隨著時間的推移，點擊率保持不變，但完成率下降，這可能意味著推薦系統越來越差 [47]。

你也可以進一步改進系統，來蒐集用戶的反饋。例如：google 翻譯為用戶提供了對譯文投贊成票或反對票的選項，如圖 8-6 所示。如果系統收到的反對票數突然上升，則可能出現問題。這些反對票也可用於指引標記過程，例如讓專家人員為收到反對票的樣本生成新的翻譯，以訓練模型的下一迭代。

圖 8-6　google 翻譯允許用戶對翻譯進行投票或投票。這些投票將用於評估其翻譯模型的品質以及指導標記過程。

監控預測

預測是最常見的監控對象。如果是回歸任務，每個預測都是一個連續值（例如房屋的預測價格），如果是分類任務，每個預測都是與預測類別對應的離散值。因為每個預測通常只是一個數字（低維度），預測很容易視覺化，匯總統計資料易於計算和解釋。

47　使用完成率作為優化指標時要小心，因為它可能會引導推薦系統向短片傾斜。

你可以透過監控預測來檢測分布偏移。因為預測結果是低維度的，所以，要進行雙樣本測試來檢測預測分布是否發生了偏移，也更加容易。預測分布偏移也可代表著輸入分布發生偏移。假設輸入對應輸出的函數沒有改變，即模型的權重和偏差沒有改變，那麼預測分布的變化通常表示基礎輸入分布的變化。

你還可以透過監控預測來查看任何怪事，例如系統可能連續給出異常數量的陰性預測。正如第 91 頁「自然標籤」一節中所述，預測和真實標籤之間可能會有很長的時延。準確性相關指標在數天或數週內的變化未必很明顯，但模型在 10 分鐘內全部返回陰性預測，這種狀況可以立即檢測得到。

監控特徵

行業中的 ML 監控解決方案專注於追蹤特徵的變化，包括模型用作輸入的特徵以及從原始輸入至最終特徵之間資料轉換。特徵監控是引人入勝的概念，因為與原始輸入資料相比，特徵有良好結構，並遵循預定義的架構。特徵監控的第一步是**特徵驗證**（*feature validation*）：確保特徵遵循預期的架構。預期的架構通常根據訓練資料或常理生成。如果在生產環境的特徵違反了這些預期，則其分布可能會發生偏移。例如對於給定特徵，你可以檢查以下內容：

- 特徵的最小值、最大值或中位數是否在可接受的範圍內
- 特徵值是否滿足正規表示式（Regex）的格式
- 特徵的所有值都屬於一個預定義的集合
- 特徵的值總是大於另一個特徵的值

因為特徵通常以列表方式組織（每一列代表一個特徵，每一行代表一個資料樣本），特徵驗證也稱為「列表測試」或「列表驗證」。有些人稱它們為「資料的單元測試」。有許多開源庫可以幫助你進行基本特徵驗證，最常見的兩個是 Great Expectations（*https://oreil.ly/vBa35*）AWS 的 Deequ（*https://oreil.ly/OWoIB*）。圖 8-7 展示了 Great Expectations 的一些內置特徵驗證功能，以及使用範例。

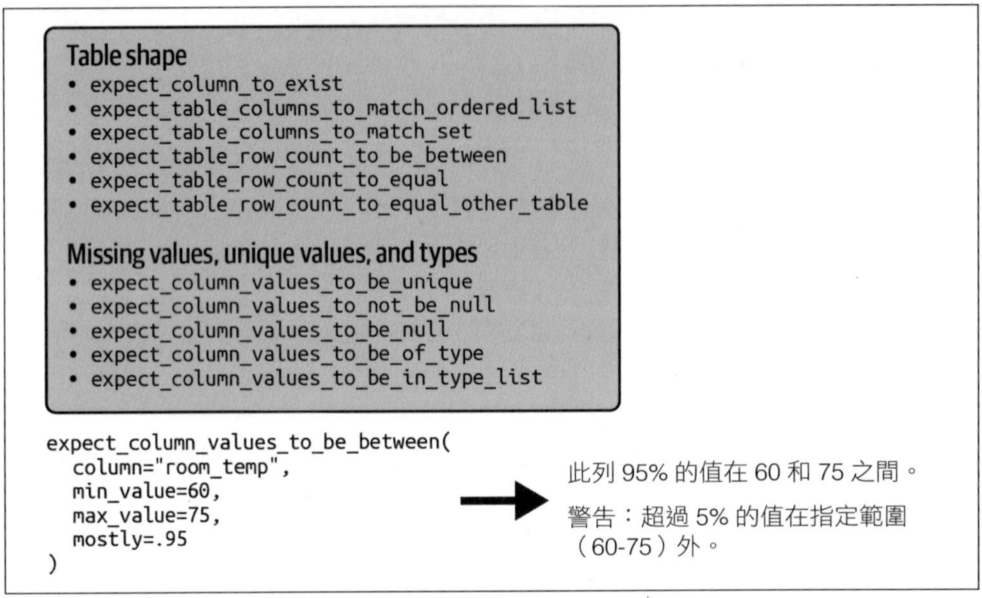

```
Table shape
• expect_column_to_exist
• expect_table_columns_to_match_ordered_list
• expect_table_columns_to_match_set
• expect_table_row_count_to_be_between
• expect_table_row_count_to_equal
• expect_table_row_count_to_equal_other_table

Missing values, unique values, and types
• expect_column_values_to_be_unique
• expect_column_values_to_not_be_null
• expect_column_values_to_be_null
• expect_column_values_to_be_of_type
• expect_column_values_to_be_in_type_list
```

```
expect_column_values_to_be_between(
    column="room_temp",
    min_value=60,
    max_value=75,
    mostly=.95
)
```

此列 95% 的值在 60 和 75 之間。

警告：超過 5% 的值在指定範圍
（60-75）外。

圖 8-7　Great Expectations 的一些內置功能驗證功能以及如何使用它們的範例。資料來源：改編自《Great Expectations》GitHub 倉儲的內容

除了基本特徵驗證之外，你還可以使用雙樣本測試來檢測一個特徵或一組特徵的基本分布是否發生了變化。由於一個特徵或一組特徵可能是高維度的，你可能需要在執行測試之前降低它們的維度，這可能會降低測試的有效性。

以下是進行特徵監控時四個主要關注點：

一家公司的生產環境可能有數百個模型，每個模型使用數以百計、甚至以千計的特徵。

假設要每小時計算所有特徵的匯總統計，即便是這樣簡單的事情也可能成本高昂。成本不僅體現在運算設備，也會體現在記憶體的使用。追蹤（即不斷計算）過多的指標，也會減慢你的系統，並增加用戶體驗的時延，以及檢測系統異常所需的時間。

雖然追蹤功能對於除錯很有用，但對於檢測模型效能下降並不是很有用。

理論上，一個小小的分布偏移會導致災難性失敗，但現實單個特徵的微小變化，可能根本不會損害模型的效能。特徵分布偏移一直在發生，而大部分的

變化是良性的 [48]。如果你想在某項特徵似乎出現飄移時收到警報，你可能很快就會被警報淹沒，並意識到這些警報中的大多數都是誤報。這可能會導致一種稱為「警報疲勞」的現象，即監控團隊不再關注警報，因為它們太頻繁了。可以看到，特徵監控的問題，會演變成找出關鍵特徵轉變的問題。

特徵提取通常經過多個步驟（例如：填充缺失值和正規化）、使用多個庫（例如 pandas、Spark）、在多項服務上完成的（例如 BigQuery 或 Snowflake）。

關聯式資料庫可能擔當特徵提取過程的輸入部分，NumPy 數組則作為輸出。即使你檢測到特徵發生負面變化，也可能無法檢測到這種變化是由基礎輸入分布的變化引起，還是由哪一個處理步驟的錯誤引起。

特徵所遵循的架構可能會隨時間改變。

如果你無法對架構進行版本控制，並將每個特徵對應到預期架構，則警報的可能是源於架構不匹配，而非資料更改。

以上的擔憂並不是說我們要忽視特徵監控的重要性；特徵空間的變化，有助你了解 ML 系統的健康狀況。希望你考慮以上幾點後，可更有效找出適切的特徵監控解決方案。

監控原始輸入

正如上一節所述，特徵變化可能是由處理步驟中的問題引起，而不是由資料的變化引起的。那麼如果我們在處理原始輸入之前就開始監控它們呢？原始輸入資料可能不容易監控，因為它可能來自多個不同格式的來源，遵循多種結構。如今許多 ML 工作流程的設置方式也使得 ML 工程師無法直接存取原始輸入資料，因為原始輸入資料通常由資料平台團隊管理，該團隊處理資料並將其移動到類似資料倉儲的位置，而 ML 工程師只能從已進行部分處理的資料倉儲中查詢資料。因此，監控原始輸入通常是資料平台團隊的責任，而不是資料科學或 ML 團隊的責任。因此，它超出了本書的範圍。

到目前為止，我們已經討論了不同類型的監控指標，從常見於軟體系統運營指標到 ML 特定的指標，幫助你追蹤 ML 模型的健康狀況。在下一節，我們將討論可用於幫助進行指標監控的工具箱。

48　Rabanser、Günnemann 和 Lipton，《Failing Loudly》。

監控工具箱

測量、追蹤和解釋複雜系統的指標是一項艱鉅的任務，工程師依靠一組工具來幫助他們做到這一點。業界普遍將指標、日誌和追蹤作為監控的三大支柱，但是我發現它們的區別很模糊。這種分類似乎是基於監控系統開發人員的視角：追蹤是日誌的一種形式，而指標可以從日誌中計算出來。在本節中，我想從監控系統用戶的角度出發，重點介紹以下工具：日誌、儀表板和警報。

日誌

傳統的軟體系統依靠日誌來記錄運行時產生的事件。事件是系統開發人員可能感興趣的任何事物，時間點可以是事件發生當下，或者事件發生後，用於除錯或分析。事件的例子包括是容器何時啟動、佔用的記憶體量、功能何時被呼叫、該功能何時完成運行、呼叫的其他功能、該功能的輸入和輸出等。另外，不要忘記記錄崩潰、堆疊追蹤、錯誤程式碼等。套用 Etsy 公司 Ian Malpass 的話：「只要是動起來的東西，我們都會追蹤[49]。」他們還追蹤尚未發生變化的東西，以防他們稍後動起來。

日誌數量增長可以非常快速。例如早在 2019 年，約會應用程式 Badoo 每天處理 200 億個事件[50]。當出現問題時，你需要查詢日誌，了解導致事故的事件序列，過程就像大海撈針。

在軟體部署的早期日子，一個應用程式可能只是個單一服務。事情發生時，你很容易知道它在哪裡發生。但是今天，一個系統可能由許多不同的組件組成：容器、工作排程器、微服務、混合持續性、網狀路由、短暫自動規模化的執行個體、無伺服器的 Lambda 功能。從發出請求到回應，請求可能會走過 20-30 步。難點可能不在於檢測何時發生何事，而是問題出自何處[51]。

---

49 Ian Malpass，《Measure Anything, Measure Everything》，*Code as Craft*，2011 年 2 月 15 日，*https://oreil.ly/3KF1K*。

50 Andrew Morgan，《Data Engineering in Badoo: Handling 20 Billion Events Per Day》，InfoQ，2019 年 8 月 9 日，*https://oreil.ly/qnnuV*。

51 Charity Majors，《Observability—A 3-Year Retrospective》，*The New Stack*，2019 年 8 月 6 日，*https://oreil.ly/Logby*。

當我們記錄一件事，我們希望這紀錄日後容易被找出來。這種微服務架構的實踐稱為**分布式追蹤**（*distributed tracing*）。我們為每個進程分配一個獨有 ID，這樣，當出現問題時，錯誤消息就（應該）會包含該 ID。這使我們能夠搜索與之關聯的日誌消息。我們還想為每個事件記錄所有必要的元資料：即事件發生的時間、事件發生所在的服務、呼叫的功能、與過程相關的用戶（如有）等。

由於日誌變得龐大且難以管理，現在有許多工具來幫助公司管理和分析日誌。日誌管理市場在 2021 年的估值達到 23 億美元，預計到了 2026 年，市場將增長至 41 億美元 [52]。

手動分析數十億記錄的事件只會徒勞無功，因此許多公司使用 ML 來分析日誌。ML 在日誌分析中的一個用例就是異常檢測：檢測系統中的異常事件。一個更複雜的模型甚至可以根據事件優先級進行分類，例如正常、異常、例外、錯誤和致命事件。

ML 在日誌分析中的另一個用例是，當服務失敗時，了解其相關服務受影響的機率，特別是當系統受到網路攻擊時，這可能特別有用。

許多公司以批量處理的方式處理日誌。在這種情況下，你蒐集了大量日誌，然後定期查詢，以搜尋特定事件。可以是執行 SQL 指令，或使用像在 Spark、Hadoop 或 Hive 集群中那樣的批量處理程序。這使得日誌處理變得高效，因為你可以利用分布式和 MapReduce 程序，以增加處理吞吐量。但由於日誌以定期方式處理，你也只能定期發現問題。

要在狀況發生時立即發現日誌中的異常，就要在記錄事件後立即進行處理。這使得日誌處理成為串流處理問題 [53]。你可以使用實時傳輸（例如 Kafka 或 Amazon Kinesis）來傳輸記錄的事件。要實時搜索具有特定特徵的事件，你可以利用串流式 SQL 引擎，如 KSQL 或 Flink SQL。

52　《Log Management Market Size, Share and Global Market Forecast to 2026》，MarketsandMarkets，2021 年，*https://oreil.ly/q0xgh*。

53　對於不熟悉串流處理的讀者，請參閱第 78 頁「批量處理與串流處理」小節。

儀表板

一圖更勝千言萬語。一系列數字對你來說可能毫無意義，但憑藉視覺化，生成的圖表可能會揭示這些數字之間的關係。將指標視覺化的儀表板對監控來說是至關重要的。

儀表板的另一個用途是讓非工程師也可以參與監控。監控不僅適用於系統開發人員，還適用於工程以外的利益相關者，包括產品經理和業務開發人員。

儘管圖表對理解指標有很大幫助，但僅靠它們是不夠的。你仍然需要相關經驗和統計知識。考慮圖 8-8 中的兩張圖。唯一顯然易見的，就是損失波動很大。如果說其中一張圖出現分布偏移，我可不知道是哪張圖。在圖表繪製一條擺動的線，比理解這條線的涵義要容易得多。

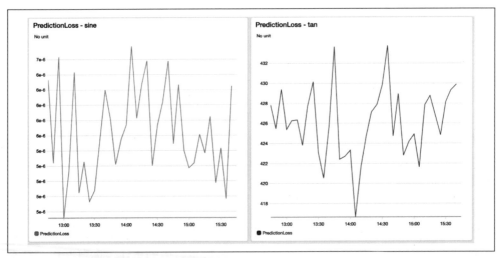

圖 8-8　圖表對於理解數字很有用，但還有不足之處。

儀表板上過多的指標也可能適得其反，這種現象稱為**儀表板腐爛**（*dashboard rot*）。重要的是我們懂得選擇正確的指標，或是低層級指標，以計算對特定任務更有意義的高層級信號。

警報

當我們的監控系統檢測到可疑情況時，有必要向合適的人發出警報。警報由以下三個部分組成：

警報政策

警報政策描述警報的條件。一旦指標超過閾值，或情況持續時間超過特定時間，便創建警報。例如模型準確率低於 90%、或 HTTP 回應時延高於一秒的情況持續超過 10 分鐘。

通知渠道

通知渠道描述當條件滿足時，要通知誰。警報將顯示在你使用的監控服務中，例如 Amazon CloudWatch 或 GCP Cloud Monitoring。當相關負責人沒有打開這些監控服務，你也可以及時聯繫他們，例如你可以將警報配置為發送電郵，收件者為 mlops-monitoring@（你的公司電子郵件網域），或者把消息發佈到 Slack 頻道，例如：#mlops-monitoring，或是把消息發送至 PagerDuty。

警報的描述

這有助警報接收者了解發生了什麼事。描述應該盡可能詳細，例如：

推薦模型準確率低於 90%

${timestamp}：此警報源自服務 ${service-name}

根據警報受眾性質，通常還有必要提供緩解說明，或有助於處理警報的例行程序和操作彙編，又稱運作手冊（*https://oreil.ly/vgLR8*），以協助制定行動項目。

正如本章前面所討論的，警報疲勞是一個真實存在的現象。警報疲勞讓人士氣低落，沒有人喜歡在半夜因為職責之外的事情被叫醒。這也是很危險的——長期面對瑣碎的警報，使人們降低對關鍵警報的敏感度。我們應設置有意義的條件，確保只有關鍵警報會被發出。

可觀察性

自 2010 年代中期以來，行業開始接受「可觀察性」而非「監控」一詞。「監控」不涉及系統內部狀態與其輸出之間的關係假設。你監視系統的外部輸出，以找出系統內部何時出現問題——但這不保證外部輸出會幫助你找出問題所在。

在軟體部署的早期日子，軟體系統非常簡單，監控外部輸出便足以維護軟體。以前一個系統只包含幾個組件，而一個團隊通常支配整個程式碼庫。如果出現問題，可以更改系統來進行測試，並找出問題所在。

然而在過去十年，軟體系統變得更加複雜。今天，一個軟體系統由許多組件組成。這些組件大部分是其他公司運行的服務（所有雲端原生服務出場！），也就是說一個團隊其實無法控制系統所有組件的內部。當出現問題時，團隊不能再透過拆解系統來找出問題所在。團隊必須依靠系統的外部輸出來弄清楚內部發生了什麼。

「可觀察性」一詞正是用於描述如何應對此挑戰。這是一個從控制理論中得出的概念，指「使用運行時從系統蒐集的『輸出』，更好地理解軟體的複雜行為[54]」。

遠測

在運行時蒐集的系統輸出，也稱為**遠測**（*telemetry*）。遠測是過去十年在軟體監控行業中出現的另一個術語。「遠測」一詞來自希臘語詞根 tele（意思是「遠程」）和 metron（意思是「測量」）。所以遠測基本上意味著「遠程測量」。在監控的語境，它指的是從遠程組件（例如雲服務或在客戶設備上運行的應用程式）蒐集的日誌和指標。

換句話說，相比傳統的「監控」，「可觀察性」做出更強的假設：系統內部狀態可以透過外部輸出的知識推斷出來。內部狀態可以是當前狀態，例如：「當前的 GPU 利用率」；也可以是歷史狀態，例如：「過去一天的平均 GPU 利用率」。

當一個「可觀察的系統」出現問題時，我們應該能夠透過查看系統的日誌和指標來找出問題所在，而無須向系統發送新程式碼。可觀察性是指以某種方式裝備系統，以確保蒐集和分析有關系統運行時的足夠信息。

54　Suman Karumuri、Franco Solleza、Stan Zdonik 和 Nesime Tatbul，《Towards Observability Data Management at Scale》，*ACM SIGMOD Record* 49，第 4 期（2020 年 12 月）：18–23，*https://oreil.ly/oS5hn*。

監控以指標為中心，指標通常是聚合的。可觀察性則允許使用更細分的指標，這樣你不僅可以知道模型的效能何時下降，還可以知道效能下降相應的輸入、子用戶組或時間段。例如你可以查詢日誌以回應以下的請求：「向我展示模型 A 在過去一小時內返回錯誤預測的所有用戶，並按他們的郵政編碼分組」，或「向我展示最近 10 分鐘的異常值請求」，或「顯示此輸入透過系統的所有中間輸出」。為實現這一點，你需要使用標籤和其他識別關鍵字記錄系統輸出，以便稍後可以根據資料的不同維度，進一步拆解輸出。

在 ML 中，可觀察性還包含可解讀性。可解讀性幫助我們理解 ML 模型如何運作，而可觀察性幫助我們理解整個 ML 系統（包括 ML 模型）是如何運作的。例如，當模型的效能在過去一個小時內下降時，如果能夠解釋哪項特徵對過去一個小時內做出的所有錯誤預測有最大影響，將有助我們找出系統出了什麼問題，以及如何修復 [55]。

我們在本討論了監控的多個方面，從要監控的資料和要追蹤的指標，到用於監控和可觀察性的不同工具。儘管監控是一個強大的概念，但它的本質是*被動*的。偏移發生了，你才可以測出偏移。監控有助於發現問題，而不是糾正問題。在下一節，我們將介紹持續學習，這是一種可以*主動*幫助你更新模型，以應對偏移的範式。

小結

這可能是我在本書最難編寫的一章。因為儘管了解 ML 系統在生產中如何失敗、為何會失敗很重要，但圍繞它的文獻實在有限。我們通常認為研究階段先於生產階段，但在 ML 的這個領域，研究領域仍在努力迎頭趕上。

為了理解 ML 系統的故障，我們區分了兩種類型的故障：軟體系統故障（非 ML 系統也會發生故障）和 ML 特定故障。儘管當今大多數 ML 故障都是非 ML 特定的，但隨著圍繞 MLOps 的工具和基礎設施成熟起來，這種情況可能會改變。

我們討論了 ML 特定故障的三個主要原因：生產資料與訓練資料不同、邊緣情況和退化反饋迴路。前兩個原因與資料有關，而最後一個原因與系統設計有關，因為系統的輸出影響了同一系統的輸入。

55　請參閱第 145 頁「特徵重要性」小節。

我們將注意力集中在近年來備受關注的一種故障類型：資料分布偏移。我們研究了三種類型的偏移：協變數偏移、標籤偏移和概念飄移。儘管研究分布偏移是 ML 研究中一個不斷發展的子領域，研究領域尚未找到標準的敘述。同樣的現象，不同的論文卻有著不同的稱呼。許多研究仍然基於這樣的假設：我們事先知道分布將如何偏移，或我們擁有來自源分布和目標分布的資料標籤。然而，在現實中，我們不知道未來的資料會是什麼樣子，為新資料獲取標籤可能成本高昂、速度緩慢，或者根本不可行。

為了檢測偏移，我們需要監控我們部署的系統。監控不僅僅是 ML，而是任何軟體工程系統在生產環境中一系列重要的實踐措施。它也屬於 ML 的領域範圍，我們應該從 DevOps 世界中多多學習。

監控完全是關於指標的。我們討論了需要監控的不同指標：操作指標——任何軟體系統都應該監控的指標，例如時延、吞吐量和 CPU 利用率——以及 ML 特定的指標。監控可應用於與準確性相關的指標、預測、特徵和／或原始輸入。

監控很難，因為即使計算指標的成本很低，理解指標也不是那麼簡單。構建儀表板來顯示圖表，看似簡單不過，但要理解圖表的涵義、有沒有飄移跡象，以及飄移（如有）是由資料背後分布變化造成的，還是由管道中的錯誤引起的，則要困難得多。我們可能需要對統計有一定程度的了解，才能理解數字和圖表。

檢測生產模型的效能退化是第一步。下一步是如何使系統適應不斷變化的環境，這將在下一章討論。

## 第九章

在生產中持續學習和測試

在第 8 章中，我們討論了 ML 系統在生產中故障的各種方式。我們專注於一個特別棘手的問題：資料分布偏移。此問題在研究人員和從業者中引起了很多討論。我們還討論了用於檢測資料分布偏移的多種監控技術和工具。

本章是以上討論的延續：我們如何調整模型以適應資料分布的偏移？答案是不斷更新 ML 模型。我們先了解何謂持續學習及其挑戰——劇透：持續學習在很大程度上是一個系統基礎設施問題。然後我們將制定一個四階段計畫，一步步實現持續學習。

在你設置好系統基礎設施，以允許你按照想要的頻率更新模型後，你可能會想到這個幾乎每個 ML 工程師都問過我的問題：「我應該隔多久才重新訓練模型？」這是本書下一節的重點。

如果模型需要重新訓練，以適應不斷變化的環境，單靠在固定測試集上評估模型是不夠的。我們將介紹一個看似可怕但必要的概念：在生產環境測試。此過程是一種利用生產環境實時資料測試系統的方法，以確保更新的模型確實有效，而不會造成災難性後果。

本章的主題與上一章緊密相關。在生產環境測試，可以視作監控的補充項目。如果監控意味著被動地追蹤任何使用中模型的輸出，那麼在生產環境測試意味著主動選擇生成輸出的模型，以便我們可以進行評估。在生產中進行監控和測試，目標是了解模型的效能，並確定何時更新。持續學習的目標是安全而有效地，將模型更新自動化。這些概念幫助我們設計一個可維護和適應環境變化的 ML 系統。

這是最令我振奮的一章，希望你也能振奮起來！

持續學習

提起「持續學習」，許多人會想到模型訓練的範式，其中模型會根據生產中的每個傳入樣本進行自我更新。很少有公司真正做到這一點。首先，如果模型是神經網路，學習每一個傳入的樣本，容易導致模型出現災難性遺忘現象。災難性遺忘是指神經網路在學習新資訊時，會趨向突然完全忘記以前學習的資訊[1]。

其次，它會提高訓練成本——當今大多數硬體後端都是為批量處理而設計的，因此一次只處理一個樣本會浪費大量算力，並且無法利用資料平行。

在生產環境進行持續學習的公司，以微批量更新他們的模型。例如，他們可能會在每 512 或 1,024 個例子之後更新現有模型——每個微批次中的最佳例子數量取決於任務。

進行評估之前，不應部署更新的模型。這意味著你不應該直接更改現有模型。反之，你創建現有模型的副本，並根據新資料更新此副本，並且只有在證明更新的副本效能更好後，才替換現有模型。現有模型稱為冠軍模型，更新的副本稱為挑戰者。這個過程如圖 9-1 所示。為了便於理解，這只是過程的簡化。實際上，一家公司可能同時有多個挑戰者，處理失敗的挑戰者比簡單丟棄要複雜得多。

---

1   Joan Serrà、Dídac Surís、Marius Miron 和 Alexandros Karatzoglou，《Overcoming Catastrophic Forgetting with Hard Attention to the Task》，*arXiv*，2018 年 1 月 4 日，*https://oreil.ly/P95EZ*。

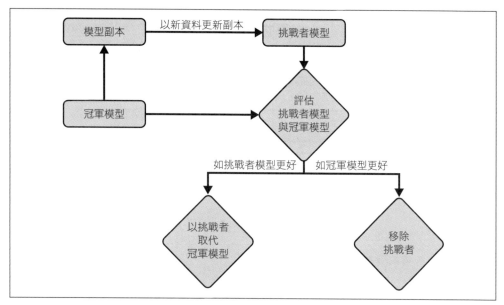

圖 9-1　持續學習如何在生產環境發揮作用的圖像簡述。實際上，處理失敗者的過程比簡單丟棄它要複雜得多。

儘管如此，「持續學習」一詞還是讓人想到非常頻繁地更新模型，比如每 5 或 10 分鐘一次。許多人爭辯說，由於兩個原因，大多數公司不需要經常更新他們的模型。首先，他們沒有足夠的流量（即足夠的新資料）來使重新訓練變得有意義。其次，他們的模型不會衰減得那麼快。我同意這些論點。如果將重練排程從一週改為一天，沒有任何回報，卻增加開銷的話，確實沒有必要這樣做。

無狀態重練與有狀態訓練

無論如何，持續學習與重練頻率無關，而是與模型重練的方式有關。大多數公司都進行無狀態重練（*stateless retraining*）—— 模型每次都是從頭開始訓練的。持續學習也意味著允許有狀態訓練（*stateful training*）—— 模型繼續對新資料進行訓練[2]。有狀態訓練也稱為微調或增量學習。無狀態重練和有狀態訓練之間的區別如圖 9-2 所示。

2　這裡是「有狀態訓練」而不是「有狀態重練」，因為這裡沒有「重」練。模型從最後一個狀態繼續訓練。

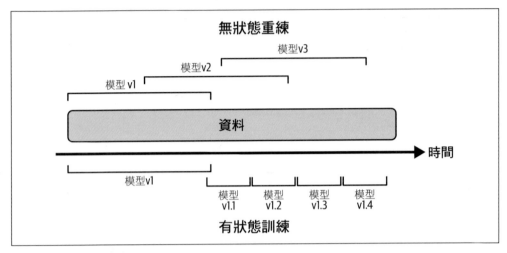

圖 9-2　無狀態重練與有狀態訓練

有狀態訓練允許你使用更少的資料更新模型。從頭開始訓練模型往往需要比微調同一模型更多的資料。如果你從頭開始訓練模型，你可能需要使用過去三個月的所有資料。然而，如果你從昨天的檢查點開始微調你的模型，你只需要使用最後一天的資料。

Grubhub 發現，有狀態訓練可以讓他們的模型更快地收斂，所需算力更少。從每日無狀態重練轉到有狀態訓練，他們的訓練計算成本降低了 45 倍，購買率提高了 20%[3]。

有狀態訓練有一個好特質經常被忽視，就是有可能避免資料儲存。在傳統的無狀態重練，一個資料樣本可能會在模型的多次訓練迭代中被重用，這意味著需要儲存資料。這並不總是可行的，尤其是資料有嚴格的隱私要求。在有狀態訓練的範式中，每次模型更新，僅使用新資料進行訓練，因此資料樣本僅用於訓練一次，如圖 9-2 所示。這意味著無須將資料儲存在永久儲存中，就可以訓練你的模型，這有助於消除對資料隱私的許多擔憂。然而，很多人忽視這一點，因為如今「讓我們追蹤一切」的做法，仍然讓許多公司不願意丟棄資料。

3　Alex Egg，《Online Learning for Recommendations at Grubhub》，*arXiv*，2021 年 7 月 15 日，*https://oreil.ly/FBBUw*。

有狀態訓練並不意味著沒有從頭開始的訓練過程。最成功地使用有狀態訓練的公司，偶爾也會在大量資料上從頭開始訓練模型，以對其進行校準。或者，他們也可以在有狀態訓練的同時，從頭開始訓練他們的模型，然後使用參數服務器等技術，組合兩個更新的模型 [4]。

一旦你的基礎架構設置為允許無狀態重練和有狀態訓練，決定訓練頻率就像一個調節旋鈕的動作。你可以每小時、每天、或只在檢測到分布偏移時更新模型。如何找到最佳的再訓練時間表，將在第 279 頁「多久更新一次你們的模型」小節中討論。

持續學習是指以某種方式設置基礎架構，使你（資料科學家或 ML 工程師）能夠在需要時，以從頭開始或微調的方式更新模型，並快速部署更新。

你可能想知道：有狀態訓練聽起來很酷，但如果我想向模型添加新特徵，或增加一層，我要怎麼做？要回答這個問題，我們必須區分兩類模型更新：

模型迭代（*Model iteration*）

向現有模型架構添加新特徵或更改模型架構。

資料迭代（*Data iteration*）

模型架構和特徵保持不變，但你使用新資料來更新模型。

時至今日，有狀態訓練主要用於資料迭代，因為更改模型架構或添加新功能仍需從頭開始訓練生成的模型。已有研究表明，透過使用知識轉移（*https://oreil.ly/lp0GB*）（Google，2015 年）和模型手術（*https://oreil.ly/SU0F1*）（OpenAI，2019）等技術，可以繞過從頭開始的訓練，以進行模型迭代。根據 OpenAI 的說法：「在一個選擇過程之後，將經過手術把訓練的權重從一個網路轉移到另一個網路，以確定模型哪些部分沒有變化，哪些部分必須重新初始化」[5]。幾個大型研究實驗室已經對此進行了試驗；但是，我未察覺業界上有任何明確的應用成果。

4　Mu Li、Li Zhou、Zichao Yang、Aaron Li、Fei Xia、David G. Andersen 和 Alexander Smola，《Parameter Server for Distributed Machine Learning》，（NIPS Workshop on Big Learning，加利福尼亞州太浩湖，2013 年），*https://oreil.ly/xMmru*。

5　Jonathan Raiman、Susan Zhang 和 Christy Dennison，《Neural Network Surgery with Sets》，*arXiv*，2019 年 12 月 13 日，*https://oreil.ly/SU0F1*。

為什麼要持續學習？

我們討論過，持續學習是關於設置基礎架構，以便更新模型，並按需盡快部署這些更改。但為何你需要隨心所欲快速更新模型的能力？

持續學習的第一個用例，是應對資料分布偏移，尤其是突然發生偏移時。假設你正在構建一個模型，來確定 Lyft 等共享汽車服務的價格[6]。從歷史上看，這個特定街區的星期四晚上需求很低，因此該模型預測乘車價格較低，使得令司機上路的吸引力降低。然而，在這個星期四晚上，附近發生了一件大事，乘車需求突然激增。如果模型無法快速響應這一變化，提高價格預測和動員更多司機前往該社區，乘客將要等待很久才能乘車，導致負面的用戶體驗。他們可能會轉用競爭對手的服務，導致收入損失。

6　這類問題也稱為「動態定價」。

持續學習的另一個用例是適應罕見事件。假設你在像 Amazon 這樣的電子商務網站工作。黑色星期五是一年一度的重要購物活動你無法為模型蒐集足夠的歷史資料，從而無法準確預測客戶在今年黑色星期五期間的行為。為了提高效能，你的模型應該全天使用新資料進行學習。在 2019 年，阿里巴巴以 1.03 億美元的價格收購了領導流處理框架 Apache Flink 開發的團隊 Data Artisans，讓該團隊幫助他們為 ML 用例適配 Flink[7]。他們的旗艦用例是在光棍節做出更好的推薦（光棍節是中國的購物節，類似美國的黑色星期五）。

持續學習可以幫助克服當今 ML 在生產環境一個巨大的挑戰，就是**持續冷啟動**（*continuous cold start*）問題。當你的模型必須在沒有任何歷史資料的情況下為新用戶做出預測時，就會出現冷啟動問題。例如，要向用戶推薦他們接下來可能想看的電影，推薦系統通常要知道該用戶之前看過什麼。但如果該用戶是新用戶，你將無法獲得他們的觀看歷史記錄，並且必須為他們生成一些通用的內容，例如網站上目前最流行的電影[8]。

持續冷啟動是冷啟動問題的統稱[9]，因為它不僅可能發生在新用戶身上，也可能發生在現有用戶身上。例如，這可能是因為現有用戶從筆記本電腦切換到手機，且他們在手機上的行為與在筆電上的行為不同。這可能是因為用戶沒有登入——例如大多數新聞網站不要求讀者登入就能閱讀。

當用戶存取服務的頻率太低，以至該服務擁有關於該用戶的任何歷史資料都變得過時，也會發生這種情況。例如大多數人一年只預訂幾次酒店和航班。 Coveo 是一家為電商網站提供搜索引擎和推薦系統的公司，他們發現對電商網站而言，通常有超過 70% 購物者每年存取網站的次數低於 3 次[10]。

---

7 Jon Russell，《Alibaba Acquires German Big Data Startup Data Artisans for \$103M》，*TechCrunch*，2019 年 1 月 8 日，*https://oreil.ly/4tf5c*。一位早期評閱者提到，此次收購主要可能是為了增加阿里巴巴在開源領域留下的腳印，其與其他科技巨頭相比，目前仍微不足道。

8 如果你希望模型確定何時推薦一部還沒有人看過並給出反饋的新電影，這個問題也同樣具有挑戰性。

9 Lucas Bernardi、Jaap Kamps、Julia Kiseleva 和 Melanie J. I. Müller，《The Continuous Cold Start Problem in e-Commerce Recommender Systems》，*arXiv*，2015 年 8 月 5 日，*https://oreil.ly/GWUyD*。

10 Jacopo Tagliabue、Ciro Greco、Jean-Francis Roy、Bingqing Yu、Patrick John Chia、Federico Bianchi 和 Giovanni Cassani，《SIGIR 2021 E-Commerce Workshop Data Challenge》，*arXiv*，2021 年 4 月 19 日，*https://oreil.ly/8QxmS*。

如果模型適應速度不夠快，那麼在更新之前便無法為用戶提供相關建議。到那時，這些用戶可能已經離開了服務，因為他們找不到任何相關的內容。

如果我們可以讓模型在存取時段中適應每個用戶，那麼即使在用戶第一次存取時，模型也能夠做出準確、相關的預測。例如，TikTok 已成功應用持續學習，在幾分鐘內使他們的推薦系統適應每個用戶。你下載了這個應用程式，看過幾段影片後，TikTok 的算法能夠非常準確地預測你接下來想看什麼 [11]。我不認為每個人都應該構建像 TikTok 這樣令人上癮的東西，但它證明了持續學習可以釋放強大的預測潛力。

「為什麼要持續學習？」應該改寫為「為什麼不持續學習？」。持續學習是批量學習的超集，因為它可以讓你完成傳統批量學習可以做的所有事情，還可以讓你解鎖批量學習無法完成的用例。

如果持續學習需要與批量學習相同的設置和成本，那麼就沒有理由不進行持續學習。撰寫本書時，設置持續學習仍需面對很多挑戰，我們將在下一節深入探討。然而，用於持續學習的 MLOps 工具正在成熟，這意味著在不久的將來，設置持續學習可能與設置批量學習一樣容易。

持續學習的挑戰

儘管持續學習有很多用例，且許多公司已經成功應用，但持續學習仍然面臨許多挑戰。在本節中，我們將討論三個主要挑戰：新資料存取、評估和算法。

新資料存取挑戰

第一個挑戰是獲取新資料的挑戰。如果要每小時更新一次模型，則每小時都需要新資料。目前，許多公司從他們的資料倉庫中提取新的培訓資料。從資料倉儲中提取資料的速度取決於存入資料倉儲的速度。速度可能很慢，尤其是當資料來自多個來源時。另一種方法是允許存入資料倉庫之前先提取資料，例如直接以 Kafka 和 Kinesis 等工具從實時傳輸中提取資料 [12]，如圖 9-3 所示。

---

11 Catherine Wang，《Why TikTok Made Its User So Obsessive? The AI Algorithm That Got You Hooked》，*Towards Data Science*，2020 年 6 月 7 日，*https://oreil.ly/BDWf8*。

12 請參閱第 74 頁「透過實時傳輸傳遞資料」一節。

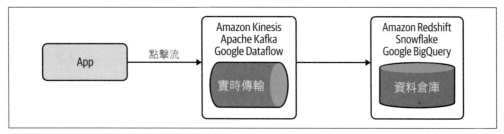

圖 9-3　將資料存入資料倉儲之前，直接從實時傳輸中提取資料，可以讓你存取更新的資料

僅靠提取新資料是不夠的。如果模型像今天的大多數模型一樣，需要已標記資料來進行更新，那麼這些新資料也需要被標記。在許多應用場景，資料標記速度成為模型更新速度的瓶頸。

進行持續學習的最佳任務類型，是可以透過短反饋迴路的獲得自然標籤的任務。這些任務包括動態定價（基於估計的需求和可用性）、估計到達時間、股票價格預測、廣告點擊率預測，以及貼文、歌曲、短影音、文章等線上內容的推薦系統。

然而，這些自然標籤通常不是以標籤形式生成，而是作為行為活動資料，需要經過提取才成為標籤。以下例子可作說明。如果你經營一個電商網站，應用程式顯示在晚上 10:33，用戶 A 點擊 ID 為 32345 的產品。我們的系統需要回頭查看日誌，看看這個產品 ID 是否曾被推薦給這個用戶，如果是，則查看是什麼查詢引致此項推薦，這樣你的系統就可以把此查詢和此推薦匹配起來，並將這個推薦標記為「好推薦」，如圖 9-4 所示。

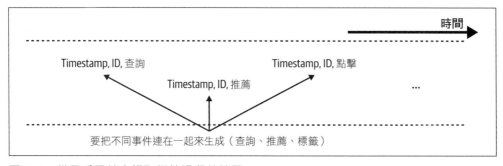

圖 9-4　從用戶反饋中提取標籤過程的簡圖

回顧日誌以提取標籤的過程稱為標籤計算。如果日誌數量很大，標籤計算的成本可能非常昂貴。標籤計算可以透過批量處理完成：例如，先等待日誌存入資料倉儲，才運行批量處理作業，以一次從日誌中提取所有標籤。然而，如上文所述，這意味著我們需要先等待資料儲存，然後等待下一個批處理作業。一種更快的方法，是利用串流處理，直接從實時傳輸中提取標籤[13]。

如果模型的速度迭代受到標籤速度的瓶頸所限，也可以透過利用像 Snorkel 這樣的程式化標籤工具來加快標籤過程，從而在最少的人為干預下快速生成標籤。也可以利用群眾外包標籤來，快速標記新資料。

鑑於圍繞串流的工具仍處於初期階段，要構建高效串流優先基礎架構，以存取新資料並從實時傳輸中提取快速標籤，可能是工程密集型且成本高昂的工作。好消息是圍繞串流的工具正在快速增長。建基於 Kafka 的平台 Confluent ，是一家價值 160 億美元的公司（截至 2021 年 10 月）。在 2020 年後期，Snowflake 成立了一個專注於串流的團隊[14]。截至 2021 年 9 月，Materialize 已籌集了 1 億美元，用於開發串流式 SQL 資料庫[15]。隨著串流工具的成熟，對於公司來說，為 ML 開發串流優先的基礎設施將變得更加容易和便宜。

評估挑戰

持續學習的最大挑戰，不在於編寫持續更新模型的功能 —— 你可以透過編寫腳本來做到這一點！最大的挑戰是確保此更新足夠好，並值得部署。在本書中，我們討論了 ML 系統如何在生產環境造成災難性的故障，從數百萬少數群體遭拒絕貸款的不公正對待，到過度信任自動駕駛儀的司機捲入致命車禍[16]。

13　請參閱第 78 頁「批量處理與串流處理」小節。

14　Tyler Akidau，《Snowflake Streaming: Now Hiring! Help Design and Build the Future of Big Data and Stream Processing》，Snowflake 部落格，2020 年 10 月 26 日，*https://oreil.ly/Knh2Y*。

15　Arjun Narayan，《Materialize Raises a $60M Series C, Bringing Total Funding to Over $100M》，*Materialize*，2021 年 9 月 30 日，*https://oreil.ly/dqxRb*。

16　Khristopher J. Brooks，《Disparity in Home Lending Costs Minorities Millions, Researchers Find》，*CBS News*，2019 年 11 月 15 日，*https://oreil.ly/SpZ1N*；Lee Brown，《Tesla Driver Killed in Crash Posted Videos Driving Without His Hands on the Wheel》，《New York Post》，2021 年 5 月 16 日，*https://oreil.ly/uku9S*；《A Tesla Driver Is Charged in a Crash Involving Autopilot That Killed 2 People》，*NPR*，2022 年 1 月 18 日，*https://oreil.ly/WWaRA*。

災難性故障的風險會隨著持續學習而放大。首先,更新模型的頻率越高,更新失敗的機會就越大。

其次,持續學習使你的模型更容易受到協調操縱和對抗性攻擊。因為你的模型在線上學習真實世界的資料,用戶更容易輸入惡意資料,「捉弄」模型學習錯誤事物。2016 年,微軟發布了 Tay,這是一款能夠透過 Twitter 上的「隨意和有趣的對話」進行學習的聊天機器人。Tay 甫推出,人們就開始在推特向機器人發布種族主義和厭惡女性的言論。機器人很快開始發布煽動性和冒犯性的貼文,導致微軟在機器人啟動 16 小時後不得不關掉它 [17]。

為避免類似(或更糟糕)的事件,我們將更新部署到更廣泛的受眾之前,務必徹底測試每個模型更新,以確保其效能和安全性。我們已經在第 6 章中討論了模型離線評估,現將在本章中討論線上評估(生產測試)。

在設計用於持續學習的評估管道時,請記住評估需要時間,這可能是模型更新頻率的另一個瓶頸。例如:一家和我合作過的大型線上支付公司,有一個 ML 系統來檢測詐欺交易 [18]。詐欺模式變化很快,因此他們希望快速更新系統,以適應不斷變化的模式。在針對當前模型進行 A/B 測試之前,他們無法部署新模型。然而,由於任務的不平衡性(即大多數交易不是詐欺)他們大約需要兩週時間才能累積足夠的詐欺交易數目,從而準確評估哪個模型更好 [19]。因此,系統只能每兩週更新一次。

算法挑戰

與新資料挑戰和評估相比,這是一個更「軟」的挑戰,因為它只影響某些算法和某些訓練頻率。準確的說,它只影響更新非常快(例如每小時),且基於矩陣和基於樹的模型。

為了說明這一點,考慮兩種不同的模型:神經網路和基於矩陣的模型,例如協同過濾模型。協同過濾模型使用了用戶 - 項目矩陣和降維技術。

17　James Vincent,《Twitter Taught Microsoft's Friendly AI Chatbot to Be a Racist Asshole in Less Than a Day》,*The Verge*,2016 年 5 月 24 日,*https://oreil.ly/NJEVF*。

18　他們的詐欺檢測系統由多個 ML 模型組成。

19　在第 287 頁「老虎機」小節,我們將了解如何將老虎機算法用作 A/B 測試替代方案,顯示其在資料層面的高效性。

你可以使用任意大小的資料批次，更新神經網路模型。你甚至可以僅使用一個資料樣本來執行更新步驟。但是，如果要更新協同過濾模型，首先需要使用整個資料集構建用戶 - 項目矩陣，然後再對其進行降維。當然，你可以在每次以新樣本更新矩陣時，使用降維，但如果矩陣很大，降維步驟會變得很慢，成本之高使之無法經常執行。因此，與神經網路模型相比，該模型不太適合使用部分資料集進行學習 [20]。

與基於矩陣和基於樹的模型相比，神經網路等模型適應持續學習範式更顯容易。然而，已經有一些算法可以創建能夠從增量資料中學習、並基於樹的模型，這些模型中最著名的是 Hoeffding Tree 及其變體 Hoeffding Window Tree 和 Hoeffding Adaptive Tree[21]，但它們的用途尚未被廣傳。

不僅學習算法需要應對部分資料集，提取特徵的程式碼也必須如此。我們在第 130 頁的「規模化」小節討論過，通常需要使用最小值、最大值、中位數和變異數等統計資料來規模化特徵。要計算資料集的這些統計資料，你通常需要遍歷整個資料集。當你的模型每次只能看到一小部分資料時，理論上，你可以為每個資料子集計算這些統計資料。然而，這意味著不同子集的統計資料會有很大波動。從一個子集計算出的統計資料可能與下一個子集大相徑庭，這使得在一個子集上訓練的模型很難推廣到下一個子集。

為了使這些統計資料在不同的子集中保持穩定，你可能需要線上計算這些統計資料。你不是一次使用所有資料的均值或變異數，而是在看到新資料時，逐步計算或近似模擬出這些統計資料，例如：「Optimal Quantile Approximation in Streams」中概述的算法 [22]。當今流行的框架為我們提供計算運轉中統計資料的一些能力（例如：sklearn 中 StandardScaler 的 `partial_fit` 允許將特徵標準化與運轉中統計資料一起使用）但是內置的方法很慢，並且不支援廣泛的運轉中統計資料。

20　有些人稱這種設置為「以部分資料學習」，此說法指的是另一種設置，Gonen 等人（2016）在論文《Subspace Learning with Partial Information》（*https://oreil.ly/OuJvG*）已有提及。

21　Pedro Domingos 和 Geoff Hulten，《Mining High-Speed Data Streams》，在 *Proceedings of the Sixth International Conference on Knowledge Discovery and Data Mining*（波士頓：ACM 出版社，2000 年），71-80；Albert Bifet 和 Ricard Gavaldà，《Adaptive Parameter-free Learning from Evolving Data Streams》，2009 年，*https://oreil.ly/XIMpl*。

22　Zohar Karnin、Kevin Lang 和 Edo Liberty，《Optimal Quantile Approximation in Streams》，*arXiv*，2016 年 3 月 17 日，*https://oreil.ly/bUu4H*。

持續學習的四個階段

我們已經討論了什麼是持續學習、為什麼持續學習很重要，以及持續學習的挑戰。接下來，我們將討論如何克服這些挑戰並實現持續學習。在撰寫本書時，持續學習並不是公司一開始就要做的事。

走向持續學習分四個階段進行，如下所述。我們將逐一論述每個階段發生的事情，以及進入下一階段所需的要求。

第 1 階段：手動、無狀態重練

一開始，ML 團隊通常專注於 ML 模型的開發工作，以盡可能解決業務問題。如果你的公司是電子商務網站，你可能會依次開發以下四種模型：

1. 一種檢測詐欺交易的模型
2. 向用戶推薦相關產品的模型
3. 預測賣家是否濫用系統的模型
4. 一個預測運送訂單需要多長時間的模型

由於你的團隊專注於開發新模型，因此更新現有模型處於次要地位。僅當滿足以下兩個條件時，你才更新現有模型：模型的效能已經下降到弊大於利的程度，且你的團隊有時間更新它。某些模型每六個月更新一次。有些每季度更新一次。有些長達一年都沒人理會，根本沒有更新。

更新模型的過程是手動和臨時性質的。人員（通常是資料工程師）必須查詢資料倉儲來獲取新資料。其他人清理這些新資料，從中提取特徵，在舊資料和新資料上重新訓練該模型，然後將更新後的模型導出為二進位格式檔案。然後有其他人拿取該檔案，並部署更新後的模型。通常，封裝資料、特徵和模型邏輯的程式碼在重練過程中發生了變化，但這些變化未能複製到生產環境中，導致難以追蹤的錯誤。

如果這過程帶給你痛苦又熟悉的感覺，你要知道自己不是孤軍作戰。科技行業以外的絕大多數公司（例如：採用機器學習不到三年，並且沒有機器學習平台團隊的任何公司）都處於這個階段 [23]。

23　我們將在第 319 頁的「ML 平台」部分介紹 ML 平台。

第 2 階段：自動重練

幾年後，團隊部署的模型已解決大多數明顯的問題。你有 5 到 10 個模型在生產環境中。你的首要任務不再是開發新模型，而是維護和改進現有模型。上階段提及更新模型的臨時、手動過程，成為一個無法忽視的痛點。我們的團隊決定編寫一個腳本來自動執行所有重新訓練的步驟，然後使用批量處理程序（如 Spark）定期運行此腳本。

大多數具有成熟 ML 基礎設施的公司都處於這個階段。一些經驗豐富的公司透過實驗來確定最佳重練頻率。然而，對於這個階段的大多數公司來說，重練頻率是根據直覺來設置的——例如：「一天一次似乎是合適的」或「讓我們在每晚運算個體空閒時，開始重練過程。」在創建腳本以自動執行系統的重練過程時，你需要考慮到系統中的不同模型可能需要不同的重練排程。考慮一個由兩個模型組成的推薦系統：一個模型為所有產品生成嵌入，另一個模型在給定查詢的情況下對每個產品的相關性進行排名。與排名模型相比，嵌入模型需要重新訓練的頻率可能低得多。由於產品的特性不會經常改變，你可以每週重新訓練一次嵌入 [24]，而你的排名模型可能需要每天重新訓練一次。

如果模型之間存在依賴關係，自動化腳本可能會變得更加複雜。例如因為排名模型依賴於嵌入，當嵌入發生變化時，排名模型也應該更新。

需求。如果你的公司在生產環境中有 ML 模型，那麼公司很可能已經擁有自動重練所需的大部分基礎設施。此階段的可行性圍繞著編寫腳本來自動化工作流程，和配置基礎設施，以自動執行以下操作：

1. 拉取資料

2. 如有需要，降抽樣或升抽樣資料

3. 提取特徵

4. 處理並 / 或標記資料，創建訓練資料

5. 開始訓練

6. 評估訓練好的模型．

7. 部署模型

24　如果你每天都有很多新項目，你可能需要更頻繁地訓練你的嵌入模型。

寫這個腳本所需時間取決於很多因素，包括腳本編寫者的能力。不過總的來說，會影響這個腳本可行性的三大因素是：排程器、資料、和模型儲存。

排程器基本上是一種處理任務排程的工具，我們將在第 312 頁「Cron、排程器和協調器」一節中介紹。如果你還沒有排程器，要花點時間來設置一個。但是，如果你已經有了 Airflow 或 Argo 等排程組件，要將腳本連接在一起也不是很困難的事。

第二個因素是資料的可用性和可存取性。你是否需要自己將資料蒐集到資料倉儲中？是否必須將多個組織的資料組合起來？需要從頭開始提取大量特徵嗎？還需要標記資料嗎？回答「是」越多，設置此腳本所需的時間就越多。Stitch Fix 公司的 ML／資料平台經理 Stefan Krawczyk 估計大多數人的時間可能都花在這裡。

你需要的第三個因素是模型儲存庫，來進行自動版本化和儲存重製模型所需的所有產出物。最簡單的模型儲存庫可能只是一個以某種結構儲存序列化模型塊的 S3 儲存桶。但是，像 S3 這樣的二進位檔案儲存，既不擅長版本控制，也不易於閱讀。你可能需要更成熟的模型儲存庫，例如 Amazon SageMaker（託管服務）和 Databricks 的 MLflow（開源）。我們將在第 322 頁的「模型儲存庫」小節詳細介紹什麼是模型儲存庫，並評估不同的模型儲存庫。

特徵重用（記錄並等待）

從新資料創建訓練資料以更新模型時，回想一下，新資料其實已進行過預測。此預測服務已從該新資料中提取特徵，再輸入到預測模型中。一些公司將這些提取的特徵重新用於模型重練，這既節省了算力，又允許預測和訓練之間的一致性。這種方法被稱為「記錄並等待」。這是減少第 8 章提及「訓練-服務偏差」的經典方法（請參閱第 230 頁的「生產資料不同於訓練資料」小節）。

記錄並等待還不是一種流行的方法，但它正變得越來越流行。Faire 有一篇很棒的部落格（*https://oreil.ly/AxFnJ*），討論了他們「記錄並等待」方法的優缺點。

第 3 階段：自動化、有狀態訓練

在第 2 階段，每次重練模型時，你都是從頭開始的（無狀態重新訓練）。它使重練成本很高，尤其是對於更高頻率的重練。你讀過第 265 頁「無狀態重練與有狀態訓練」一節，並決定要進行有狀態訓練——既然你可以僅使用最後一天的資料繼續訓練，為什麼還要每天訓練最近三個月的資料？

所以在這個階段，你重新配置自動模型更新腳本，這樣當模型更新開始時，它首先找到以前的檢查點，並將其加載到記憶體中，然後再繼續在這個檢查點上進行訓練。

需求。在這個階段，主要任務是改變思維方式：從頭開始重練是一種常態（許多公司已經習慣了每次都是資料科學家將模型交給工程師，從頭開始部署），他們並不算打設置好基礎來啟用有狀態訓練。

一旦你決定選用有狀態訓練，重新配置更新腳本就很簡單了。在這個階段，你需要的主要是一種追蹤資料和模型沿襲的方法。假設你首先上傳模型版本 1.0。使用新資料，創建了模型更新版本 1.1，之後是 1.2。然後上傳了另一個模型，並稱為模型版本 2.0。使用新資料，創建了模型更新版本 2.1。一段時間後，你可能有了模型版本 3.32，模型版本 2.11，模型版本 1.64。你可能想知道這些模型如何隨時間演變，哪個模型用作其基礎模型，以及使用哪些資料更新它，以便重新製作和除錯。據我所知，現有的模型儲存庫都沒有這種模型沿襲能力，因此你可能必須在內部構建解決方案。

正如第 270 頁「新資料存取挑戰」一節中所述，如果你想從實時傳輸而非從資料倉儲中提取新資料，且串流基礎設施不夠成熟，你可能需要改造串流管道。

第 4 階段：持續學習

在第 3 階段，你的模型仍會根據開發人員制定的固定時間表進行更新。找到最佳時間表不是容易的事，且可能取決於具體情況。例如，市場上週沒發生什麼大事，所以模型沒有快速衰減。然而本週卻發生了很多事件，因此模型衰減得更快，需要更快的重練計畫。

你可能不想依賴固定的時間表，而是在資料分布發生偏移，且模型效能直線下降時，自動更新模型。

夢寐以求的做法是將持續學習與邊緣部署相結合。想像一下，你可以為新設備（手機、手錶、無人機等）發送一個基本模型，設備上的模型按需不斷自我更新，並適應其環境，無須與中央服務器同步。無須中央服務器，意味著沒有中央服務器的成本負擔。你也不需要在設備和雲端之間來回傳輸資料，這意味著更好的資料安全性和隱私！

需求。從第 3 階段過渡至第 4 階段不容易。你首先需要一個觸發機制來更新模型。觸發機制例子如下：

基於時間（*Time-based*）

例：每五分鐘

基於績效（*Performance-based*）

例：每當模型效能直線下降時

基於體積（*Volume-based*）

例：每當標記資料總量增加 5%

基於飄移（*Drift-based*）

例：每當檢測到主要資料分布出現偏移

要使這種觸發機制發揮作用，你需要一個可靠的監控解決方案。我們在第 250 頁「監控和可觀察性」一節中討論過，難點不在於檢測變化，而是找出關鍵的變化。如果你的監控解決方案發出大量錯誤警報，導致模型頻繁更新，更新次數可能多於實際所需。

你還需要一個可靠的管道，來持續評估模型更新。編寫更新模型的功能，這工作與你在第 3 階段所做的沒有太大區別。困難的部分是確保更新後的模型正常工作。我們將在第 281 頁「在生產環境測試」小節中介紹多個測試技巧。

多久更新一次你的模型

現在，你的基礎設施已經設置好，可以快速更新模型，長期困擾各大小公司 ML 工程師的一個問題，浮現在你的腦海：「我應該多久更新一次模型？」回答之前，我們首先需要弄清楚，你的模型透過使用新資料更新，到底有多少裨益？如果模型從較新資料中的裨益也較多，重新訓練的頻率就應該越高。

資料「新鮮度」的價值

如果我們知道更新後模型效能會提高多少,那麼「多久更新一次模型?」就容易回答。如果我們從每月重練模型改為每週重練,我們可以獲得多少效能提升?如果我們改用每日重練又會怎樣?人們說資料分布總會偏移,所以資料越新越好,然而越新的資料會有多好?

計算這種裨益的一種方法,是在不同時間窗口的資料上訓練模型,並根據今天的資料對其進行評估,以查看效能如何變化。假設你有 2020 年的資料。要衡量資料新鮮度的價值,你可以在 2020 年 1 月至 2020 年 6 月的資料上試驗訓練模型版本 A,在 4 月至 9 月的資料上試驗模型版本 B,在 6 月到 11 月的資料上試驗模型版本 C,然後在 12 月的資料上測試每個模型版本,如圖 9-5 所示。這些版本的效能差異會讓你了解模型可以從更新的資料中獲得的效能提升。如果上季度資料訓練出來的模型比用上月資料訓練出來的模型表現較差,你就知道不應等一個季度才重練。

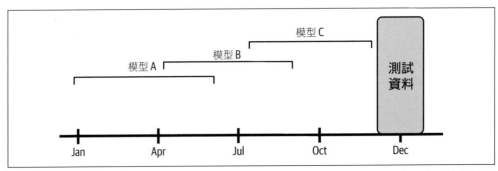

圖 9-5　要了解你可以從更新資料中獲得的效能提升,請使用過去不同時間窗口的資料訓練你的模型,並以今天的資料測試,來查看效能如何變化

以上的簡單範例旨在說明「資料新鮮度實驗」的原理。在實際層面,實驗要更細分,進行頻率不是幾個月,而是幾週、幾天,甚至幾小時或幾分鐘。2014 年,Facebook 對廣告點擊率預測做了類似的實驗,發現透過從每週重練提升至每天重新訓練,可以將模型的損失減少 1%。這種效能提升,足以讓他們改變重練管

道，從每週重新訓練改為每天[25]。時至今天，線上內容更加多樣化，線上用戶的注意力變化更快，不難想像資料新鮮度對廣告點擊率的價值更高。基於效能提升，一些擁有複雜 ML 基礎設施的公司已經把重練管道切換至每幾分鐘一次[26]。

模型迭代與資料迭代

我們在本章提到過，並非所有模型更新都一樣。我們區分了模型迭代（向現有模型架構添加新特徵，或更改模型架構）和資料迭代（相同的模型架構和特徵，但你使用新資料刷新該模型）。除了多久更新一次模型，你還想知道要執行哪種模型更新。

理論上，這兩種類型的更新都可以進行，實際上，更新應該偶爾進行。但無論如何，你在一種方法上所花的資源越多，就會變相降低另一種方法的資源。

如果你發現資料迭代不會帶來太多效能提升，那麼應該將資源用於尋找更好的模型。另一邊廂，如果找到一個更好的模型架構，需要 100 倍的算力來訓練，換來增加 1% 效能；而使用過去三個小時的資料更新原有模型，維持原有算力，卻同樣帶來 1% 的效能增益，這樣最好還是選擇資料迭代。

也許在不久的將來，更多理論會協助我們了解哪一種方法在什麼情況下會更好（研究呼籲注意！），但截至今天，沒有一本書能告訴你哪種方法更有效針對你的特定任務和模型。你必須透過實驗才能找到答案。

「多久更新一次模型」是一個困難的問題，我希望本節已經充分解釋其細節。在開始階段，你的基礎架構剛起步，模型更新過程是手動且緩慢的時候，問題的答案就是：**盡可能頻繁**。

然而，隨著基礎架構成熟和更新模型過程部分自動化，過程可以在幾小時甚至幾分鐘內完成，問題的答案就取決於此：「較新的資料會帶來多少效能增益？」重點在於透過實驗，以量化「資料新鮮度」為模型帶來的價值。

---

25 Xinran He、Junfeng Pan、Ou Jin、Tianbing Xu、Bo Liu、Tao Xu、Tanxin Shi 等，《Practical Lessons from Predicting Clicks on Ads at Facebook》，在 *ADKDD '14: Proceedings of the Eighth International Workshop on Data Mining for Online Advertising*（2014 年 8 月）：1–9，*https://oreil.ly/oS16J*。

26 Qian Yu，《Machine Learning with Flink in Weibo》，QCon 2019，影片，17:57，*https://oreil.ly/Yia6v*。

在生產環境測試

在本書包括本章，我們都有談及部署未經充分評估模型的危險。為充分評估模型，你首先需要混搭第 6 章中提及的離線評估和本節提及的線上評估。要理解離線評估不足之處，讓我們先看看離線評估的兩種主要測試類型：資料拆分測試和回測。

你可能會想到的第一種模型評估應該是資料拆分測試，它老是用於離線評估模型，第 6 章也有提及。這些測試通常是靜態的，而且必須是靜態的，這樣你才有一個可信的基準來比較多個模型。如果兩個模型在不同的測試集上進行測試，則很難比較兩個模型的測試結果。

然而，如果要更新模型來適應新資料分布，那麼在舊分布的測試集上評估這個新模型，還不足夠。假設資料越新，它就越有可能來自當前分布，一種做法是在可存取的最新資料上測試模型。因此，在你根據前一天的資料更新模型後，你可以根據前一小時的資料測試該模型（假設前一小時的資料未包含用於更新模型的資料中）。根據過去特定時間段的資料測試預測模型的方法，稱為回測（*backtest*）。

問題是：回測是否足以取代靜態的資料拆分測試？不盡然。如果資料管道出現問題，且最近一小時的某些資料已損壞，在這些情況下僅根據最近的資料評估模型，當然有不足之處。

即使有了回測，你仍然應該在曾經深究並且（大部分）可信的靜態測試集上評估你的模型，作為完整性檢查的一種形式。

由於資料分布發生偏移，一個模型在過去一小時的資料上效能良好，並不意味著其佳績可持續。了解模型在生產中是否效能良好的唯一方法，就是部署它。這種理解衍生出一個看似可怕，但不可不做的舉措：在生產環境進行測試。然而，生產中的測試並不可怕。有一些技術可以幫助你（在大部分情況下）安全地評估生產中的模型。在本節中，我們將介紹以下技術：影子部署、A/B 測試、金絲雀分析、交錯實驗和老虎機測試。

影子部署

影子部署可能是部署模型或任何軟體更新的最安全方式。影子部署的工作原理如下：

---

1. 將候選模型與現有模型並行部署。

2. 對於每個傳入的請求,將其路由到兩個模型,以進行預測,但僅限於為用戶提供現有模型的預測。

3. 記錄新模型的預測用於分析。

只有當你發現新模型的預測令人滿意時,才以新模型替換現有模型。

在確保模型的預測令人滿意前,你不會向用戶提供新模型的預測,所以現在新模型搞怪的風險較低,起碼不高於現有模型。然而這種技術並不是所有人都喜歡,因為它的成本很高。它使系統必須生成的預測數量加倍,通常也會使運算推理成本加倍。

A/B 測試

A/B 測試即透過比較一個對象的兩個變體,並(通常)測試對這兩個變體的回應,來確定兩個變體中哪個更有效。在我們的例子中,我們將現有模型作為一個變體,將候選模型(最近更新的模型)作為另一個變體。接著透過 A/B 測試,並根據一些預定義的指標,來確定哪個模型更好。

A/B 測試日漸普遍,截至 2017 年,Microsoft 和 Google 每年都會進行超過 10,000 次 A/B 測試 [27]。這是許多 ML 工程師對如何在生產中評估 ML 模型的第一個答案。A/B 測試的工作原理如下:

1. 將候選模型與現有模型一起部署。

2. 一定比例的流量被路由到新模型進行預測;其餘的被路由到現有模型進行預測。兩種變體同時應對預測流量是很常見的。然而在某些情況下,一個模型的預測可能會影響另一個模型的預測 —— 例如,在共享汽車的動態定價中,一個模型的預測價格可能會影響可接單司機和乘客的數量,這反過來又會影響另一個模型的預測。 在這些情況下我們可以交替運行變體,例如第一天提供模型 A,第二天提供模型 B。

3. 監控和分析來自兩個模型的預測和用戶反饋(如有)以確定兩個模型的效能差異,是否具有統計顯著性。

---

27 Ron Kohavi 和 Stefan Thomke,《The Surprising Power of Online Experiments》,*Harvard Business Review*,2017 年 9 月至 10 月,*https://oreil.ly/OHfj0*。

進行 A/B 測試需要兼顧很多事情，才能行之正確。在本書中，我們將討論兩件重要的事情。首先，A/B 測試由隨機實驗組成：路由到每個模型的流量必須為真正隨機，否則測試結果將無效。如果流量路由到兩個模型的方式存在選擇偏誤，例如暴露於模型 A 的用戶通常使用手機，而暴露於模型 B 的用戶通常使用桌上型電腦，那麼如果模型 A 具有比模型 B 更好的準確率，我們也無法判斷是 A 是否真的比 B 優勝，還是「使用手機」的事實影響了預測品質。

其次，你的 A/B 測試應該在足夠數量的樣本上運行，為結果建立足夠信心。如何計算 A/B 測試所需的樣本數量是一個簡單的問題，答案卻非常複雜，如果讀者希望了解更多，建議另外參閱關於 A/B 測試的書籍。

這裡的要點是，如果 A/B 測試結果表明一個模型比另一個模型更好，且具有統計顯著性，你就可以確定哪個模型確實更好。為了衡量統計顯著性，A/B 測試使用統計假設檢驗，例如雙樣本檢驗。我們在第 8 章中提過雙樣本檢驗，當時我們使用它們來檢測分布變化。提醒一下，雙樣本檢驗是確定這兩個總體之間的差異是否具有統計顯著性的檢驗。在分布偏移的用例中，如果統計差異表明兩個群體來自不同的分布，則意味著原始分布發生了偏移。在 A/B 測試的用例中，統計差異意味著我們已經蒐集到足夠的證據，來表明一個變體優於另一個變體。

統計顯著性雖然有用，但並非萬無一失。假設我們運行一個雙樣本測試，並得到模型 A 優於模型 B 的結果，p 值為 p = 0.05（5%），我們將統計顯著性定義為 $p \leq 0.5$。這意味著如果我們多次運行相同的 A/B 測試實驗，在 (100 – 5 =) 95% 的時間，我們會得到 A 優於 B 的結果，至於另外 5% 的時間，B 比 A 好。所以即使結果在統計上有顯著性，如果我們再次運行一次實驗，也可能會選擇了另一個模型。

即使你的 A/B 測試結果在統計上不顯著，也不意味著這個 A/B 測試失敗了。如果你用大量樣本運行了 A/B 測試，且兩個測試模型之間的差異在統計上不顯著，那麼這兩個模型之間可能沒有太大差異，或可任擇其一。

對於有興趣了解更多關於 A/B 測試和 ML 中重要的其他統計概念的讀者，我推薦 Ron Kohav 的著作《*Trustworthy Online Controlled Experiments (A Practical Guide to A/B Testing)*》（劍橋大學出版社）和 Michael Barber 對資料科學統計學的精彩介紹（*https://oreil.ly/JdVA0*）（比前者短很多）。

通常在生產環境中，你不僅有一個候選模型，而是多個候選模型。使用兩個以上的變體進行 A/B 測試是可以的，就是說我們可以進行 A/B/C 測試，甚至 A/B/C/D 測試。

金絲雀發布

金絲雀發布 —— 在推廣更改到整個基礎架構，並讓所有人都可以使用之前，先將更改緩慢推廣到一小部分用戶，從而降低在生產環境引入新軟體版本的風險[28]。在 ML 部署的語境，金絲雀發布流程如下：

1. 將候選模型與現有模型一起部署。候選模型被稱為「金絲雀」。

2. 一部分流量被路由至候選模型。

3. 如果金絲雀效能令人滿意，則增加候選模型的流量；反之，終止金絲雀，並將所有流量接回現有模型。

4. 當金絲雀服務所有流量（候選模型替換了現有模型），或金絲雀被終止時，過程完成。

候選模型的效能是根據現有模型的效能（視乎你關心什麼指標）來衡量的。如果候選模型的關鍵指標顯著下降，金絲雀將終止，所有流量將路由到現有模型。

由於設置相似，金絲雀發佈也可用於實作 A/B 測試。但你也可以在沒有 A/B 測試的情況下進行金絲雀分析。你不必將流量隨機化，再接到每個模型。一種可能的情況是，你首先將候選模型推廣到一個不太重要的市場，然後再推廣給所有人。

對金絲雀發佈在行業中應用情況感興趣的讀者，Netflix 和 Google 有一篇很棒的共享部落格文章（*https://oreil.ly/QfBrn*），介紹了他們公司如何使用自動化金絲雀分析。

交錯實驗

假設你有兩個推薦系統，A 和 B，你想評估哪個系統更好。每次模型都會推薦用戶可能喜歡的 10 個項目。你利用 A/B 測試將用戶分為兩組：一組暴露於 A，另一組暴露於 B。每個用戶都將暴露於該模型的推薦項目。

---

28 Danilo Sato，《CanaryRelease》，2014 年 6 月 25 日，MartinFowler.com，*https://oreil.ly/YtKJE*。

如果我們不讓用戶接觸來自個別模型的推薦，而是讓用戶同時接觸來自兩個模型的推薦，看看他們會點擊哪個模型的推薦？這就是交錯實驗背後的想法，最初由 Thorsten Joachims 於 2002 年提出，他當時針對的是搜索排名問題[29]。在實驗中，Netflix 發現交錯與傳統的 A/B 測試相比之下「能可靠地識別出最佳算法，且所需樣本量小得多[30]。」

圖 9-6 顯示了交錯與 A/B 測試的不同之處。在 A/B 測試中，我們會測量並比較兩組的留存率和串流等核心指標。在交錯中，可以透過測量用戶的偏好，來比較這兩種算法。因為交錯可以由用戶偏好決定，所以未必會有更好的核心指標。

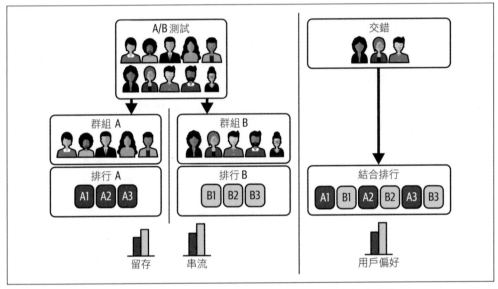

圖 9-6　交錯與 A/B 測試的圖示。資料來源：改編自 Parks 等人的圖像。

當我們向用戶展示來自多個模型的推薦時，請務必注意推薦位置會影響用戶點擊它的可能性。例如，與底部推薦相比，用戶更有可能點擊頂部推薦。為了交錯能產生有效結果，我們必須確保在任何給定位置，A 或 B 生成推薦的可能性相同。為確保這一點，我們可以使用團隊選秀方法，即模仿體育運動中選秀的過程。對

29　Thorsten Joachims，《Optimizing Search Engines using Clickthrough Data》，KDD 2002，*https://oreil.ly/XnH5G*。

30　Joshua Parks、Juliette Aurisset 和 Michael Ramm，《Innovating Faster on Personalization Algorithms at Netflix Using Interleaving》，*Netflix Technology Blog*，2017 年 11 月 29 日，*https://oreil.ly/lnvDY*。

於每個推薦位置，我們以等機率隨機選擇 A 或 B，被選擇的模型派出尚未被選的最佳推薦項目 [31]。圖 9-7 顯示了這種團隊選秀方法的原理。

圖 9-7　使用團隊草案交錯來自兩種排名算法的影片推薦。資料來源：Parks 等人 [32]

老虎機

老虎機算法起源於賭博。一家賭場有多台老虎機，獎金各不相同。老虎機也被稱為「獨臂強盜」。你不知道哪台老虎機的獎金最高。你可以隨著時間的推移進行試驗，在你所能承受的最大支出中，找出最好的老虎機。多臂老虎機是一種算法，可讓你在開發（選擇過去支付最多獎金的老虎機）和探索（選擇可能回報更高的其他老虎機）之間取得平衡。

31　Olivier Chapelle、Thorsten Joachims、Filip Radlinski 和 Yisong Yue，《Large-Scale Validation and Analysis of Interleaved Search Evaluation》，*ACM Transactions on Information Systems* 30，第 1 期（2012 年 2 月）：6，*https://oreil.ly/lccvK*。

32　Parks 等人，《Innovating Faster on Personalization Algorithms》。

截至今天，在生產中測試模型的標準方法是 A/B 測試。透過 A/B 測試，你可以將流量隨機路由到每個模型以進行預測，並在試驗結束時衡量哪個模型效果更好。A/B 測試是無狀態的：你可以將流量路由到每個模型，而無須了解它們當前的效能。即使使用批量預測，你也可以進行 A/B 測試。

當你有多個模型要評估時，每個模型都可以被視為一台老虎機，你不知道其支出（即預測準確性）。老虎機算法讓你確定如何將流量路由到每個模型進行預測，以確定最佳模型，同時最大限度地提高用戶的預測準確性。老虎機算法是有狀態的：在將請求路由到模型之前，你需要計算所有模型的當前效能。這需要三件事：

* 模型必須能夠進行線上預測。

* 最好有較短的反饋迴路：你需要獲得有關預測是否正確的反饋。這通常適用於可以根據用戶反饋確定標籤的任務，比如推薦系統中——如果用戶點擊推薦，就可以推斷它是好的。如果反饋迴路很短，你可以快速更新每個模型帶來的收益。

* 一種蒐集反饋、計算和追蹤每個模型效能的機制，並根據模型的當前效能，將預測請求路由到不同模型。

老虎機算法在學術領域得到充分研究，並證明比 A/B 測試具有更高的資料效率（在許多情況下，老虎機算法甚至是最優的）。老虎機算法需要更少的資料就能確定哪個模型是最好的，同時，由於他們更快地將流量路由到更好的模型，因此降低了機會成本。請參閱 LinkedIn、Netflix、Facebook、Dropbox（*https://oreil.ly/vsKsg*）、Zillow（*https://oreil.ly/A7KkD*）、Stitch Fix（*https://oreil.ly/2LKZd*）關於老虎機算法的討論。有關更多理論性的觀點，請參閱 *Reinforcement Learning* 的第 2 章（*https://oreil.ly/fpR2H*）（Sutton 和 Barto，2020 年）。

Google 的 Greg Rafferty 在一項實驗中發現，A/B 測試需要超過 630,000 個樣本才能獲得 95% 的信賴區間，而簡單的老虎機算法（湯普森抽樣）所需樣本低於 12,000，就得確定一個模型比另一的模型好 5%[33]。

---

33 Greg Rafferty，《A/B Testing—Is There a Better Way? An Exploration of Multi-Armed Bandits》，*Towards Data Science*，2020 年 1 月 22 日，*https://oreil.ly/MsaAK*。

然而，老虎機算法比 A/B 測試更難實施，因為它需要額外的運算和追蹤模型的收益。因此，除了少數大型科技公司外，老虎機算法並未在業界中廣泛使用。

老虎機算法

多臂老虎機問題的許多解決方案都可以在這裡使用。最簡單的探索算法是 ε-greedy。對於一定百分比的時間，比如 90% 的時間（$\varepsilon = 0.9$），你將流量路由到當前效能最佳的模型，而在另外 10% 的時間裡，你將流量路由到隨機模型。這意味著對於系統生成的每個預測中，90% 來自「當下最佳」模型。

兩種最流行的探索算法是湯普森抽樣和信賴上界（UCB）。湯普森抽樣法是，選擇一個模型，該模型在給定當前知識的情況下是最優的[34]。在我們的例子中，這意味著在選擇模型時，算法會選取比所有其他模型更可能具有更高值（更好的效能）的模型。另外，UCB 選擇信賴上限最高的項目[35]。我們說 UCB 在面對不確定性時持樂觀態度，對於不確定的項目，它會給予「不確定性紅利」，也稱為「探索紅利」。

探索策略 - 環境相關老虎機算法

如果用於模型評估的老虎機算法要確定每個模型的支付額（即預測準確性），則環境相關老虎機算法用作確定每個動作的支付額。在推薦 / 廣告的情況下，動作是向用戶展示的項目 / 廣告，支付額即用戶點擊它的可能性。與其他老虎機一樣，環境相關老虎機算是一種提高模型資料效率的驚人技術。

34　William R. Thompson，《On the Likelihood that One Unknown Probability Exceeds Another in View of the Evidence of Two Samples》，*Biometrika* 25，第 1 期。3/4（1933 年 12 月）：285–94，*https://oreil.ly/TH1HC*。

35　Peter Auer，《Using Confidence Bounds for Exploitation–Exploration Trade-offs》，*Journal of Machine Learning Research* 3（2002 年 11 月）：397–422，*https://oreil.ly/vp9mI*。

也有人將用於模型評估的老虎機算法稱為「環境相關老虎機算法」。這會讓事情變得混亂,所以在這本書中,「環境相關老虎機算法」是指確定預測支付額的探索策略。

想像一下,你正在構建一個推薦系統,其中包含 1,000 個要推薦的項目,這使其成為一個 1,000 多臂老虎機問題。每次,你只能向用戶推薦前 10 個最相關的項目。用老虎機問題術語來說,你必須選擇最好的 10 個武器。透過用戶是否點擊顯示的項目,我們推斷出用戶反饋。但你不會收到關於其他 990 個項目的反饋。這被稱為部分反饋問題,也稱為老虎機反饋(*bandit feedback*)。你還可以將環境相關老虎機算法視為具有老虎機反饋的分類問題。

假設每次用戶點擊一個項目,該項目獲得 1 個價值點。當一個項目的價值點數為 0 時,可能是因為該項目從未向用戶展示過,或者因為它已經展示,但未被點擊。你想向用戶展示對他們來說價值最高的項目,但如果你一直都只是這樣做,你就會繼續推薦同樣受歡迎的項目,而以前從未展示過的項目將保持 0 價值點數。

環境相關老虎機是一種算法,可幫助你在向用戶顯示他們喜歡的項目和顯示你想要反饋的項目之間取得平衡 [36]。這與許多讀者在強化學習中可能遇到的「探索 - 利用」權衡相同。 環境相關老虎機也稱為「一次性」強化學習問題 [37]。在強化學習,你可能需要採取一系列行動才能看到回報。在環境相關老虎機中,你可以在操作後立即獲得老虎機反饋——例如:在推薦廣告後,你可以獲得有關用戶是否點擊該推薦的反饋。

環境相關老虎機算法得到了充分研究,並已證明可以顯著提高模型的效能(參見 Twitter(*https://oreil.ly/EqjmB*)和 Google 的報告(*https://oreil.ly/ipMxd*))。然而,環境相關老虎機比模型相關老虎機算法更難實現,因為探索策略取決於 ML 模型的架構(例如它是決策樹還是神經網路),這使得它在用例中的通用性

---

36 Lihong Li、Wei Chu、John Langford 和 Robert E. Schapire,《A Contextual-Bandit Approach to Personalized News Article Recommendation》,*arXiv*,2010 年 2 月 28 日,*https://oreil.ly/uaWHm*。

37 根據維基百科,**多臂老虎機**是一個典型的強化學習問題,體現了探索-開發權衡困境(s.v.,《多臂老虎機》,*https://oreil.ly/ySjwo*)。這個名字來源於想像一個賭徒在一排老虎機(有時被稱為「獨臂強盜」)前決定玩哪台機器、每台機器玩多少次、玩的順序,以及是否繼續使用當前機器,或嘗試不同機器。

較差。對將環境相關老虎機算法與深度學習結合起來感興趣的讀者，應該查看 Twitter 團隊的論文佳作：「深度貝葉斯老虎機：探索線上個性化推薦」（*https:// oreil.ly/Uv03p*）（Guo et al. 2020）。

在結束本節之前，我想強調一點。我們已經對 ML 模型進行了多種類型的測試。然而，要注意一個好的評估管道，不僅關乎運行測試，還關乎誰來運行這些測試。在 ML 中，評估過程通常由資料科學家負責——由模型開發的人負責評估它。資料科學家傾向使用他們喜歡的測試集來臨時評估新模型。首先，這個過程充滿了偏見——資料科學家掌握模型的背景資料，而有大多數用戶沒有這些資料，這意味著資料科學家使用這個模型的方法在某種程度上會與大多數用戶不同。其次，流程的臨時性質意味著結果可能有變化。一位資料科學家執行了一組測試後，發現模型 A 優於模型 B，而另一位資料科學家可能發現不同的結果。

沒有方法確保生產環境的模型品質，導致許多模型在部署後出現故障，這反過來又加劇了資料科學家在部署模型時的焦慮。為了緩解這個問題，每個團隊都必須清晰計畫好評估模型的管道：例如要運行的測試、運行的順序、進入下一階段前必須透過的閾值。這些管道最好是自動化的，並在模型更新時啟動。評估結果應被查核和匯報，類似於傳統軟體工程的 CI/CD 過程。一個好的評估過程，重點不僅在於「什麼」測試，還有「什麼人」該運行這些測試。

小結

我認為本章觸及尚未探索的主題中最令人振奮的一個：即如何在生產中不斷更新模型，以使其適應不斷變化的資料分布。我們討論了公司在實現持續學習基礎架構現代化過程中可能經歷的四個階段：從手動、從重開始的培訓階段到自動化、無狀態的持續學習。

然後，我們細看一個困擾各類大小公司 ML 工程師們的問題：「應該多久更新一次模型？」，並敦促工程師們考慮資料新鮮度對其模型的價值，以及在模型迭代和資料迭代之間做出權衡。

持續學習與第 7 章討論的「線上預測」類似，需要成熟的串流基礎設施。持續學習的訓練部分可以批量完成，線上評估部分則需要串流式處理。許多工程師擔心串流式傳輸既困難又昂貴。三年前確實如此，但從那時起，串流技術已經顯著成熟。越來越多的公司提供解決方案幫助公司步向串流技術，包括 Spark Streaming、Snowflake Streaming、Materialize、Decodable、Vectorize 等。

持續學習是 ML 特有的問題，但它在很大程度上需要基礎架構解決方案。為加快迭代週期和快速檢測模型更新的故障，我們需要以正確的方式設置基礎設施。這需要資料科學 / ML 團隊和平台團隊通力合作。我們將在下一章討論 ML 的基礎設施。

第十章

MLOps 的基礎設施和工具

從第 4 章到第 6 章，我們討論了開發 ML 系統的邏輯。從第 7 章到第 9 章，我們討論了部署、監控和持續更新 ML 系統的注意事項。在目前為止，我們假定了 ML 從業者可以存取實現相關邏輯和執行這些以上事項所需的所有工具和基礎設施。然而這些假定與現實差很遠。許多資料科學家告訴我，他們知道要為 ML 系統做些什麼，但他們做不了，因為其基礎設置的方式不允許他們這樣做。

機器學習系統是複雜的。系統越複雜，優良基礎架構就越能幫上忙。正確設置基礎架構可以幫助實現流程自動化，從而減少對專業知識和工程時間的需求。這可以加快 ML 應用程式的開發和交付時，減少錯誤範圍，並有助開發新的用例。但如果設置錯誤，使用架構變成苦差事，更換的成本又昂貴。在本章，我們將討論如何為 ML 系統設置正確的基礎架構。

在我們深入研究之前，請務必注意每家公司的基礎設施需求都是不同的。你所需的基礎架構取決於開發應用程式數量，以及應用程式的特化程度。一方面，有些公司使用 ML 進行臨時業務分析，例如他們需要在季度計畫會議上展示來年新用戶數量的預測。這些公司可能不需要投資任何基礎設施 —— Jupyter Notebooks、Python 和 Pandas 是他們最好的朋友。如果只是一個簡單的 ML 用例，例如你開發一個物件檢測的 Android 應用程式，想秀給朋友，可能也不需要任何基礎設施。你只需要一個與 Android 兼容的 ML 框架，例如 TensorFlow Lite。

在光譜的另一端，有些公司致力處理具有獨特需求的應用程式。例如，自動駕駛汽車有獨特的準確性和時延要求，算法必須能夠在毫秒內回應，且其準確性必須近乎完美，因為錯誤預測可能會導致嚴重事故。同樣，Google 搜索有一個獨特的規模需求，因為大多數公司不會像 Google 那樣每秒處理 63,000 個搜索查詢，即每小時處理 2.34 億個搜索查詢[1]。這些公司可能需要自行開發高度特化的基礎設施。Google 開發內部基礎架構的一大部分都用於搜索；自動駕駛汽車公司特斯拉和 Waymo 也是如此[2]。部分特化基礎架構也會開放給其他公司採用。例如，Google 推廣其內部雲基礎架構，衍生了 Google Cloud Platform（*https://oreil.ly/0gO2L*）。

光譜中間範圍的多數公司，將 ML 用於多種常見應用程式（包含詐欺檢測模型、價格優化模型、客戶流失預測模型、推薦系統等）並以合理的規模運作。「合理規模」是指公司每天處理的資料量級為 GB 和 TB，而不是 PB。其資料科學團隊由 10 到數百名工程師不等[3]。此類別範圍包括 20 人左右的新創到 Zillow 的企業級數，但達不到 FAAAM 的規模[4]。例如在 2018 年，Uber 每天向其資料湖中添加數十 TB 的資料，而 Zillow 最大的資料集每天帶來 2 TB 未壓縮的資料[5]。相比之下，早在 2014 年，Facebook 每天已生成 4 *PB* 的資料[6]。

這此處於中間範圍的公司，或許能夠受益於日益標準化的通用 ML 基礎設施（見圖 10-1）。在本書，我們將重點關注符合合理規模、絕大多數 ML 應用程式適用的基礎設施。

1　Kunal Shah，《This Is What Makes SEO Important for Every Business》，*Entrepreneur India*，2020 年 5 月 11 日，*https://oreil.ly/teQlX*。

2　如需一窺特斯拉的 ML 運算基礎設施，我強烈建議你觀看 YouTube 上的 Tesla AI Day 2021（*https://oreil.ly/etH9C*）。

3　「合理規模」的定義受到 Jacopo Tagliabue 的論文啟發，題為《You Do Not Need a Bigger Boat: Recommendations at Reasonable Scale in a (Mostly) Serverless and Open Stack》，*arXiv*，2021 年 7 月 15 日，*https://oreil.ly/YNRZQ*。有關合理規模的更多討論，請參閱 Ciro Greco 的《ML and MLOps at a Reasonable Scale》（2021 年 10 月）。

4　FAAAM 是 Facebook、Apple、Amazon、Alphabet、Microsoft 的縮寫。

5　Reza Shiftehfar，《Uber's Big Data Platform: 100+ Petabytes with Minute Latency》，*Uber Engineering*，2018 年 10 月 17 日，*https://oreil.ly/6Ykd3*；Kaushik Krishnamurthi，《Building a Big Data Pipeline to Process Clickstream Data》，Zillow，2018 年 4 月 6 日，*https://oreil.ly/SGmNe*。

6　Nathan Bronson 和 Janet Wiener，《Facebook's Top Open Data Problems》，Meta，2014 年 10 月 21 日，*https://oreil.ly/p6QjX*。

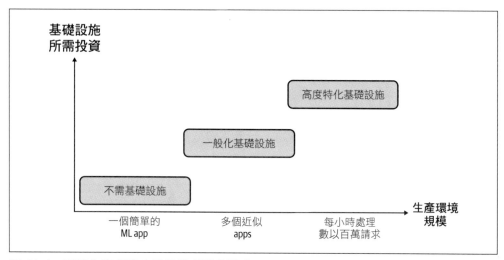

圖 10-1　不同生產規模企業的基礎設施要求

為了根據需求設置正確的基礎架構，準確理解基礎架構的涵義及其組成非常重要。根據維基百科，在實體世界中，「基礎架構是支持家庭和公司可持續功能的一組基礎設施和系統[7]。」ML 世界中的「基礎架構」是一組支持 ML 系統開發和維護的基礎設施。正如本章前面所討論的，何謂「基本設施」因公司而異。在本節中，我們將研究以下四個層次：

儲存和運算（*Storage and compute*）

　　儲存層是蒐集和儲存資料的地方。運算層提供運行 ML 工作負載所需的運算能力，例如訓練模型、計算特徵、生成特徵等。

資源管理（*Resource management*）

　　資源管理包括用於安排和編排工作量的工具，以充分利用可用算力。此類工具有 Airflow、Kubeflow 和 Metaflow。

ML 平台（*ML Platform*）

　　ML 平台提供工具來幫助開發 ML 應用程式，例如模型儲存庫、特徵儲存庫和監控工具。此類工具有 SageMaker 和 MLflow。

7　維基百科，s.v.《基礎設施》，*https://oreil.ly/YaIk8*。

開發環境（*Development environment*）

通常稱為「dev 環境」；這是編寫程式碼和運行實驗的地方。程式碼需要進行版本控制和測試；還有實驗的追蹤工作。

這四層如圖 10-2 所示。資料和運算是任何 ML 專案所需的基本資源，因此，對於任何打算應用 ML 的公司來說，**儲存和運算層**是可說是其架構的基石。這一層對於資料科學家來說也是最抽象的。我們將首先討論這一層，因為這些資源最容易解釋。

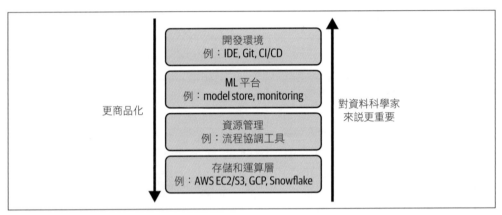

圖 10-2　ML 的不同基礎架構層

資料科學家每天必須與 dev 環境打交道，所以此層最不抽象。我們討論此層後，接下來是資源管理，這是對資料科學家們來說具爭議的話題（人們仍在爭論資料科學家是否需要了解這一層）。由於「ML 平台」是一個相對較新的概念，不同組件仍在育成階段，我們熟悉以上三層後，會探討這個類別。ML 平台需要公司的前期投資，但如果做得好，就能方便不同業務用例的資料科學家們。

即使兩家公司有完全相同的基礎設施需求，最終的基礎設施也會不一樣，這取決於他們「開發還是購買」的策略，由內部團隊構建，還是外包給其他公司。我們將在本章的最後一部分探討開發還是購買決策，我們還將談及對 ML 基礎架構進行標準化、形象統一化的期許。

開始吧！

儲存和運算

ML 系統處理大量資料，這些資料需要儲存在某個地方。**儲存層**是蒐集和儲存資料的地方。在最簡單的形式中，儲存層可以是硬盤驅動器磁盤（HDD）或固態磁盤（SSD）。儲存層可以在一個地方，例如，你可能將所有資料都放在 Amazon S3 或 Snowflake 中，或者分布在多個位置[8]。儲存層可以設於私人資料中心的地端，或雲端。過往，公司可能嘗試管理自己的儲存層。然而在過去十年，大部分儲存層已被商品化，並轉移到雲端。資料儲存成本變得很低，以至於大多數公司都可以免費儲存他們擁有的所有資料[9]。我們在第 3 章中詳細介紹了資料層，因此在本章，我們將重點關注運算層。

運算層是指公司有權存取的所有計算資源，以及決定如何使用這些資源的機制。可用的計算資源量決定了工作負載的可擴展性。你可以將運算層視為執行作業的引擎。在最簡單的設置，「運算層」只是一個 CPU 或一個 GPU 核心，負責完成所有運算。最常見的形式是雲端供應商管理的雲端執行個體，例如 AWS Elastic Compute Cloud（EC2）或 GCP。

運算層通常可以被分割成更小的運算單元，以便同時使用。例如，一個 CPU 內核可能支持兩個並行線程；每個線程作為運算單元，執行自己的作業。或者，多個 CPU 內核可能連接在一起，形成一個更大的運算單元，來執行更大的作業。也可以為特定的短期作業創建計算單元，好像 AWS Step Function 或 GCP Cloud Run，單元在作業完成後將被消除。運算單元也能以更「永久」的方式存在，也就是不綁定特定任務，就像一台虛擬機器。更永久的運算單元有時稱為「執行個體」。

但是，運算層並不總是使用線程或核心作為運算單元。有一些運算層嘗試消除「運算核心」的概念，以其他方式定義運算單元。例如像 Spark 和 Ray 這樣的運算引擎，以「job」為單元，而 Kubernetes 以「pod」（一種容器包裝器）作為最小的可部署單元。雖然一個 pod 中可以有多個容器，但你不能獨立啟動或停止同一個 pod 中的不同容器。

8　我見過一家公司，他們的資料分布在 Amazon Redshift 和 GCP BigQuery 上，他們的工程師對此不是很滿意。

9　我們在這裡只討論資料儲存的部分，因為在第 2 章已經討論了資料系統。

要執行 job，你首先將所需資料加載到運算單元的記憶體中，然後執行所需的運算：加法、乘法、除法、卷積等。例如要將兩個數組相加，首先需要將這兩個數組加載到記憶體中，然後對這兩個數組進行加法運算。如果運算單元沒有足夠的記憶體來加載這兩個數組，則操作不能進行，除非有算法可以處理記憶體不足。因此，一個運算單元主要由兩個指標來表達其特性：有多少記憶體、運行一個操作的速度。

記憶體指標可以使用 GB 等單位指定，並且通常可以直接評估：8 GB 記憶體的運算單元比只有 2 GB 的運算單元可處理更多的記憶體資料，而且通常更昂貴 [10]。一些公司不僅關心運算單元有多少記憶體，還關心資料在記憶體來往的加載速度，因此一些雲端供應商宣傳他們的執行個體具有「高頻寬記憶體」，或指定他們執行個體實例的 I/O 頻寬。

定義操作速度則更具爭議性。最常見的指標是 FLOPS——每秒浮點運算。顧名思義，該指標表示運算單元每秒可以運行的浮點運算數。你可能會看到硬體供應商宣傳他們的 GPU 或 TPU 或 IPU（智慧處理單元）具有 teraFLOPS（萬億FLOPS），或其他巨量的 FLOPS 數字。

然而這個指標是有爭議的。首先，衡量這個指標的公司可能對何謂「一次操作」有不同看法，例如一台機器將兩個操作項融合執行 [11]，這算作一次操作還是兩次操作？其次，僅僅因為一個運算單元能夠執行一萬億次 FLOPS ，並不意味著你將能夠以一萬億次 FLOPS 的速度執行工作。作業可以運行的 FLOPS 數與運算單元能夠處理的 FLOP 數之比稱為利用率 [12]。如果一個執行個體能夠執行一百萬次 FLOP，而你的工作以 30 萬次 FLOPS 運行，即 30% 的利用率。當然

10　在撰寫本書時，ML 工作負載通常需要 4 GB 到 8 GB 的記憶體；16 GB 記憶體足以處理大多數 ML 工作負載。

11　請參閱第 218 頁「模型優化」中的操作融合。

12　《What Is FLOP/s and Is It a Good Measure of Performance?》，Stack Overflow，最後更新於 2020 年 10 月 7 日，*https://oreil.ly/M8jPP*。

你希望利用率越高越好。但要達到 100% 的利用率幾乎是不可能的。視硬體後端和應用程式，50% 的利用率可以是好的，也可以是壞的。利用率還取決於將資料加載到記憶體中以執行下一個操作的速度—— 因此 I/O 頻寬很重要 [13]。

在評估新的運算單元時，重要的是要評估該運算單元執行常見工作負載所需時間。例如 MLPerf（*https://oreil.ly/XuVka*）是硬體供應商衡量其硬體效能的流行基準，其顯示硬體在 ImageNet 資料集上訓練 ResNet-50 模型，或使用 BERT-large 模型為 SQuAD 資料集生成預測所需時間。

因為考慮 FLOPS 的用處不大，為方便起見，很多人在評估運算效能時，索性只看該運算單元擁有的核心數目。因此你可能會選用具有 4 個 CPU 核心和 8 GB 記憶體的執行個體。請記住，AWS 使用 vCPU 的概念，它代表虛擬 CPU，為方便理解，你可以將之視為半個實際核心 [14]。你可以在圖 10-3 中看到某些 AWS EC2 和 GCP 執行個體提供的核心數目和記憶體指標。

一些 AWS 的 GPU 執行個體					一些 GCP 的 TPU 執行個體		
Instance	GPUs	vCPU	Mem (GiB)	GPU Mem (GiB)	TPU type (v2)	v2 cores	Total memory
p3.2xlarge	1	8	61	16	v2-8	8	64 GiB
p3.8xlarge	4	32	244	64			
p3.16xlarge	8	64	488	128	TPU type (v3)	v3 cores	Total memory
p3dn.24xlarge	8	96	768	256	v3-8	8	128 GiB

圖 10-3　在 2022 年 2 月，AWS 和 GCP 上可用的 GPU 和 TPU 實例範例。資料來源：AWS 和 GCP 網站截圖

13　對於 FLOPS 和頻寬、以及如何針對深度學習模型優化它們感興趣的讀者，我推薦這篇文章：《Making Deep Learning Go Brrrr From First Principles》（*https://oreil.ly/zvVFB*）（He 2022）。

14　據 Amazon 稱，「EC2 執行個體支持多線程，這使得多個線程可以在單個 CPU 核心同時運行。每個線程都表示為執行個體上的一個虛擬 CPU（vCPU）。一個執行個體一個預設的 CPU 核心數，這會因執行個體類型而異。例如，m5.xlarge 執行個體預設有兩個 CPU 核心、每個核心兩個線程——總共四個 vCPU」（《Optimize CPU Options》，Amazon Web Services，上次存取時間為 2020 年 4 月，*https://oreil.ly/eeOtd*）。

公共雲與私人資料中心

與資料儲存一樣，運算層也在很大程度上被商品化。這意味著公司無須為儲存和運算建立自己的資料中心，而是向 AWS 和 Azure 等雲端服務供應商支付確切的已使用運算量。雲端運算使公司開展構建工作時非常輕鬆，而不必擔心運算層。它對於工作負載可變的公司來說，特別有吸引力。想像一下，如果工作負載在一年的某天需要 1,000 個 CPU 內核，而在其他時間只需要 10 個 CPU 內核。如果你建立自己的資料中心，則需要預先支付 1,000 個 CPU 核心的費用。使用雲端運算的話，只需為那個「某天」支付 1,000 個 CPU 內核的費用，其餘時間只需支付 10 個 CPU 內核的費用。按需添加更多算力或關閉執行個體也很方便，大多數雲端供應商甚至會自動為你執行此操作，以減少工程運營開銷。這在 ML 中特別有用，因為資料科學的工作負載是突如其來的。資料科學家往往在開發過程花數週時間進行大量實驗，這需要大量的算力。到了生產環境，工作負載會變得更穩定。

請記住，雲端運算具有彈性，但這並不是什麼魔法。它確實不能提供無限算力。大多數雲端供應商對每次可以使用的運算資源設下限制（*https://oreil.ly/TzUOv*）。部分（但不是全部）這些限制可以透過請求提高。例如在撰寫本書時，AWS EC2 最大的執行個體是 X1e（*https://oreil.ly/29lsT*），具有 128 個 vCPU 和近 4 TB 的記憶體 [15]。即使有大量運算資源，也不是說它們總是手到拿來，尤其是當你還須使用 Spot 執行個體來節省成本時 [16]。

基於雲的彈性和易用性，越來越多的公司選擇付費型雲端服務，而不是構建和維護自己的儲存和運算層。Synergy Research Group 的研究表明，在 2020 年，「企業在雲基礎設施服務上的支出『增長』35%，達到近 1300 億美元」，而「企業在資料『中心』上的支出下降了 6%，降至 900 億美元以下」 [17]，如圖 10-4 所示。

---

15 每小時 26.688 美元。

16 按需執行個體是在你請求時可用的執行個體。Spot 執行個體是在沒有其他人使用它們時可用的執行個體。與按需執行個體相比，雲端供應商傾向於以折扣價提供 Spot 執行個體。

17 Synergy Research Group，《2020—The Year That Cloud Service Revenues Finally Dwarfed Enterprise Spending on Data Centers》，2021 年 3 月 18 日，*https://oreil.ly/uPx94*。

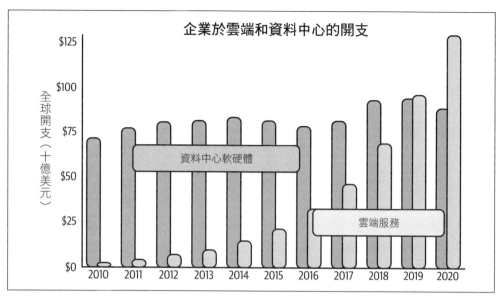

圖 10-4 2020 年，企業在雲端基礎設施服務上的支出增長了 35%，而在資料中心上的支出下降了 6%。資料來源：改編自 Synergy Research Group 的圖像

雖然與早期構建自己的儲存和運算層相比，利用雲端服務往往帶給公司更高的回報，但隨著一家公司的發展，此觀點開始變得站不住腳。根據上市軟體公司披露的雲端基礎設施開支出，創投公司 a16z 表示，雲端服務支出約佔這些公司收入成本的 50%[18]。

雲端服務的高成本促使公司開始將工作負載移回自己的資料中心，這一過程稱為「雲端回歸」。Dropbox 在 2018 年提交的 S-1 文件（*https://oreil.ly/zRm9j*）顯示，該公司在 IPO 前兩年，基於基礎設施大幅度優化工程，節省了 7500 萬美元，當中很大一部分包括將工作負載從公有雲轉移到他們自己的資料中心。因為 Dropbox 是做資料儲存業務，因此高雲端成本是該公司獨有的問題？不盡然。在上述分析中，a16z 估計：「對於目前使用雲端基礎設施的 50 家頂級上市軟體公司，因為雲端服務影響利潤率，相對自行運作基礎架構來說，它們的市值損失達 1,000 億美元」[19]。

---

18 Sarah Wang 和 Martin Casado，《The Cost of Cloud, a Trillion Dollar Paradox》，a16z，*https://oreil.ly/3nWU3*。

19 Wang 和 Casado，《The Cost of Cloud》。

雖然開始使用雲端服務很容易，離開卻很難。雲端回歸需要對商品和相關工程進行大量的前期投資。

越來越多的公司採用混合方法：將大部分工作負載保留在雲端，同時慢慢增加對資料中心的投資。

關於多雲端戰略

為減少依賴單一雲端供應商，公司可採取的另一種方法是遵循多雲端戰略：將他們的工作負載分散於多個雲端供應商 [20]。這允許公司構建的系統可以與多個雲端兼容，使他們能夠利用最佳和最具成本效益的技術，而不是局限於單一雲端供應商的服務（「供應商鎖定」）。Gartner 2019 年的一項研究表明，81% 的組織正在與兩個或更多公有雲端供應商合作 [21]。一種我經常看見的 ML 工作負載模式是，先在 GCP 或 Azure 上進行培訓，然後在 AWS 上進行部署。

多雲端戰略通常不是出於自願的選擇。正如我們的早期評論者 Josh Wills 所說：「頭腦正常的人都沒有打算使用多雲端。」跨雲移動資料和編排工作負載非常困難。

通常，多雲端的出現是因為組織的不同部分獨立運作，並且每部分都做出自己的雲端服務決策。它也可能發生在收購之後，被收購的團隊在與收購方不同的雲端中，而還未進行遷移。

在我的工作中，我看到多雲端是由於戰略投資而出現的。Microsoft 和 Google 是創業生態系統的重要投資者，我合作過幾家架構在 AWS 的公司，在 Microsoft / Google 投資後，都已經轉移到 Azure/GCP。

20　Laurence Goasduff，《Why Organizations Choose a Multicloud Strategy》，Gartner，2019 年 5 月 7 日，*https://oreil.ly/ZiqzQ*。

21　Goasduff，《Why Organizations Choose a Multicloud Strategy》。

開發環境

Dev 環境是 ML 工程師編寫程式碼、運行實驗,並與生產環境交集,那裡是部署冠軍模型和評估挑戰者模型的地方。Dev 環境由以下組件組成:IDE(集成開發環境)、版本控制和 CI/CD。

如果你是每天編寫程式碼的資料科學家或 ML 工程師,你可能對所有這些工具都非常熟悉,並好奇這裡會怎麼討論它們。根據我的經驗,除少數科技公司之外,大多數公司都嚴重低估 dev 環境,投資亦不足。根據 Ville Tuulos 在他的著作《*Effective Data Science Infrastructure*》中所說:「你會驚訝多少公司擁有經過調整好的、可規模化的生產環境基礎設施,但對於首先要解決的問題,例如如何開發程式碼、除錯、測試,都是以臨時方式了事[22]。」

他建議:「如果你只有時間搭建好一個基礎架構,就應該搭建資料科學家的開發環境。」因為 dev 環境是工程師工作的地方,所以 dev 上的改進,能夠直接提高工程生產力。

在本節,我們將首先介紹 dev 的不同組件,然後我們會討論 dev 環境標準化,接著再探討如何使用容器,將更改從開發環境帶到生產環境。

Dev 環境設置

設置 Dev 環境時,應該包含所有可以使工程師更輕鬆完成工作的工具。它還應該包含用於版本控制(*versioning*)的工具。在撰寫本書時,公司普遍使用一組特別的工具來控制他們的 ML 工作流程,例如 Git 用於版本控制程式碼,DVC 用於版本資料,Weights & Biases 或 Comet.ml 用於在開發過程中追蹤實驗,MLflow 用於部署模型時追蹤模型的產出物。Claypot AI 正在開發一個平台,幫助你在同一位置控制和追蹤所有 ML 工作流程。版本控制對於任何軟體工程項目都很重要,但對於 ML 專案更是如此,因為你可以更改大量的東西(程式碼、參數、資料本身等),而且需要追蹤先前的運行,以便在將來重現。我們已經在第164 頁的「實驗追蹤及版本控制」介紹過這一點。

開發環境還應該設有 *CI/CD* 測試套件,以便將程式碼推送到測試或生產環境之前測試程式碼。用於編排 CI/CD 測試套件的工具包括 GitHub Actions 和 CircleCI。因為 CI/CD 是一個軟體工程問題,所以它超出了本書的範圍。

22　Ville Tuulos,《Effective Data Science Infrastructure》(Manning,2022 年)。

在本節中，我們將重點關注工程師編寫程式碼的地方：IDE。

集成開發環境（IDE）

IDE 是程式碼的編輯器。IDE 傾向於支持多種程式設計語言。IDE 可以是 VS Code 或 Vim 等原生應用程式。IDE 可以是基於瀏覽器的，也就是說它們可以在瀏覽器運行，如 AWS Cloud9。

許多資料科學家不僅在 IDE 中編寫程式碼，也會在 Jupyter Notebooks 和 Google Colab 中的筆記本上動手[23]。筆記本不僅僅是編寫程式碼的地方。你可以包含任意產出物，例如圖像、繪圖、以工整表格顯示的資料等，這讓筆記本對於探索性資料分析和分析模型訓練結果非常有用。

筆記本有一個很好的屬性：它們是有狀態的，即可以在運行後保留狀態。如果程式中途失敗，你可以從失敗的步驟繼續運行，而不必從頭開始。當你要處理需時加載的大型資料集時，尤其有用。有了筆記本，你只需加載一次資料 —— 筆記本可以將這些資料保留在記憶體中，而不是每次要運行程式碼時都重新加載。如圖 10-5 所示，如果程式碼在筆記本中的第 4 步失敗，你只需重新運行第 4 步，而不是從頭運行程式。

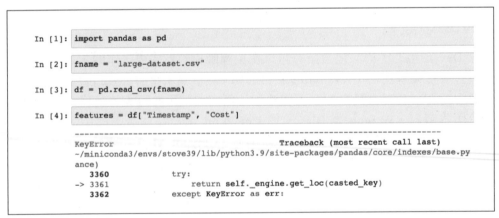

圖 10-5　在 Jupyter Notebooks 中，如果第 4 步失敗，你只需再次運行第 4 步，而不必再次運行第 1 至 4 步

23　在撰寫本書時，Google Colab 甚至為其用戶提供免費的 GPU（*https://oreil.ly/9ij7E*）。

請注意，有狀態是一把雙刃劍，因為你可以不按次序執行每個單元格。例如在普通腳本中，單元格 4 必須在單元格 3 之後運行，單元格 3 必須在單元格 2 之後運行。但是，在筆記本中，你可以先運行單元格 2、3，然後運行單元格 4，或者先運行單元格 4、3，然後運行單元格 2。除非你的筆記本附帶有關運行單元順序的說明，否則筆記本的可重複性會降低。Chris Albon 的笑話描述了這項挑戰（見圖 10-6）。

圖 10-6　Notebooks 的狀態允許你亂序執行單元格，導致重現 Notebook 的困難

由於筆記本對於資料探索和實驗非常有用，因此筆記本已成為資料科學家和 ML 領域中不可或缺的工具。一些公司已將筆記本作為其資料科學基礎設施的中心。在 Netflix 的開創性文章「Beyond Interactive: Notebook Innovation at Netflix」中，公司列出了一系列用以強化筆記本功能的基礎架構工具 24。榜上有名的包括：

24　Michelle Ufford、M. Pacer、Matthew Seal 和 Kyle Kelley，《Beyond Interactive: Notebook Innovation at Netflix》，*Netflix Technology Blog*，2018 年 8 月 16 日，*https://oreil.ly/EHvAe*。

Papermill（*https://oreil.ly/569ot*）

　　用於生成具有不同參數集的多個筆記本，幫助你同時執行不同的參數集的不同實驗。它還可以幫助你從一組筆記本中總結指標。

Commuter（*https://oreil.ly/dFlYV*）

　　用於在組織內查看、搜尋和共享筆記本的筆記本中心。

另一個旨在改善筆記本體驗的有趣項目是 nbdev（*https://nbdev.fast.ai*），一個基於 Jupyter Notebooks 的函式庫，鼓勵你在同一個地方編寫文件和測試。

標準化 dev 環境

關於 dev 環境的第一件事，是確保它可以標準化：即使在整家公司的層面做不到標準化，至少也要體現在團隊層面。我們將透過一個故事，來理解標準化 dev 環境的涵義和原因。

在我們這家新創的早期階段，我們每個人都在自己的電腦上工作。我們有一個 bash 文件，新的團隊成員可以運行它來創建一個新的虛擬環境（在我們的例子中，我們使用 conda 來創建虛擬環境），並安裝運行我們程式碼所需的套件。所需套件的列表還是那個從開始一直在添加新套件的 *requirements.txt*。有時候，有人偷懶了，只新增了套件名稱（例如 torch）而沒有指定版本（例如 torch==1.10.0+cpu）。在某些情況下，一個新的拉取請求（pull request）在我的電腦上運行良好，但在另一個同事的電腦上卻出現問題 [25]，通常我們很快就會發現這是因為兩者使用不同版本的套件。我們決定，在向 *requirements.txt* 添加新套件時，始終指定套件的名稱和版本，這消除了很多不必要的麻煩。

有一天，我們遇到了奇怪的錯誤，它只在某些執行期間發生。我讓同事調查一下，但他無法重現這個錯誤。我告訴他，這個錯誤只在某些時候發生，所以他可能需要執行程式碼大約 20 次才能確定。他執行了 20 次程式碼，仍然一無所獲。我們比較了大家的套件，套件名稱和版本都一致（不一定是版本問題）。經過幾個小時讓人毫無頭緒的挫折後，我們發現這是一個並行問題，只出現在 Python 3.8 或更早版本。我的是 Python 3.8，同事的是 Python 3.9，所以他沒看到錯誤。我們決定，讓每個人都使用相同的 Python 版本，這消除了一些更令人頭疼的問題。

25　對於外行來說，新的拉取請求（pull request）可以理解為添加到函式庫中的一段新程式碼。

然後有一天，我的同事買了一台新筆記本電腦。這是一台 MacBook，配備了當時的新款 M1 晶片。他試圖按照我們的設置步驟，在這台電腦上操作，但遇到了困難。因為 M1 晶片是新的，我們使用的一些工具（包括 Docker）與 M1 晶片配合得不是很好。看到他為設置環境苦苦掙扎了一天後，我們決定遷移到雲端的 dev 環境。這意味著我們仍然有標準化的虛擬環境、工具、套件，但現在連機器的類型（由雲端供應商提供）都是相同的。

使用雲端 dev 環境時，你可以考慮像 AWS IDE Cloud9（*https://oreil.ly/xFEZx*）（沒有內置筆記本）和 Amazon SageMaker Studio（*https://oreil.ly/m1yFZ*）（附帶託管的 JupyterLab）這樣的環境。在撰寫本書時，Amazon SageMaker Studio 似乎比 Cloud9 更廣泛被使用。然而，我認識大多數使用雲端 IDE 的工程師，都是在雲端執行個體上安裝他們選擇的 IDE，比如 Vim。

一個更受歡迎的選擇是將雲端 dev 環境與本機 IDE 結合。例如：你可以使用電腦上的 VS Code，利用 Secure Shell（SSH）等安全協議將本機 IDE 連接到雲端環境。

雖然人們普遍認為工具和套件應該標準化，但一些公司對 IDE 標準化仍然猶豫不決。工程師可能會對 IDE 產生依賴，有些人竭力捍衛他們選擇的 IDE[26]，因此很難強迫每個人都使用相同的 IDE。然而，多年來，有些 IDE 已成為最熱門的選擇。其中，VS Code 是一個不錯的選擇，因為它可以輕鬆接入雲端 dev 上的執行個體。

我們這家新創公司選擇 GitHub Codespaces（*https://oreil.ly/bQdUW*）作為我們的雲端 dev 開發環境，但是透過 SSH 進入的 AWS EC2 或 GCP 執行個體也是一個不錯的選擇。像許多其他公司一樣，在遷移到雲端環境之前，我們會擔心成本。如果我們在不使用時忘記關閉執行個體，導致一直計費怎麼辦？基於以下兩個原因，這種擔憂已經不存在了。首先，GitHub Codespaces 等工具會在 30 分鐘非活躍狀態後自動關閉你的執行個體。其次，有些執行個體非常便宜，例如 4 個 vCPU 和 8 GB 記憶體的 AWS 執行個體，成本約每小時 0.1 美元，如果你從不關閉它，每月成本都只是 73 美元。其實，工程時間成本很高，如果雲端 dev 環境可以幫助你每月節省幾小時的工程時間，對很多公司來說已經值了。

26　查看編輯器大戰（*https://oreil.ly/OOkqJ*），圍繞「Vim 還是 Emacs」長達十年的激辯。

從本機 dev 環境遷移到雲端 dev 環境還有許多其他好處。首先，它使 IT 支援變得簡單。想像一下你必須支援 1,000 台不同的本機裝置，而現在只需支援一種雲端執行個體。其次，遠端工作很方便，無論身在何處，都可以從任何電腦透過 SSH 連接到你的 dev 環境。第三，雲端 dev 環境有助於提高安全性。例如員工的筆記型電腦被盜，你只需撤銷該電腦對雲端執行個體的存取權限，以防止第三方偷取你的函式庫和專有資訊。當然，出於安全考慮，一些公司可能無法遷移到雲開發環境。例如，公司不允許他們將程式碼或資料放在雲端。

第四個好處，就是在雲端擁有你的 dev 環境可以減少 dev 和生產環境之間的差距。對於把生產階段設在雲端的公司來說，我認為這是最大的好處。如果生產環境設在雲端，把 dev 帶到雲端是很自然的事。

有時，一家公司不得不將他們的 dev 環境遷移到雲端，這不僅是因為以上好處，還有其必要性。例如一些無法在本機上下載或儲存資料的用例，存取資料的唯一方法就在利用雲端的筆記本（SageMaker Studio），只要筆記本有正確的權限，就可以從 S3 讀取資料。

當然，由於成本、安全或其他問題，雲端開發環境可能不適用於所有公司。設置雲端 dev 環境還需要一些初始投資，資料科學家可能需要進行有關如何正確使用雲端架構的培訓，包括建立與雲端的安全連接、安全合規性或避免浪費雲端用量。然而，dev 環境的標準化可能會讓資料科學家工作更輕鬆，長遠來說還是為你省錢。

從 dev 到 prod：容器

在開發過程中，你通常使用固定數量的機器或執行個體（通常是一個），因為其工作負載波動不大。你的模型不會從每小時處理 1,000 個請求突然變為 100 萬個請求。

另一方面，生產服務可能分布在多個執行個體上。執行個體的數量會因應傳入的工作負載，不時發生變化，有時這是不可預測的。例如有名人發布貼文，關於你剛起步的應用程式，使流量突然飆升了 10 倍。你將必須根據需要啟動新執行個體，設置執行個體時還需要包含執行工作負載所需的工具和套件。

以前，你必須自己啟動和關閉執行個體，大多數公有雲端供應商現已處理自動規模化的部分。但是，設置新執行個體時，仍需多加注意。

當你始終使用同一執行個體，你只是安裝一次相依關係項目，並在使用該執行個體時一併使用。在生產環境，如果執行個體按需動態分配，環境在本質上屬無狀態。當新執行個體被分配至工作負載時，你需要使用預定義指令列表，安裝相依關係項目。

這引申出一個問題：如何在任何新執行個體上重新創建環境？答案是容器技術（其中以 Docker 最為流行）。你可以使用 Docker 創建一個帶有逐步說明的 Dockerfile，以重新創建模型可以運行的環境：安裝此套件、下載此預訓練模型、設置環境變數、連接資料夾等。這些指令讓任何地方的硬體都能執行你的程式碼。

Docker 中的兩個關鍵概念是影像和容器。執行 Dockerfile 中的所有指令，就會得到 Docker 影像。如果你執行這個 Docker 影像，你會得到一個 Docker 容器。你可以將 Dockerfile 視為構建模具（即 Docker 影像）的配方。有了這個模具，你便可以創建多個執行個體；每個執行個體都是一個 Docker 容器。

你可以從頭開始構建 Docker 影像，或透過另一個 Docker 影像來構建。例如：NVIDIA 可能會提供一個 Docker 影像，其中包含 TensorFlow，還有優化 TensorFlow 在 GPU 運行所需的函式庫。如果你想構建一個在 GPU 上運行 TensorFlow 的應用程式，可以使用這個 Docker 影像作為基礎，並安裝特定於應用程式的相依項目，這是個不錯的做法。

容器「登錄」是讓你可以共享 Docker 影像，或搜尋其他組織內部人員 / 外界共享影像的地方。常見的容器登錄包括 Docker Hub 和 AWS ECR（彈性容器註冊表）。

以下是一個簡單的 Dockerfile 逐步說明範例（範例旨在展示 Dockerfiles 的一般工作方式，可能無法執行）：

1. 下載最新的 PyTorch 基礎影像。

2. 在 GitHub 上複製 NVIDIA 的 apex 儲存庫，選取新建立的 *apex* 資料夾，並安裝 apex。

3. 將 *fancy-nlp-project* 設置為工作目錄。

4. 在 GitHub 上複製 Hugging Face 的 transformers 倉庫，選取新建立的 *transformers* 資料夾，並安裝 transformers。

```
FROM pytorch/pytorch:latest
RUN git clone https://github.com/NVIDIA/apex
RUN cd apex && \
    python3 setup.py install && \
    pip install -v --no-cache-dir --global-option="--cpp_ext" \
    --global-option="--cuda_ext" ./

WORKDIR /fancy-nlp-project
RUN git clone https://github.com/huggingface/transformers.git && \
    cd transformers && \
    python3 -m pip install --no-cache-dir.
```

如果你的應用程式做出什麼「有趣」的事情，你可能需要多個容器。試想像你的專案包含運行速度快但需要大量記憶體的特徵化程式碼，以及運行速度慢但需要較少記憶體的模型訓練程式碼。如果你在 GPU 執行個體同時運行兩部分的程式碼，你需要高記憶體配置的 GPU 執行個體，這可能非常昂貴。然而你可以在 CPU 執行個體上執行特徵化程式碼，在 GPU 執行個體上執行模型訓練程式碼。這意味著你需要一個容器用於特徵化，另一個容器用於訓練。

當管道中的不同步驟具有衝突的相依關係項目時，也可能需要不同的容器，例如特徵化程式碼需要 NumPy 0.8，但你的模型需要 NumPy 1.0。

如果你有 100 個微服務，且每個微服務都需要自己的容器，那麼你可能同時運行 100 個容器。手動構建、運行、分配資源和停止 100 個容器可能是一件苦差事。幫助你管理多個容器的工具稱為容器協作工具。Docker Compose 是一個輕量級的容器協作工具，可以讓你在單主機上管理容器。

但是每個容器都可能在各自的主機上運行，這超出了 Docker Compose 所能辦到的極限。Kubernetes（K8s）正是用於此目的。K8s 為容器創建了一個網路，來通訊和共享資源。它可以幫助你在需要更多運算 / 記憶體時，在更多執行個體上啟動容器，以及在不需要容器時關閉容器，並有助於保持系統的高可用性。

K8s 是 2010 年代發展最快的技術之一。自 2014 年成立，它在今天的生產系統中變得無所不在。Jeremy Jordan 對 K8s 進行了精彩介紹（*https://oreil.ly/QLAC3*），有興趣的讀者可了解更多。然而，K8s 並不是對資料科學家最友好的工具，已有很多關於如何將資料科學工作從 K8s 轉移出來的討論[27]。我們將在下一節進一步介紹 K8s。

資源管理

在「前雲端」世界（甚至在今天，維護自己資料中心的公司中），儲存和運算是有限的。其資源管理核心在於如何充分利用有限的資源。增加一個應用程式的資源，可能意味著減少其他應用程式的資源，要最大限度利用資源，涉及複雜的邏輯，即使這意味著需要更多的工程時間，也無可奈何。

然而，在儲存和計算資源更具彈性的雲端世界中，關注點已經從如何「最大限度利用資源」，轉移到「如何經濟高效地使用資源」。向應用程式投入更多資源，並不意味著減少其他應用程式的資源，這大大簡化了資源分配上的難題。只要增加的成本與回報相符，例如額外的收入或節省的工程時間，許多公司都同意為應用程式投入更多資源。

在世界上絕大多數地區，工程師的時間比運算時間更有價值。如果這可以幫助工程師提高工作效率，公司當然樂意使用更多資源。也就是說，公司投資於他們工作負載的自動化是有實質意義的，相對於手動規劃，資源的使用效率雖然降低了，但工程師卻得以騰出更多時間專注於更有價值的工作。如果一個問題可以透過使用更多的非人力資源（例如投入更多的算力）或使用更多的人力資源（例如需要更多的工程時間來重新設計）來解決，那麼前者通常是首要的解決方案。

---

27 Chip Huyen，《Why Data Scientists Shouldn't Need to Know Kubernetes》，2021 年 9 月 13 日，*https://huyenchip.com/2021/09/13/data-science-infrastructure.html*；Neil Conway 和 David Hershey，《Data Scientists Don't Care About Kubernetes》，Determined AI，2020 年 11 月 30 日，*https://oreil.ly/FFDQW*；推特帳戶「我是開發者（I Am Developer）」（@iamdevloper）：「我該如何理解 kubernetes？我幾乎不知道自己有什麼感受了。」，2021 年 6 月 26 日，*https://oreil.ly/T2eQE*。

在本節，我們將討論如何管理 ML 工作流程的資源。我們將專注探討基於雲端的資源；然而所討論的概念也適用於私有資料中心。

Cron、排程器和協調器

ML 工作流程有兩個影響其資源管理的關鍵特徵：重複性和相依性。

在本書，我們以大篇幅闡明 ML 系統開發是一個迭代過程。同樣道理，ML 工作負載很少是一次性操作，而是一些重複性的操作。例如，你可能每週訓練一個模型，或每四小時生成一批新的預測。你可以安排這些重複流程的時間和協調過程，以利用可用資源，平穩且經濟地執行流程。

安排在固定時間運行重複性作業，正是 cron 所做的。這也是 cron 能做的全部：在預定時間運行腳本，並告訴你作業成功還是失敗。它不關心運行的作業之間的相依關係——你可以使用 cron，在作業 B 之後運行作業 A，但是你不能進一步安排任何複雜的事情，例如：「如果 A 成功則運行 B」、「如果 A 失敗則運行 C」。

這引導我們到第二個特徵：相依關係。ML 工作流程中的步驟彼此之間可能具有複雜的相依（*dependencies*）關係。例如 ML 工作流程可能包含以下步驟：

1. 從資料倉儲存取上週的資料。

2. 從存取的資料中提取特徵。

3. 在提取的特徵上訓練兩個模型 A 和 B。

4. 在測試集比較 A 和 B。

5. 如果 A 更好，就部署 A，否則部署 B。

執行每一步都取決於上一步的成功。第 5 步就是我們所說的條件依賴：這一步的動作取決於上一步的結果。這些步驟之間的執行順序和相依關係，如圖 10-7 所示。

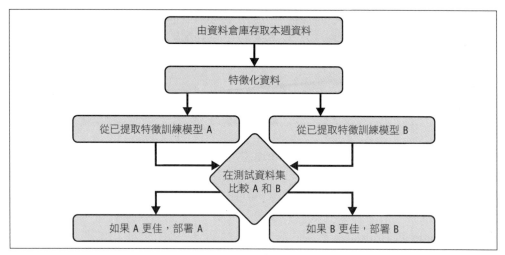

圖 10-7　顯示簡單 ML 工作流程執行順序的圖表，本質上是 DAG（有向無環圖）

許多讀者可能會認出圖 10-7 是一個 DAG（有向無環圖）。它必須是有向，以表達步驟之間的相依關係。它不能包含循環，因為如果有循環的話，作業永遠不會停止。 DAG 是表示一般運算工作流程的常用方法，而不僅僅是 ML 工作流程。大多數工作流程管理工具都要求你以 DAG 的形式指定工作流程。

排程器（*Schedulers*）是可以處理相依關係項目的 cron 程序。它接收工作流程的 DAG，並相應地安排每個步驟。你甚至可以安排基於事件的觸發器，以啟動作業，例如每當事件 X 發生時啟動作業。排程器還允許你指定作業失敗或成功時要做什麼，例如，如果失敗了，應重試多少次才放棄。

排程器傾向於利用佇列來追蹤作業。作業可以排序、確定優先級，並分配執行所需的資源。這意味著排程器需要了解可用資源，以及運行每個作業所需的資源。所需資源要嘛在你排程作業時指定為選項，要嘛由排程器估算。例如一個作業需要 8 GB 記憶體和兩個 CPU，排程器就需要在它管理的資源中找到一個具有 8 GB 記憶體和兩個 CPU 的執行個體，並等到該執行個體不再執行其他作業時，才運行該作業。

以下面是一個如何使用流行的排程器 Slurm 安排作業的範例，你可以在其中指定作業名稱、作業需要執行的時間，以及要為作業分配的記憶體和 CPU 數量：

```bash
#!/bin/bash
#SBATCH -J JobName
#SBATCH --time=11:00:00        # 何時開始作業
#SBATCH --mem-per-cpu=4096     # 每個 CPU 獲分配之記憶體（以 MB 為單位）
#SBATCH --cpus-per-task=4       # 每項任務核心數目
```

排程器還應該針對資源利用率進行優化，因為它們掌握有關可用資源、要運行的作業以及每個作業運行所需資源的資訊。然而，用戶指定的資源數量不一定正確。可能我在估計後指定一個作業需要 4 GB 的記憶體，但這個作業實際只需要 3 GB 的記憶體，或者作業在高峰期需要 4 GB 記憶體，否則只需 1-2 GB 記憶體。像 Google 的 Borg 這樣複雜的排程器，會估計一個作業實際需要多少資源，並為其他作業回收未使用的資源 [28]，進一步優化資源利用率。

設計一個通用的排程器很困難，因為這需要管理幾乎任何並行機器和工作流程。如果你的排程器出現故障，則該排程器涉及的每個工作流程都將被中斷。

如果說排程器的重點在於決定**何時**運行作業以及運行這些作業需要什麼資源，那麼協調器的重點則在於從**哪裡**獲得這些資源。排程器致力處理作業層面的形象化，例如 DAG、優先級佇列用戶層面配額（即用戶在給定時間可以使用的最大執行個體數）等。協調器處理層面較低的形象化，如機器、執行個體、集群、服務層面分組、複製等。如果協調器注意到作業數量多於可用執行個體，它可以在可用執行個體池中增加執行個體的數目。我們說它「提供」了更多的電腦來處理工作負載。排程器通常用於週期性作業，協調器則通常用於服務器需長期運行、長時間回應請求的服務。

當今最著名的協調器無疑是 Kubernetes，我們在第 308 頁「從 dev 到 prod：容器」小節介紹過這個容器協調器。K8s 可以在本地端使用（甚至可以透過 minikube 在筆記本電腦上使用）。然而，我從未見過任何人享受建立自己 K8s 集群的過程，因此大多數公司將 K8s 用作雲端供應商管理的託管服務，例如 AWS 的 Elastic Kubernetes 服務（EKS）或 Google 的 Kubernetes 引擎（GKE）。

---

28 Abhishek Verma、Luis Pedrosa、Madhukar Korupolu、David Oppenheimer、Eric Tune 和 John Wilkes，《Large-Scale Cluster Management at Google with Borg》，*EuroSys '15: Proceedings of the Tenth European Conference on Computer Systems*（2015 年 4 月）：18，*https://oreil.ly/9TeTM*。

許多人交替使用排程器和協調器，因為排程器通常在協調器之上運行。 Slurm 和 Google 的 Borg 等排程器具有一定的協調能力，而 HashiCorp Nomad 和 K8s 等協調器有一定的排程能力。你也可以單獨安排排程器和協調器，比如在 EKS 之上，運行 Spark 的作業排程器，並在此之上運行 Kubernetes 或 AWS Batch 的排程器。HashiCorp Nomad 等協調器和資料科學專用的協調器 Airflow、Argo、Prefect 和 Dagster 等，都有屬於自己的排程器。

資料科學工作流程管理

我們已經探討過排程器和協調器之間的區別，以及它們通常如何用於執行工作流程。如讀者熟悉針對資料科學的工作流管理工具，如 Airflow、Argo、Prefect、Kubeflow、Metaflow 等，可能想知道這些工具到底是排程器還是協調器。我們將在這裡討論這個話題。

最簡單的理解：流程管理工作用作管理工作流程。它們通常允許你以類似於圖 10-7 的方式，將工作流程指定為 DAG。一個工作流程可能包括一個特徵化步驟、一個模型訓練步驟和一個評估步驟。可以使用程式碼（Python）或配置文件（YAML）來定義工作流程。工作流程中的每個步驟統稱「任務」。

幾乎所有的工作流管理工具都帶有一些排程器，因此，你可以認為它們不止專注於單個作業，而是專注於整個工作流程的排程器。一旦定義了工作流程，底層排程程式通常會與協調器一起分配資源，來運行工作流程，如圖 10-8 所示。

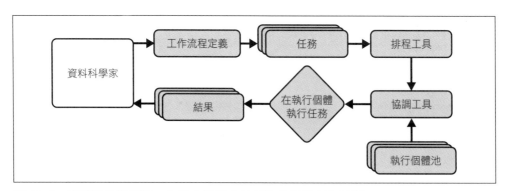

圖 10-8　定義工作流程後，為工作流程中的任務進行排程和協調

網上有很多文章，比較不同資料科學工作流程管理工具。本節我們將介紹五個最常用的工具：Airflow、Argo、Prefect、Kubeflow 和 Metaflow。我們的重點不在於全面比較這些工具，而是讓你了解一個工作流程工具可能需要的功能。

Airflow 最初由 Airbnb 開發並於 2014 年發布，是最早的工作流程協調器之一。這是一個了不起的任務排程器，帶有一個龐大的運算工具庫，可以很容易地將 Airflow 與不同的雲端供應商、資料庫、儲存選項等一起使用。Airflow 引領著「配置即程式碼」（*https://oreil.ly/aNVdq*）原則。它的創建者認為，資料工作流程很複雜，應該使用程式碼（Python）而不是 YAML 或其他宣告式語言來定義。以下是從平台的 GitHub 儲存庫（*https://oreil.ly/Ubgf1*）中提取的 Airflow 工作流程範例：

```
from datetime import datetime, timedelta

from airflow import DAG
from airflow.operators.bash import BashOperator
from airflow.providers.docker.operators.docker import DockerOperator

dag = DAG(
    'docker_sample',
    default_args={'retries': 1},
    schedule_interval=timedelta(minutes=10),
    start_date=datetime(2021, 1, 1),
    catchup=False,
)

t1 = BashOperator(task_id='print_date', bash_command='date', dag=dag)
t2 = BashOperator(task_id='sleep', bash_command='sleep 5', retries=3, dag=dag)
t3 = DockerOperator(
    docker_url='tcp://localhost:2375', # 設置你的 docker URL
    command='/bin/sleep 30',
    image='centos:latest',
    network_mode='bridge',
    task_id='docker_op_tester',
    dag=dag,
)

t4 = BashOperator(
    task_id='print_hello',
    bash_command='echo "hello world!!!"',
    dag=dag
)

t1 >> t2
```

```
t1 >> t3
t3 >> t4
```

然而，由於 Airflow 的創建時間早於大多數其他工具，因此沒前車可鑑，而存在許多缺陷，正如這篇 Uber Engineering 部落格（*https://oreil.ly/U7gkM*）所論述一樣。我們只討論三個缺陷，給你一個概念。

首先，Airflow 具單體性，這意味著它將整個工作流程打包到一個容器中。如果工作流程中的兩個不同步驟有不同的需求，理論上，你可以使用 Airflow 的 DockerOperator（*https://oreil.ly/NwVFF*），為它們創建不同的容器，但這並不容易。

其次，Airflow 的 DAG（有向無環圖）沒有參數化，你不能將參數傳遞到你的工作流程中。因此，如果你想以不同的學習率執行相同的模型訓練任務，則必須創建不同的工作流程。

第三，Airflow 的 DAG 不是動態的，這意味著它無法在運行時根據需要自動創建新步驟。假設現正從資料庫中讀取資料，你想創建一個步驟來處理資料庫中的每條記錄（例如進行預測），而你事先不知道資料庫中記錄的數目。Airflow 無法處理這種情況。

下一代工作流程協調器（Argo、Prefect）就是為了解決 Airflow 的不同缺點而創建。

Prefect 的首席執行官 Jeremiah Lowin 是 Airflow 的核心貢獻者。他們的早期市場營銷活動引來 Prefect 和 Airflow 之間熱烈的比較（*https://oreil.ly/E19Pg*）。Prefect 的工作流程是參數化的和動態的，與 Airflow 相比是一大改進。它還遵循「配置即程式碼」原則，其工作流程是用 Python 定義的。

然而，與 Airflow 一樣，處理容器化步驟不是 Prefect 的首要任務。你可以在容器中執行每個步驟，但你仍然需要處理 Dockerfiles，並將 docker 註冊到你在 Prefect 中的工作流程中。

Argo 致力解決容器層面問題。Argo 工作流程中的每一步都在自身容器中運行。然而，Argo 的工作流程是在 YAML 中定義的，它允許你在同一個文件中定義每個步驟及其需求。以下程式碼範例取自 Argo 在 GitHub 的儲存庫（*https://oreil.ly/Su1XX*），演示如何創建拋硬幣的工作流程：

```yaml
apiVersion: argoproj.io/v1alpha1
kind: Workflow
metadata:
  generateName: coinflip
  annotations:
    workflows.argoproj.io/description: |
      以下拋硬幣的例子定義為條件化序列
      你也可以在 Python 執行：
      https://couler-proj.github.io/couler/examples/#coin-flip

spec:
  entrypoint: coinflip
  templates:
  - name: coinflip
    steps:
    - - name: flip-coin
        template: flip-coin
    - - name: heads
        template: heads
        when: "{{steps.flip-coin.outputs.result}} == heads"
      - name: tails
        template: tails
        when: "{{steps.flip-coin.outputs.result}} == tails"

    - name: flip-coin
      script:
      image: python:alpine3.6
      command: [python]
      source: |
        import random
        result = "heads" if random.randint(0,1) == 0 else "tails"
        print(result)
  - name: heads
    container:
      image: alpine:3.6
      command: [sh, -c]
      args: ["echo \"it was heads\""]

  - name: tails
    container:
      image: alpine:3.6
      command: [sh, -c]
      args: ["echo \"it was tails\""]
```

除了凌亂的 YAML 文件外，Argo 的主要缺點在於它只能在 K8s 集群上運行，而 K8s 集群只能在生產環境中使用。如果你想在本機測試相同的工作流程，你將不得不使用 minikube，在你的筆記本電腦上模擬 K8s，這容易造成混亂。

之後我們來到 Kubeflow 和 Metaflow，這兩個工具旨在簡化 Airflow 或 Argo 通常所需的基礎設施樣板程式碼，來幫助你在開發和生產環境中運行工作流程。他們承諾讓資料科學家們能夠從本機的筆記本存取生產環境的全部算力，確保他們在開發和生產環境使用相同的程式碼。

儘管這兩種工具都具有一定的排程能力，但它們旨在與真正的排程器和協調器一起使用。Kubeflow 的其中一個組件 Kubeflow Pipelines 是基於 Argo 構建，旨在用於 K8s 之上。Metaflow 可以與 AWS Batch 或 K8s 一起使用。

這兩種工具都是完全參數化和動態的。目前比較流行的是 Kubeflow。但是，從用戶體驗的角度來看，我認為 Metaflow 更勝一籌。在 Kubeflow，雖然你可以使用 Python 定義工作流程，但你仍然需要編寫一個 Dockerfile 和一個 YAML 文件來指定每個組件的規範（例如處理資料、訓練、部署），然後才能在 Python 工作流中將它們拼接在一起。可以這樣說：Kubeflow 讓你編寫 Kubeflow 樣板，以簡化其他工具的樣板。

在 Metaflow 中，你可使用 Python decorator @conda 來指定每個步驟的需求，例如所需的函式庫、記憶體和運算要求。Metaflow 將自動創建一個包含所有需求的容器來執行該步驟。這省略了 Dockerfiles 或 YAML 文件。

Metaflow 允許你從同一個筆記本 / 腳本無縫處理開發和生產環境。你可以在本機裝置上使用小型資料集進行實驗，當你準備好處理雲端大型資料集時，只需新增 @batch decorator，即可在 AWS Batch 中（*https://aws.amazon.com/batch*）執行。你甚至可以在不同環境中，就同一工作流程，執行不同步驟。例如，某個步驟需要較小的記憶體，則它可以在你的本機上運行；但如果下一步需要很大的記憶體，你只需添加 @batch，以指定該步驟在雲端執行。

```
# 例子：描繪集成兩個模型的推薦系統
# 模型 A 會在本機運行，模型 B 會在 AWS 運行。

class RecSysFlow(FlowSpec):
    @step
    def start(self):
        self.data = load_data()
```

```python
        self.next(self.fitA, self.fitB)
    # fitA 相對 fitB 需要不同版本的 NumPy
    @conda(libraries={"scikit-learn":"0.21.1", "numpy":"1.13.0"})
    @step
    def fitA(self):
        self.model = fit(self.data, model="A")
        self.next(self.ensemble)

    @conda(libraries={"numpy":"0.9.8"})
    # 需要兩個 16GB 記憶體的 GPU
    @batch(gpu=2, memory=16000)
    @step
    def fitB(self):
        self.model = fit(self.data, model="B")
        self.next(self.ensemble)

    @step
    def ensemble(self, inputs):
        self.outputs = (
                    (inputs.fitA.model.predict(self.data) +
                     inputs.fitB.model.predict(self.data)) / 2
                    for input in inputs
        )
        self.next(self.end)

    def end(self):
        print(self.outputs)
```

ML 平台

一家大型串流媒體公司的 ML 平台團隊經理，向我講述了團隊如何起步的故事。他最初加入公司，負責推薦系統的工作。為了部署他們的推薦系統，他們需要構建特徵管理、模型管理、監控等工具。去年，公司意識到相同的工具可以用於其他 ML 應用程式，而不僅僅是推薦系統。他們創建了一個新團隊，即 ML 平台團隊，目標是提供跨 ML 應用程式的共享基礎架構。由於推薦系統團隊擁有最成熟的工具，他們的工具被其他團隊採用，推薦系統團隊內一些成員被邀請加入新的 ML 平台團隊。

以上的故事，道出自 2020 年初日漸增長的趨勢。隨著每家公司在越來越多的應用程式中發現 ML 的用途，由多個應用程式共用同一套工具，比每個應用程式支持一組單獨工具，有更大優勢。這套用於 ML 部署的共享工具，構成了 ML 平台。

由於 ML 平台是相對較新的概念，組成平台的部分也因公司而異。即使在同一家公司，這還是一個持續討論的議題。在這裡，我將重點介紹我在 ML 平台中最常看到的組件，包括模型開發、模型儲存庫和特徵儲存庫。

評估每類的工具取決於實際案例。但是，要記住以下兩方面：

該工具是能在雲端供應商平台上運作，還是允許在自己的資料中心使用

模型需要從運算層運行和提供服務，而通常工具只支持接入為數不多的雲端供應商。沒有人願意為了另一種工具採用新的雲端供應商。

開源還是託管服務

如果它是開源的，你可以自行託管，不必擔心資料安全和隱私。但是，自行託管意味著維護需要額外的工程時間。如果它是託管服務，模型和某些資料（可能）將在其服務上，這未必具有合規性。一些託管服務可在虛擬私有雲運作，這使你可以將機器部署在自己的雲端集群中，有助於達成合規性。我們將在第 328 頁的「構建與購買」小節討論更多。

讓我們從第一個組件「模型部署」開始。

模型部署

模型經過訓練（並有望經過測試）後，你希望讓用戶存取其預測功能。在第 7 章，我們詳細討論了模型如何透過線上預測或批量預測提供服務。我們還討論了部署模型的最簡單方法，是將模型及其相依項目上傳到生產環境中可存取的位置，然後將模型作為端點，公開給用戶。對於線上預測，此端點將引發模型生成預測；對於批量預測，此端點將獲取已計算的預測結果。

一個部署服務可以協助將模型及其相依項推送到生產環境，並將模型作為端點公開。既然關鍵在於部署，其相關組件是所有 ML 平台中最成熟的，選擇也有很多。所有主要的雲端供應商都提供部署工具：AWS 的 SageMaker（*https:// oreil.ly/S7IR4*）、GCP 的 Vertex AI（*https://oreil.ly/JNnGr*）、Azure 的 Azure

ML（*https:// /oreil.ly/7deF1*），阿里巴巴的 Machine Learning Studio（*https:// oreil.ly/jzQfg*）等。還有無數新創公司提供模型部署工具，例如 MLflow Models（*https://oreil.ly/tUJz9*）、Seldon（*https://www.seldon.io*）、Cortex（*https://oreil .ly/UpnsA*）、Ray Serve（*https://oreil.ly/WNEL5*）等。

在檢視部署工具時，要考慮清楚使用該工具進行線上預測和批量預測的難易程度。雖然使用大多數部署服務進行較小規模的線上預測通常很簡單，但進行批量預測通常比較棘手[29]。一些工具允許集合請求，以進行線上預測，這與批量預測不同。許多公司會設置線上預測和批量預測的專屬部署管道。例如他們可能使用 Seldon 運行線上預測，批量預測則使用 Databricks。

模型部署有個懸而未決的問題，是如何在部署之前確保模型的品質。第 9 章提到一些在生產環境中測試的技術，例如影子部署、金絲雀發布、A/B 測試等。選擇部署服務時，要檢查該服務是否可以讓你輕鬆執行所需的測試。

模型儲存庫

許多公司不太在乎模型儲存庫，因為它聽起來不怎麼樣。在第 321 頁「模型部署」小節，我們探討如何部署模型。你必須打包模型，並將其上傳到生產環境中可存取的位置。模型儲存庫作用在於儲存模型，你可以透過將模型上傳到 S3 等儲存空間來實作。然而事情沒有那麼簡單。假設情境：現在對於一組輸入項，模型效能下降了。收到問題警報的人是 DevOps 工程師，她在調查問題後，決定要通知創建此模型的資料科學家。但是公司裡多達 20 名資料科學家。她應該找誰？

現在創建此模型的資料科學家被加進來了。這位資料科學家首先想在本機重現問題。她仍然保留著用於生成此模型和最終模型的筆記本，因此她啟動了筆記本，把引致問題的資料集輸入模型。她驚訝模型在本機產生的輸出與生產環境的輸出不同。許多事情可能導致這種差異，僅分享幾個例子：

- 目前在生產中的模型與她在本機的模型不同。也許她將錯誤的模型二進位文件上傳到生產環境？

29　在進行較小規模的線上預測時，你只需使用負載，命中一個端點，並取回預測。批量預測需要設置批量作業，並儲存預測。

- 生產中使用的模型是正確的，但使用了錯誤的特徵列表。將程式碼推向生產環境前，也許她忘記在本機重建程式碼？

- 模型是正確的，特徵列表也是正確的，但是特徵化程式碼是過時的。

- 模型、特徵列表、特徵化程式碼都是正確的，但是資料處理管道有問題。

如果不知道原因，問題就很難修復。在這個簡例中，我們假設負責的資料科學家仍可存取生成模型的程式碼。如果該資料科學家無法再存取該筆記本，或者她已經辭職，或正在休假呢？

許多公司已經意識到，僅將模型儲存庫在二進位大型物件（blob）儲存庫中是不夠的。為了幫助除錯和維護，務必盡可能追蹤與模型相關的資訊。以下可能要儲存的八種產出物。請注意，此處提到的許多產出物是模型卡中應包含的資訊，第353 頁「創建模型卡」小節有相關論述。

模型定義（*Model definition*）

這是創建模型形狀所需的資訊，例如使用的損失函數是什麼。如果是神經網路，定義包括它有多少個隱藏層，以及每層有多少個參數。

模型參數（*Model parameters*）

這些是模型參數的實際值。然後將這些值與模型的形狀結合起來，重新創建可用於預測的模型。一些框架允許你同時導出參數和模型定義。

特徵化和預測功能（*Featurize and predict functions*）

給定一個預測請求，你如何提取特徵並將這些特徵輸入模型，以獲得預測？特徵化和預測功能負責提供相關指令。這些功能通常包裝在端點中。

相依關係（*Depdencies*）

運行模型所需的相依項（例如 Python 版本、Python 的套件）通常一起打包到一個容器中。

資料（*Data*）

用於訓練此模型的資料，可能指向資料儲存位置，或資料的名稱 / 版本。如果你使用 DVC 等工具進行資料版本控制，這可以是生成資料的 DVC commit。

模型生成程式碼（*Model generation code*）

這是指定如何創建模型的程式碼，例如：

- 它使用了哪些框架

- 它是如何訓練的

- 如何創建訓練／認證／測試資料集的詳細資料

- 運行的實驗次數

- 考慮的超參數範圍

- 最終模型使用的實際超參數

通常，資料科學家透過在筆記本中編寫程式碼來生成模型。擁有更成熟管道的公司，會讓他們的資料科學家將模型生成程式碼提交到他們在 GitHub 或 GitLab 上的 Git 儲存庫中。然而在許多公司，這個過程是臨時性的，資料科學家甚至不檢查他們的筆記本。如果負責模型的資料科學家丟失筆記本、辭職，或休假去了，則無法將生產中的模型匹配到生成它的程式碼，以進行除錯或維護。

實驗產出物（*Experiment artifacts*）

在模型開發過程中生成的產出物，如第 164 頁「實驗追蹤及版本控制」所述。這些產出物可以是損失曲線等圖表。也可以是原始資料數字，例如模型在測試集上的效能值。

標籤（*Tag*）

這包括有助於模型發現和過濾的標籤，例如擁有者（擁有該模型的個人或團隊）或任務（該模型解決的業務問題，如詐欺檢測）。

大多數公司儲存這些產出物的一個子集，但不是全部。公司可能不在同一個地方儲存產出物，產出物散落各處。例如模型定義和參數可能在 S3 中，包含相依項的容器可能位於 ECS（彈性容器服務）中。資料可能在 Snowflake 中。實驗產出物可能在 Weights & Biases。特徵化和預測功能可能在 AWS Lambda。一些資料科學家可能會在 README 中手動追蹤這些位置，但是這個文件非常容易丟失。

要一個模型儲存庫能夠儲存充足的一般用例，這問題仍然有待解決。在撰寫本書時，MLflow 無疑是與主要雲端供應商無關而最受歡迎的模型儲存庫。Stack

Overflow 上的 MLflow 問題，前六名中有一半都是關於在 MLflow 儲存和存取產出物，如圖 10-9 所示。儲存庫要改頭換面了，我希望在不久的將來，有一家新創公司能站出來解決這個問題。

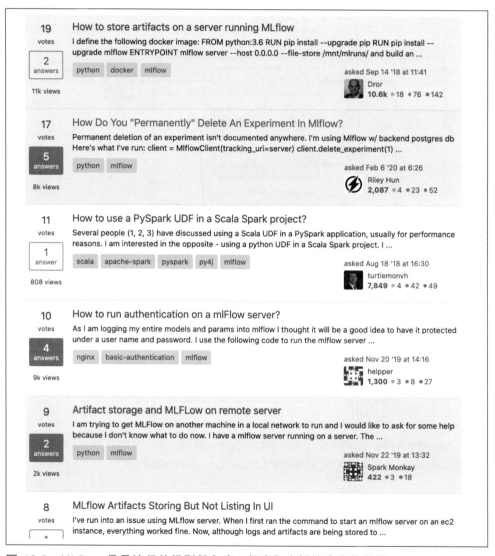

圖 10-9　MLflow 是最流行的模型儲存庫，但它仍未解決產出物問題。Stack Overflow 上六個最重要的 MLflow 問題中，有三個是關於在 MLflow 中儲存和存取產出物的。資料來源：Stack Overflow 頁面截圖

由於缺乏好的模型儲存庫解決方案，像 Stitch Fix 這樣的公司決定建立自己的模型儲存庫。圖 10-10 顯示了 Stitch Fix 的模型儲存庫追蹤的產出物。當一個模型上傳到他們的模型儲存庫，即可取得序列化模型的鏈接，運行模型所需的相依項（Python 環境），創建模型程式碼生成的 Git commit（Git 資訊）、標籤（至少指定擁有該模型的團隊）等。

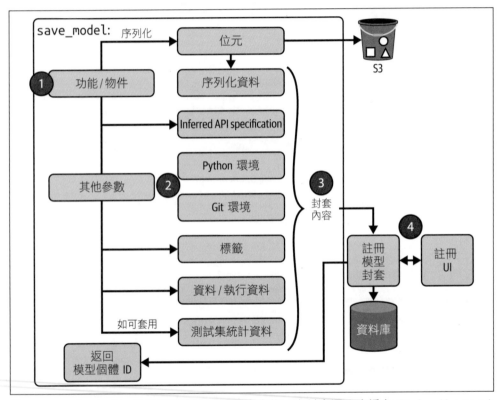

圖 10-10　Stitch Fix 的模型儲存庫追蹤的產出物。資料來源：改編自 Stefan Krawczyk 為 CS 329S（史丹佛大學）製作的簡報（*https://oreil.ly/zWQM9*）。

特徵儲存庫

「特徵儲存庫」是一個常見的術語，不同的人可以用它來代指非常不同的事物。ML 從業者已多次嘗試定義特徵儲存庫應具有什麼特徵[30]。特徵儲存庫可以幫助解決三個主要問題的核心：特徵管理、特徵轉換，和特徵一致性。特徵儲存庫解決方案有望解決以下的一個或多個問題：

特徵管理（*Feature management*）

一家公司可能有多個 ML 模型，每個模型都使用很多特徵。早在 2017 年，Uber 的各個團隊就有大約 10,000 個特徵[31]！通常一種模型的特徵可能對另一個模型有用。例如，團隊 A 有一個模型來預測用戶流失的可能性，團隊 B 有一個模型預測免費用戶轉化為付費用戶的可能性。這兩個模型可以共享許多特徵。如果團隊 A 發現特徵 X 非常有用，團隊 B 也可以利用它。

特徵儲存庫可以幫助團隊共享和發現特徵，以及管理每個特徵的角色和共享設置。例如，你可能不希望公司中的每個人都可以存取公司內部或用戶的敏感財務資料。特徵儲存庫在此就可用作特徵的目錄。特徵管理工具的例子是 Amundsen（*https://oreil.ly/Cm5Xe*）（在 Lyft 開發）和 DataHub（*https://oreil.ly/ApXeL*）（在 LinkedIn 開發）。

特徵運算（*Feature computation*）[32]

特徵工程邏輯定義好後，需要進行運算。特徵邏輯例子：使用昨天的平均膳食準備時間。計算部分涉及實際查看資料並計算平均值。

在上一點，我們探討多個模型如何共享一個特徵。每次模型需要，都要運算此特徵，如果此運算成本不是太高的話，還可接受。但如果運算成本很高，你可能只在模型第一次需要時執行一次，然後將其儲存，以待將來重新使用。

特徵儲存庫可以幫助執行特徵運算和儲存此結果。這個時候特徵儲存庫就可被看成一個資料倉儲。

30　Neal Lathia，《Building a Feature Store》，2020 年 12 月 5 日，*https://oreil.ly/DgsvA*；Jordan Volz，《Why You Need a Feature Store》，*Continual*，2021 年 9 月 28 日，*https://oreil.ly/kQPMb*；Mike Del Balso，《What Is a Feature Store?》，*Tecton*，2020 年 10 月 20 日，*https://oreil.ly/pzy0I*。

31　Jeremy Hermann 和 Mike Del Balso，《Meet Michelangelo: Uber's Machine Learning Platform》，*Uber Engineering*，2017 年 9 月 5 日，*https://oreil.ly/XteNy*。

32　有些人使用術語「特徵轉換」。

特徵一致性（*Feature consistency*）

在第 7 章，我們討論了同一個模型有兩個獨立管道的問題：訓練管道從歷史資料中提取批量特徵，推理管道提取串流特徵。在開發過程中，資料科學家可能會使用 Python 定義特徵和創建模型。然而為了效能考量，生產代碼可能是用另一種語言編寫的，例如 Java 或 C。

這意味著在開發期間用 Python 編寫的特徵定義可能需要轉換為生產環境使用的語言。因此，你必須編寫相同特徵兩次，一次用於訓練，一次用於推理。首先，它既煩人又費時。其次，它增加了潛在錯誤的範圍，因為生產環境中的一個或多個特徵可能與訓練中的對應特徵不同，使模型做出異常行為。

現今特徵儲存庫的一個關鍵賣點，是它們統一了批量特徵和串流特徵的邏輯，確保訓練期間特徵與推理期間特徵之間的一致性。

特徵儲存庫是一個較新的類別，大約在 2020 年左右才開始興起。雖然人們普遍認為特徵儲存庫應該管理特徵定義，並確保特徵一致性，但其確切能力範圍因供應商而異。一些特徵儲存庫只管理特徵定義，而不從資料計算特徵；一些特徵儲存庫兼具兩者。一些特徵儲存庫還會進行特徵驗證，即檢測特徵何時不符合預定義的關聯模式，而一些特徵儲存庫將這方面留給監控工具。

在撰寫本書時，最受歡迎的開源特徵儲存庫是 Feast。然而，Feast 的優勢在於批量處理特徵，而不是串流處理特徵。Tecton 是一個完全託管的特徵儲存庫，保證了批量特徵和線上特徵的處理，但市場反應很慢，因為它需要深度的導入工程。SageMaker 和 Databricks 等平台也提供了各自對「特徵儲存庫」解讀的版本。我在 2022 年 1 月調查了 95 家公司，只有大約 40% 的公司使用特徵儲存庫。特徵儲存庫的使用者當中，有一半建立了自己的特徵儲存庫。

構建與購買

在本章開頭，我們提到為 ML 需求設置正確的基礎架構是多麼困難。你需要什麼樣的基礎架構，取決於你擁有的應用程式，以及運行這些應用程式的規模。

你需要在基礎設施上投資多少，還取決於什麼涉及內部構建，什麼涉及採購方案。例如你想使用完全託管的 Databricks 集群，你可能只需要一名工程師。但是如果你想自行託管 Spark Elastic MapReduce 集群，你可能還需要五個人。

一種極端情況是，你將所有 ML 用例外包出去，那家公司提供端到端的 ML 應用程式，然後你唯一需要的基礎架構可能是資料轉移：將資料從你的應用程式移動到你的供應商，並將預測從該供應商送回你的用戶。其餘基礎架構由你的供應商管理。

在另一個極端，如果這是一家處理敏感資料的公司，基於資料性質，你不可以使用另一家公司管理的服務，你可能需要在內部構建和維護所有基礎設施，甚至擁有自己的資料中心。

然而，大多數公司都沒有站在這兩個端點。在這些公司工作的你，可能會擁有一些由其他公司管理的組件，也有一些內部開發的組件。例如，你的運算可能由 AWS EC2 管理，你的資料倉庫由 Snowflake 管理，但你擁有自己的特徵儲存庫和監控儀表板。

構建還是購買的決策取決於許多因素。跟我交流過的基礎設施負責人，分享了他們做出決策時經常遇到的三個問題：

公司所處階段

一開始，你可能希望利用供應商解決方案，以盡快開展工作，這樣你就可以將有限的資源集中在產品的核心價值。但隨著用例增長，供應商成本可能會變得過高，投資自家解決方案可能會更便宜。

公司的重點或競爭優勢是什麼

Stitch Fix 的 ML 平台團隊經理 Stefan Krawczyk 向我解釋了他的「構建還是購買」決定法則：「如果這是我們想變得擅長的事情，我們將在內部進行管理。如果不是，就使用供應商。」對於技術行業以外的絕大多數公司，例如零售、銀行、製造領域的公司，ML 基礎設施不是他們關注的重點，因此他們傾向於採購。當我與這些公司交談時，他們更喜歡託管服務，甚至是「對點」的解決方案（為他們解決業務問題的解決方案，如提供需求預測服務）。對於許多以技術為競爭優勢、其強大的工程團隊更願意控制技術堆疊的科技公司而言，他們往往偏向於自行開發。如果他們使用託管服務，他們可能更喜歡模組化和客製化的服務，這樣他們就可以更自由隨意地調用不同的組件。

可用工具的成熟度

如果你的團隊決定需要一個特徵儲存庫，而你希望使用供應商，但又沒有足夠成熟的供應商滿足需求，你就必須自行構建（可能是基於開源解決方案的）特徵儲存庫。

這就是 ML 在行業採用初期發生的情況。大型科技公司作為早期採用者，會構建自己的基礎架構，因為沒有足夠成熟的解決方案來滿足他們的需求。這就導致了每個公司的基礎設施都不一樣的情況。幾年後，解決方案產品成熟了，但這些產品很難賣給大型科技公司，因為創建適用於大多數客製化基礎設施的提供解決方案，是不可能的事。

當我們建立 Claypot AI 時，其他創辦人甚至建議我們避免把解決方案出售給大型科技公司，因為如果這樣做，我們將陷入他們所說的「整合地獄」——時間都花在導入客製化基礎設施，而不是構建我們的核心功能。他們建議我們把重點放在那些基礎架構更「乾淨」的新創公司上。

有人認為建構比購買便宜，其實不一定。構建意味著你必須聘請更多工程師，來構建和維護自己的基礎設施，還有一項潛在的未來成本：創新成本。內部客製化基礎設施很難採用新技術，因為這會引發整合問題。

自行開發還是採購的決策是複雜的，不同情況下的決策可以大相逕庭，很可能是基礎設施負責人花費大量時間考慮的問題。Better.com 前首席技術官 Erik Bernhardsson 在一條貼文表示：「一名 CTO 最重要的工作之一是選擇供應商 / 產品，其重要性每年都在迅速上升，因為基礎設施科技領域的成長真的很快 [33]。」這小小的章節當然無法論述所有細節，但我希望以上的觀點可以幫助你開展討論。

小結

如果你一直跟著我的思路至此，你應該認同「把 ML 模型帶進生產環境」是一個基礎設施問題。為了使資料科學家能夠開發和部署 ML 模型，請務必設置正確的工具和基礎設施。

33　Erik Bernhardsson 在 Twitter (@bernhardsson) 上發布，2021 年 9 月 29 日，*https://oreil.ly/GnxOH*。

在本章，我們介紹了 ML 系統所需的不同基礎架構層。我們從儲存和運算層開始，它為任何需要密集資料和運算資源的工程項目（如 ML 專案）提供重要資源。儲存和運算層高度商品化，即大多數公司向雲服務支付實際的儲存和運算用量，而不是建立自己的資料中心。然而，雖然雲端供應商讓公司很容易上手，但隨著公司成長，他成本卻變得令人望而卻步，越來越多的大公司正在考慮從雲端遷移到私有資料中心。

然後我們繼續探討資料科學家編寫程式碼並與生產環境互動的開發環境。因為開發環境是工程師花費大部分時間的地方，所以改進開發環境可以直接提高生產力。一家公司可以改善開發環境的首要事情之一，就是為在同一團隊的資料科學家和 ML 工程師標準化開發環境。我們在本章探討了推薦標準化的原因以及進行標準化的方法。

之後的基礎設施主題是資源管理。資源管理與資料科學家的相關性在過去幾年中引起了激烈爭論。資源管理對資料科學工作流程很重要，但問題在於是否期望資料科學家來處理。在本節，我們從 cron 到排程器、再到協調器，回溯資源管理工具的演變過程。我們還討論了為什麼 ML 工作流程不同於其他軟體工程的工作流程，以及 ML 需要個別流程管理工具的原因。我們比較了各種管理工具，例如 Airflow、Argo 和 Metaflow。

「ML 平台」的概念最近隨著 ML 運作成熟而出現。由於這是一個新興概念，因此對於 ML 平台應該包含哪些內容，仍存在分歧。我們聚焦探討了大多數 ML 平台必不可少的三組工具：部署、模型儲存庫和特徵儲存庫。我們跳過了監控 ML 平台的部分，因為我們已經在第 8 章中介紹過。

在處理基礎設施時，一個問題經常困擾著工程經理和 CTO：構建還是購買？本章以幾個相關的討論點作結，我希望這些討論點可以為你或你的團隊提供足夠的資訊，來應對艱難的決策過程。

## 第十一章

涉及人類的機器學習

我們在本書涵蓋了設計 ML 系統的許多技術層面。然而，機器學習系統不僅關乎技術。他們涉及業務決策者、用戶，當然還有系統的開發人員。我們在第 1 章和第 2 章討論了利益相關者及其目標。我們將在本章討論 ML 系統的用戶和開發人員如何與這些系統互動。

基於模型的機率本質，我們首先會談及 ML 可能對用戶體驗造成的改變和影響。我們繼續討論讓同一 ML 系統下不同開發人員有效協調的組織結構。我們將在第 342 頁「負責任的 AI」小節，了解 ML 系統如何影響整個社會，以作為本章的結尾。

用戶體驗

我們已經詳述了 ML 系統與傳統軟體系統的行為有何不同。首先，機器學習系統是機率性的，而非決斷性的。通常，你在兩個不同的時間把相同的資料輸入至相同軟體，你會得到相同的結果。但如果同樣的事情在發生在 ML 系統的話，你可能會得到不同的結果[1]。其次，由於這種機率性質，ML 系統對「大部分的輸入」給出正確的預測，問題是我們通常不知道哪些輸入的預測才是正確的！第三，機器學習系統也可能很龐大，可能需要很長時間才能做出預測。

---

1 有時，如果你在**完全相同的時間**以相同輸入項運行相同模型兩次，你會得到不同的結果。

這些差異意味著 ML 系統會對用戶體驗產生不同的影響，尤其是對於目前已習慣使用傳統軟體的用戶而言。

由於 ML 在現實世界中的應用情況還算比較新，對於「ML 系統如何影響用戶體驗」，這個問題尚未得到充分的研究。在本節，我們將討論 ML 系統影響用戶體驗的三個挑戰，以及如何解決這些挑戰。

確保用戶體驗的一致性

在使用應用程式或網站時，用戶期望某程度的一致性。例如我習慣於在 MacBook 的左上角使用 Chrome 瀏覽器的最小化按鈕。如果 Chrome 將此按鈕移到右側，這會讓我感到困擾甚至沮喪。

ML 預測是機率性且不一致的，這意味著對於同一用戶，今天生成的預測可能與第二天生成的預測不同，這取決於進行預測的其他背景資料。如果想利用 ML 來改善用戶體驗，ML 預測的不一致性可能是個障礙。

為了具體化這一點，請看 Booking.com 在 2020 年的一項案例研究（*https://oreil.ly/qBLV2*）。當你在 Booking.com 上預訂住宿時，你可以使用大約 200 個篩選條件來指定你的偏好，例如「包含早餐」，「寵物友好型」和「無菸房間」。 篩選條件太多了，以致用戶尋找適用條件的過程耗費許多時間。Booking.com 的應用 ML 團隊希望使用 ML，根據用戶曾在給定瀏覽時段內使用過的篩選條件，自動建議用戶可能需要的條件。

他們遇到的挑戰是，如果 ML 模型每次都不斷建議不同的篩選條件，用戶可能會感到困惑，尤其是當他們找不到之前套用過的篩選條件時。該團隊透過創建規則來解決這一挑戰，以指定系統必須推薦相同條件的邏輯條件（例如用戶曾經套用過該篩選條件）以及系統可以推薦新條件的邏輯條件（例如用戶改變目的地）。這稱為「一致性 - 準確性權衡」，因為系統認為最準確的建議，未必同時滿足用戶所期望的一致性。

與「大部分正確」的預測搏鬥

我們剛剛探討了確保模型預測一致的重要性。現在我們看看在什麼情況下，模型預測的一致性要更低、多樣性要更高。

自 2018 年，大型語言模型 GPT（*https://oreil.ly/sY39d*），及其後繼者 GPT-2
（*https://oreil.ly/TttNU*）和 GPT-3（*https://oreil.ly/ug9P4*）已經風靡全球。這
些大型語言模型的其中一個優勢，是它們能夠為各種任務生成預測，而幾乎不需
要特定任務的訓練資料。

例如你可以使用網頁的需求作為模型輸入，它會輸出創建該網頁所需的 React 程
式碼，如圖 11-1 所示。

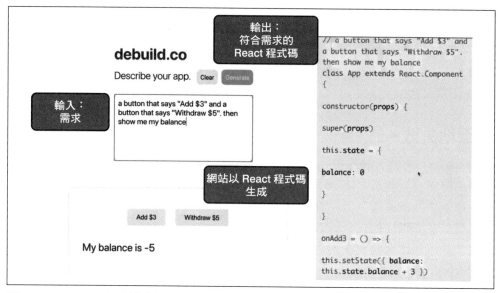

圖 11-1　GPT-3 可以幫助你為網站編寫程式碼。資料來源：改編自 Sharif Shameem 的
影片截圖（*https://oreil.ly/VEuml*）

然而，這些模型的一個缺點，是這些預測並不總是正確的，而要根據特定任務的
資料來微調模型以改進預測，又是非常昂貴的事。對於可以輕鬆糾正錯誤預測的
用戶來說，這些「大部分正確」的預測可能已經很有用。例如在客戶支援的場景
下，對於每個客戶請求，ML 系統可以產生大部分正確的回應，客戶支援人員可
以快速編輯這些回應。與從頭撰寫回應相比，這可以加快回應速度。

但是，如果用戶不懂得如何更正回應，那麼這些大多正確的預測將不會很有用。
考慮之前提到利用語言模型為網頁生成 React 程式碼的任務：生成的程式碼可
能執行不了，即使成功執行，呈現出來的網頁又可能不符合需求。React 工程師
也許可以快速修復此程式碼，但許多此程式的用戶可能不了解 React。這個應用

程式似乎吸引了很多不了解 React 的用戶——正因為不了解，所以他們需要使用它！

為了克服這個問題，一種方法是向用戶展示針對同一輸入的多項預測結果，以增加至少有一個正確答案的機會。呈現預測時，要確保即使非專家用戶也有能力評估它們。在這種情況下，給定一組用戶輸入的需求，模型可以生成多個 React 程式碼段。程式碼片段呈現為可視網頁，以便非工程專業的用戶可以評估出最適合者。

這種方法非常普遍，有時被稱為「human-in-the-loop（人在迴路中）」AI，因為它涉及人類選擇最佳預測，或改進機器生成的預測。對 human-in-the-loop AI 感興趣的讀者，我強烈推薦 Jessy Lin 的「Rethinking Human-AI Interaction」（*https://oreil.ly/6o4pu*）。

平穩地失敗

我們在第 15 頁的「計算優先級」一節中詳細討論了 ML 模型的推理時延對用戶體驗的影響。我們還在第 207 頁「模型壓縮」小節中討論如何壓縮模型並優化它們，以加快推理速度。但一般來說，快速模型處理某些查詢仍然相當耗時。尤其可能發生在處理序列式資料的模型中，例如語言模型或時間序列模型。例如，模型處理長序列比處理短序列需要更長的時間。我們應該如何處理模型回應時間過長的查詢？

一些跟我合作過的公司使用備份系統，雖然優化程度不如主系統，但可以保證快速生成預測。這些系統可以是基於捷思或簡單模型。它們甚至可以快取預先計算的預測。

也就是可以指定這樣的規則：如果主模型生成預測的時間超過 X 毫秒，請改用備用模型。一些公司沒有這個簡單的規則，而是使用另一個模型來預測主模型為給定查詢生成預測需要多長時間，並將該預測相應地接到主模型或備份模型。當然，這個加入的模型也可能會給你的系統增加額外的推理時延。

這跟速度與準確性之間的權衡有關。一個模型的效能可能比另一個模型差，但可以更快地進行推理。這種不太理想，但速度很快的模型，可能會給用戶帶來更差的預測，但在時延遲至關重要的情況下，可能是首選。許多公司需要在兩個模型之間取捨，但有了備份系統，就可以同時選擇這兩個模型。

團隊結構

ML 專案不僅涉及資料科學家和 ML 工程師，還涉及其他類型的工程師，例如 DevOps 工程師和平台工程師，以及非開發人員利益相關者，例如主題專家（SME）。鑑於利益相關者的多樣性，我們應該探討組織 ML 團隊時的最佳結構。我們將關注兩個方面：跨職能團隊協調和備受爭議的「端到端資料科學家」角色。

跨職能團隊協作

SME（醫生、律師、銀行家、農民、造型師等）在 ML 系統的設計中經常被忽視，但如果沒有專業領域知識，許多 ML 系統將無法運作。他們不僅是用戶，也是機器學習系統的開發者。

大多數人只會在資料標籤階段才想到專業領域知識——假設你需要訓練有素的專業人員來標記肺部 CT 掃描是否顯示癌症跡象。但隨著訓練 ML 模型成為生產環境中持續過程的一部分，標籤和重新標籤也可能成為橫跨整個項目生命週期的持續過程。讓 SME 參與其餘生命週期的部分，有助強化 ML 系統，例如問題制定、特徵工程、錯誤分析、模型評估、重新排序預測和用戶界面（向用戶和 / 或系統的其他部分呈現結果的最佳方法）。

要在一個項目照顧不同的人物設定，會帶來許多挑戰。例如 SME 可能沒有工程或統計背景，你要如何向他們解釋 ML 算法的局限性和能力？要構建 ML 系統，我們希望對所有內容進行版本控制，但是你如何將領域專業知識（如果 X 和 Y 之間的這個區域有一個小點，那麼它可能是癌症的徵兆）轉化為程式碼和版本？

祝願你指示醫師使用 Git 的過程一切順利。

重點是，讓 SME 儘早參與項目規劃階段，並授權他們做出貢獻，而不必為工程師添加額外的負擔。例如，為了幫助 SME 參與 ML 系統開發，許多公司正在構建無程式碼 / 低程式碼平台，讓人們無須編寫程式碼，即可進行更改。大多數針對 SME 的無程式碼 ML 解決方案，目前處於標籤、品質保證和反饋階段；更多開發中的平台幫助解決其他關鍵節點，例如創建資料集和問題調查的視窗，這些都需要 SME 的介入。

端到端資料科學家

透過本書,希望你能認同 ML 生產不僅僅是一個機器學習問題,也是基礎設施問題。要進行 MLOps,我們不僅需要 ML 專業知識,還需要 Ops(運營)專業知識,尤其是在部署、容器化、作業編排和工作流程管理方面。

為了能夠將這些領域的專業知識都帶進 ML 專案,公司傾向於遵循以下兩種方法之一:以單獨的團隊來管理所有的 Ops 的層面 ,或者在團隊中加入資料科學家,並讓他們負責整個過程。

讓我們仔細看看這些方法是如何實踐的。

方法 1:以單獨的團隊來管理生產

在這種方法中,資料科學 / ML 團隊在開發環境中開發模型。然後一個單獨的團隊(通常稱為 Ops / 平台 / ML 工程團隊)將模型「生產化」至 prod(生產環境)。這種方法使招聘過程更加容易,因為招聘擁用單一技能的人比擁用多種技能的人更容易。這也可能讓人員的工作更輕鬆,因為他們只需要專注於一個問題(例如模型開發或模型部署)。但是,這種方法有很多缺點:

溝通協調的開銷

    一個團隊成為了其他團隊的障礙。正如 Frederick P. Brooks 所說:「一名程序員花一個月就可以完成的事情,兩名程序員花兩個月就可以完成。」

除錯的困難

    出現故障時,你不知道錯誤代碼來自你的團隊還是其他團隊。或者根本不是你公司的程式碼。你需要多個團隊的合作,才能找出問題所在。

互相指責

    即使你已經弄清楚出了什麼問題,每個團隊都可能認為另一個團隊有責任解決它。

狹隘的背景資料

    沒有人能全面掌握整個優化 / 改進的過程。例如,平台團隊有個關於改進基礎設施的點子,但他們只能根據資料科學家的需求採取行動,但資料科學家不必處理基礎設施,因此他們沒有主動更改基礎設施的誘因。

方法 2：資料科學家負責整個過程

在這種方法中，資料科學團隊還需關注模型的「生產化」過程。別人期望資料科學家了解該過程的一切，他們變成爆氣獨角獸，最終可能要編寫超出資料科學領域的樣板程式碼。

大約一年前，我在 Twitter（*https://oreil.ly/DPpt0*）上發布了一組我認為對成為 ML 工程師或資料科學家很重要的技能，如圖 11-2 所示。該列表幾乎涵蓋了工作流程的每個部分：查詢資料、建模、分布式訓練和設置端點。它甚至包括 Kubernetes 和 Airflow 等工具。

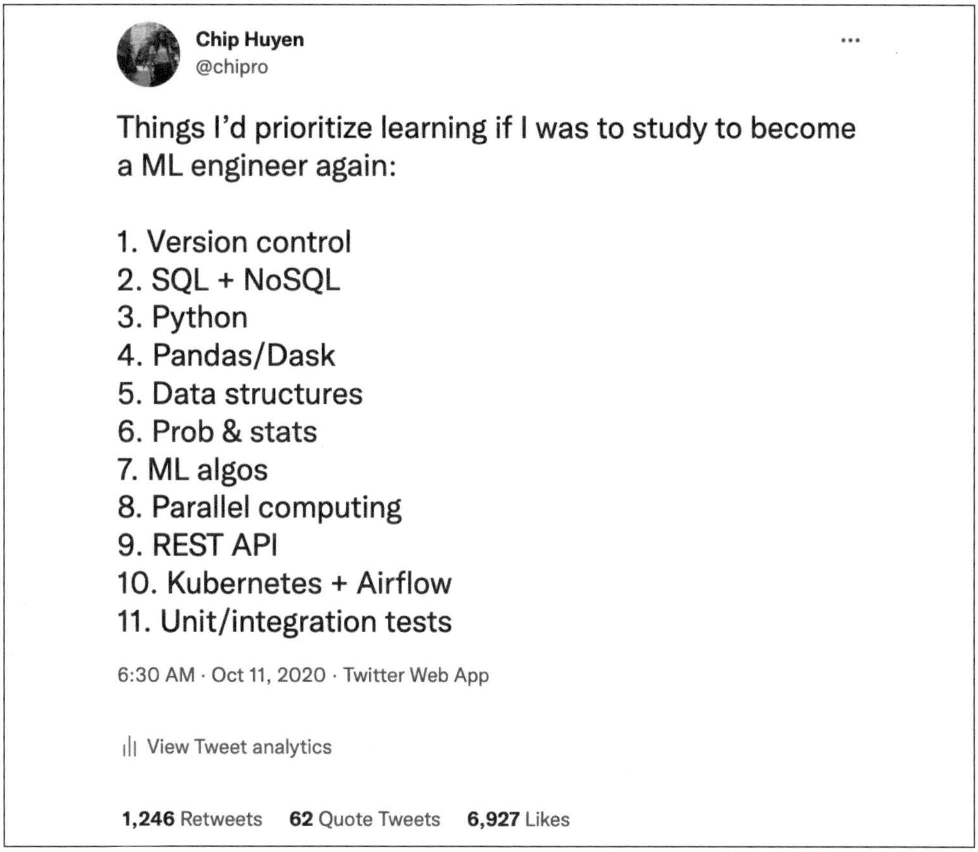

Chip Huyen
@chipro

Things I'd prioritize learning if I was to study to become a ML engineer again:

1. Version control
2. SQL + NoSQL
3. Python
4. Pandas/Dask
5. Data structures
6. Prob & stats
7. ML algos
8. Parallel computing
9. REST API
10. Kubernetes + Airflow
11. Unit/integration tests

6:30 AM · Oct 11, 2020 · Twitter Web App

View Tweet analytics

1,246 Retweets   **62** Quote Tweets   **6,927** Likes

圖 11-2　我曾認為資料科學家需要知道這所有的事

這條貼文似乎引起了受眾的共鳴。Eugene Y 還寫到資料科學家應該如何變得「更加端到端」[2]。Stitch Fix 的首席演算長 Eric Colson（他之前是 Netflix 的資料科學與工程副總裁）寫了一篇關於「全端資料科學通才的力量與按職能分工的危險」的帖子[3]。

當我寫那條貼文時，我相信 Kubernetes 是 ML 工作流程所需的元素。這來自於我對自己工作的挫敗感——如果我能更熟練地使用 K8s，我作為 ML 工程師的工作就會輕鬆得多。

然而，隨著我對低層基礎設施的了解越來越多，我意識到我們不該期望資料科學家了解它。基礎設施需要一套與資料科學截然不同的技能。理論上，你可以同時學習這兩套技能。實際上，你花在其中一套技能上的時間越多，意味著花在另一套技能上的時間就越少。我喜歡 Erik Bernhardsson 的比喻：期望資料科學家了解基礎架構，就像期望應用程式開發人員了解 Linux 核心的工作原理一樣[4]。我加入一家 ML 公司是為了花更多時間處理資料，而不是啟動 AWS 實例，編寫 Dockerfiles、排程 / 規模化集群，或為 YAML 配置文件除錯。

為了讓資料科學家負責整個過程，我們需要好的工具。換句話說，我們需要優良的基礎設施。那麼如果有一個抽象層，能讓資料科學家負責端到端流程，而不必擔心基礎設施，不就可以了？

如果我可以告訴這個工具：「這裡是我儲存資料的地方（S3），這些是程式碼運行的步驟（特徵化、建模），這裡是程式碼應該運行的地方（EC2 執行個體，無伺服器技術諸如 AWS Batch，Function 等），這裡是程式碼需要在每個步驟運行的東西（相依項）。」然後這個工具為我管理所有基礎設施的東西，不就可以了？

---

2 Eugene Yan，《Unpopular Opinion—Data Scientists Should be More End-to-End》，EugeneYan.com，2020 年 8 月 9 日，*https://oreil.ly/A6oPi*。

3 Eric Colson，《Beware the Data Science Pin Factory: The Power of the Full-Stack Data Science Generalist and the Perils of Division of Labor Through Function》，MultiThreaded，2019 年 3 月 11 日，*https://oreil.ly/m6WWu*。

4 Erik Bernhardsson 在 Twitter (@bernhardsson) 上發布，2021 年 7 月 20 日，*https://oreil.ly/7X4J9*。

根據 Stitch Fix 和 Netflix 的說法，全端資料科學家的成功依賴於他們的工具。他們需要「將容器化、分布式處理、自動故障轉移和其他高級電腦科學概念的複雜性形像化，讓資料科學家走到抽象層」的工具 [5]。

在 Netflix 的模型中，專才人員（最初負責專案一部分的人）首先創建工具來自動化他們的部分，如圖 11-3 所示。資料科學家可以利用這些工具，全盤掌握他們所負責的專案端點。

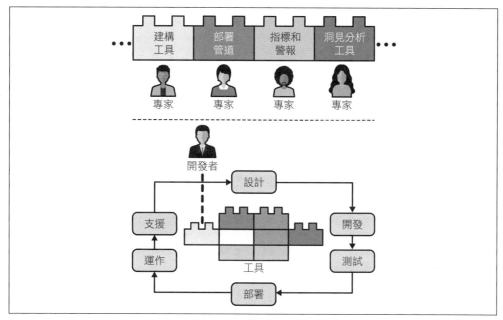

圖 11-3　Netflix 的全週期開發人員。資料來源：改編自 Netflix 的圖片 [6]

我們已經討論了 ML 系統如何影響用戶體驗，以及組織架構如何影響 ML 專案的生產力。在本章後半部分，我們將關注一個更為重要的考慮因素：機器學習系統如何影響社會，以及機器學習系統開發人員應該做些什麼，來確保他們開發的系統利大於弊。

5　Colson，《Beware the Data Science Pin Factory》。

6　《Full Cycle Developers at Netflix—Operate What You Build》，*Netflix Technology Blog*，2018 年 5 月 17 日，*https://oreil.ly/iYgQs*。

負責任的 AI

本節由 Montreal AI Ethics Institute（*https://montrealethics.ai*）創辦人兼首席研究員 Abhishek Gupta（*https://oreil.ly/AGJHF*）的慷慨相助編寫而成。他的工作重點是應用技術和政策措施，以構建合乎道德、安全和包容性的人工智慧系統。

如何讓智能系統負責任的問題，不僅與 ML 系統相關，也與通用人工智慧（AI）系統相關。AI 是一個更廣泛的術語，包括 ML。因此，在本節中，我們使用 AI 而不是 ML。

負責任的 AI，是指實踐設計、開發和部署 AI 系統時，具有良好的意圖和足夠的意識來向用戶賦權、建立信任、並確保對社會產生公平和正面的影響。它包括公平性、隱私、透明度和問責制度等領域。

這些術語不再停留於哲學思考層面，而是決策者和日常從業者該考慮的嚴肅課題。鑑於 ML 幾乎被部署到我們生活的方方面面，若系統不能合乎公平和道德，可能會導致災難性後果，如《*Weapons of Math Destruction*》（Cathy O'Neil，Crown Books，2016 年）一書所述，本書中的其他案例研究也有提到相關論點。

作為 ML 系統的開發人員，你不僅有責任考慮系統將如何影響用戶和整個社會，還有責任幫助所有利益相關者，在系統中正確實施道德倫理、安全性和包容性，以向用戶提供更負責任的機器學習系統。我們將簡介這方面的不足會引致什麼後果。我們將從兩個不幸的 ML 公開失敗案例開始。然後，我們將為資料科學家和 ML 工程師提出一個初步框架，以選擇對建立負責任 ML 系統最有幫助的工具和指南。

免責聲明：負責任的 AI 是一個複雜的主題，相關文獻越來越多，除了足以自成一本專書，亦能散見於其他著作中。本節絕非詳盡指南。我們只是為 ML 開發人員提供概覽，以有效瀏覽該領域的發展。在此我強烈建議有興趣進一步了解的讀者查看以下資源：

- NIST 特別刊物 1270：Towards a Standard for Identifuing and Managing Bias in Artificial Intelligence（*https://oreil.ly/Glvnp*）

- ACM 有關公平性、責任和透明度的會議（ACM FAccT）刊物（*https://facctconference.org*）

- Trustworthy ML 的推薦資源和基礎論文列表（*https://oreil.ly/NmLxU*），適用於想要了解更多有關可信賴 ML 的研究人員和業者

- Sara Hooker 關於機器學習公平性、安全性和監管的精彩簡報（*https://oreil.ly/upBxx*）（2022）

- Timnit Gebru 和 Emily Denton 關於公平性、問責制度、透明度和道德倫理的教學（*https://oreil.ly/jdAyF*）（2020）

不負責任的 AI：案例研究

我們將看看人工智慧系統的兩個失敗事例，這些事例對系統用戶和開發系統的組織均造成嚴重傷害。我們將追蹤組織所犯下的錯誤，以及從業人員有什麼可行方案來避免失敗。在我們深入研究負責任 AI 的工程框架時，要先了解這些要點。

在 AI Incident Database（*https://incidentdatabase.ai*）中，還有其他有趣的「AI 事件」範例。請記住，雖然以下兩例和其他記錄在 AI Incident Database 中的事例引起了注意，更多不負責任的 AI 事件還在悄然無聲地發生。

案例研究一：評分者的偏差被自動化

在 2020 年夏天，由於 COVID-19 大流行，英國取消了高風險的大學入學考試 A level。英國教育和考試監管機構 Ofqual 批准使用自動化系統，為學生分配 A-level 最終評級，而無須他們參加考試。Ada Lovelace Institute 的 Jones 和 Safak 表示：「Ofqual 最初以學校之間的不公平、不同世代間的不可比性以及評級膨脹導致的成績貶值為由，拒絕了基於教師評核的學生評級。Ofqual 推測，更公平的選擇是結合以前的成績資料和教師評核來分配成績，並使用特定的統計模型，一種『演算法』」[7]。

然而，該演算法發布的結果被證明是不公正和不可信的。他們很快引起了社會大眾的強烈抗議，要求取消它，數百名學生在抗議中大聲疾呼[8]。

7　Elliot Jones 和 Cansu Safak，《Can Algorithms Ever Make the Grade?》，*Ada Lovelace Institute Blog*，2020 年，*https://oreil.ly/ztTxR*。

8　Tom Simonite，《Skewed Grading Algorithms Fuel Backlash Beyond the Classroom》，*Wired*，2020 年 8 月 19 日，*https://oreil.ly/GFRet*。

是什麼引起了社會大眾的強烈抗議？乍看之下，似乎是該算法的效能不佳。Ofqual 表示，他們的模型在 2019 年的資料上進行了測試，A-level 科目的平均準確率大約為 60%[9]。這意味著他們預期了該模型分配出來 40% 的成績與學生的實際成績不同。

雖然模型的準確度似乎很低，但 Ofqual 辯稱，演算法與真人評分員的準確度大致相當。將考官給出的成績與高級考官給出的成績進行比較時，一致性也在 60% 左右[10]。各級真人考官和算法的準確性，暴露了單時間點評核學生的潛在不確定性[11]，進一步加劇社會大眾的失望。

如果你從頭閱讀本書至此，你就會知道，不夠細分的準確度並不足以評估模型的效能，尤其是對於一個效能影響這麼多學生未來的模型而言。仔細研究該演算法就會發現，在設計和開發該自動評分系統的過程中，至少存在三個主要失敗點：

- 未能設定正確的目標
- 未能執行細分的評估，以發現潛在偏差
- 未能做出型號透明

我們將詳細介紹這些失敗點。請記住，即使解決了這些問題，社會大眾仍可能對自動評分系統感到不滿。

失敗 1：設定錯誤的目標。我們在第 2 章中提過，ML 專案的目標將如何影響其最終效能。在開發一個給學生評分的自動化系統時，你可能會認為該系統的目標是「為學生評分的準確性」。

然而，Ofqual 似乎選擇優化的目標是在學校之間「保持標準」，也就是說模型的預測成績要與每所學校的歷史成績分布匹配。Ofqual 想要的算法是，如果學校 A 過去平均而言優於學校 B，學校 A 的學生也應該比學校 B 的學生獲得更高的成績。Ofqual 優先考慮學校之間的公平性，而不是學生之間的公平性。他們選了著重學校層面正確成績的模型，而不是著重個人層面正確成績的模型。

---

9   Ofqual，《Awarding GCSE, AS & A Levels in Summer 2020: Interim Report》，Gov.uk，2020 年 8 月 13 日，*https://oreil.ly/r22iz*。

10   Ofqual，《Awarding GCSE, AS & A levels》。

11   Jones 和 Safak，《Can Algorithms Ever Make the Grade?》。

基於這個目標，歷史上表現不佳的學校中表現優異的群體，被該模型不按比例的降級了。歷史上較多 D 級學生的 A 級生，被降至 B 級和 C 級[12]。

Ofqual 沒有考慮到這樣一個事實，即擁有更多資源的學校往往比資源更少的學校表現更好。透過將學校的歷史表現前置於學生當前的表現，這個自動評分器懲罰了來自低資源學校的學生，這些學校往往有更多來自貧困背景的學生。

失敗 2：不夠細化的模型評估，以致難以發現偏差。 歷史上差表現學校學生的偏差，只是該模型在結果公開後被發現的眾多偏差之一。自動評分系統將教師的評核作為輸入考慮在內，但未有解決教師對於不同人口群體有不一致評核的問題。它還「沒有考慮（根據）2010 年 Equalities Act，對某些受保護群體的多重不利影響，他們因為教師的低期望，（和）某些學校普遍存在的種族歧視，而處於雙重／三重不利地位」[13]。

由於該模型考慮了每所學校的歷史表現，Ofqual 承認他們的模型沒有足夠的資料用於小型學校。對於這些學校，他們不使用這種算法來分配最終成績，而是只使用教師評核的成績。在實務上，這導致「私立學校的學生成績更好，他們的班級規模往往較小」[14]。

或者，我們可以這些透過公開發布的模型預測成績，進行細分評估，來發現這些偏差，以了解他們的模型對不同資料子集的效能——例如：評估模型的準確性時，可以先細分出不同規模學校的學生，以及有著不同背景的學生。

失敗 3：缺乏透明度。 透明度是建立系統信任度的第一步，但 Ofqual 未能及時公開其自動評分器的重要資訊。例如，到了公佈成績的那一天，他們才讓社會大眾知道他們系統的目標是維持學校之間的公平性。因此，在模型開發過程中，社會大眾無法表達對這個目標的憂慮。

還有，Ofqual 在教師提交評核和學生排名後才讓他們知道自動評分器將如何使用評核資料。Ofqual 的理由是，避免教師試圖改變他們的評核來影響模型的預測。Ofqual 選擇在成績發佈日當天，才公開確切模型，以確保每個人都能同時查明他們的成績。

12　Jones 和 Safak，《Can Algorithms Ever Make the Grade?》。

13　Ofqual，《Awarding GCSE, AS & A levels》。

14　Jones 和 Safak，《Can Algorithms Ever Make the Grade?》。

這些考慮背後的意圖是良好的，然而 Ofqual 決定一直不公開模型開發過程，這意味著他們的系統沒有得到足夠的獨立外部審查。任何以社會大眾信任為基礎運作的系統，都應該由社會大眾信任的獨立專家進行審查。英國皇家統計學會（RSS）在調查該自動評級機的開發過程時，對 Ofqual 組建負責評估該模型的「技術諮詢小組」表示擔憂。 RSS 指出：「如果沒有更強大的程序基礎來確保統計的嚴謹性，Ofqual 正在研究的問題也沒有更高的透明度。」[15] 則 Ofqual 統計模型的合理性值得懷疑。

這個案例研究表明，在構建一個可以對這麼多人產生直接影響的模型時，透明度的重要性，以及如果未能在正確的時間披露模型的重要資訊，會產生什麼後果。它還顯示了選擇正確目標進行優化的重要性，因為錯誤的目標（例如優先考慮了學校之間的公平性）不僅使你選擇了一個在正確目標上效能不佳的模型，這些偏差還會一直存在。

例子還說明了對於算法中什麼應該自動化、什麼不應該自動化，目前兩者之間的界限模糊不清。英國政府中肯定有人認為 A-level 評級由算法自動化是可以的，但也有可能爭辯說，由於 A-level 評級的潛在災難性後果，一開始就不應該自動化。在沒有更清晰的界限之前，將會有更多濫用 AI 算法的案例。只有投入更多的時間和資源，加上 AI 開發者、公眾和當局多方認真考量，才能實現更清晰的界限。

案例研究二：「匿名」資料的危險

這個案例研究對我來說很有趣，因為在這裡，算法並不是明確的罪魁禍首。相反，是接口和資料合集的設計方式，導致敏感資料被洩露。由於 ML 系統的開發在很大程度上依賴於資料的品質，因此蒐集用戶資料非常重要。學術研究社區需要存取高品質的資料集，來開發新技術。從業者和公司需要存取資料，以發現新的用例並開發新的 AI 驅動產品。

15　《Royal Statistical Society Response to the House of Commons Education Select Committee Call for Evidence: The Impact of COVID-19 on Education and Children's Services Inquiry》，皇家統計學會，2020 年 6 月 8 日，*https://oreil.ly/ernho*。

但是，蒐集和共享資料集可能會侵犯這些資料集所涉及用戶的隱私和安全。為了保護用戶，有人呼籲對個人身分資訊（PII）進行匿名處理。根據美國勞工部，PII 被定義為「允許透過直接或間接方式，合理推斷出資訊適用之個人身分的任何表示方式」，例如姓名、地址或電話號碼 [16]。

然而，匿名化可能無法滿足人們杜絕資料濫用與隱私侵害的期望。2018 年，線上健身追蹤器 Strava 發布了一張熱點圖，顯示了其全球用戶鍛煉（例如跑步、慢跑或游泳）的路徑。該熱點圖是根據 2015 年至 2017 年 9 月期間記錄的 10 億次活動匯總而成，涵蓋 270 億公里的距離。Strava 表示，所使用的資料已被匿名化，並且「不包括已標記為私人的活動和用戶定義為隱私區域的活動」[17]。

由於有軍事人員使用 Strava，儘管他們的公開資料是匿名的，但人們可以發現資料暴露了海外美軍基地活動的模式，包括「阿富汗的前沿作戰基地、土耳其駐軍在敘利亞的軍事巡邏，以及一宗可能發生在敘利亞俄軍作戰區域的警衛巡邏」[18]。圖 11-4 顯示了這些模式的例子。一些分析師甚至認為這些資料可能會揭示 Strava 用戶的姓名和心率 [19]。

那麼，匿名化在哪裡出了問題呢？首先，Strava 的默認隱私設置是「可選擇退出」，這意味著如果用戶不希望他們的資料被蒐集，則需要手動選擇退出。然而用戶指出，這些隱私設置並不總是清晰明瞭，可能出乎他們意料之外 [20]。一些隱私設置只能在 Strava 網站進行更改，而不能在其移動應用程式中進行更改。這道出了教育用戶了解隱私設置的重要性。更好的做法是，將「資料可選擇加入」（默認情況下不蒐集資料）作為默認設置，而不是「可選擇退出」。

16　《Guidance on the Protection of Personal Identifiable Information》，美國勞工部，*https://oreil.ly/FokAV*。

17　Sasha Lekach，《Strava's Fitness Heatmap Has a Major Security Problem for the Military》，*Mashable*，2018 年 1 月 28 日，*https://oreil.ly/9ogYx*。

18　Jeremy Hsu，《The Strava Heat Map and the End of Secrets》，*Wired*，2018 年 1 月 29 日，*https://oreil.ly/mB0GD*。

19　Matt Burgess，《Strava's Heatmap Data Lets Anyone See the Names of People Exercising on Military Bases》，*Wired*，2018 年 1 月 30 日，*https://oreil.ly/eJPdj*。

20　Matt Burgess，《Strava's Heatmap Data Lets Anyone See》；Rosie Spinks，《Using a Fitness App Taught Me the Scary Truth About Why Privacy Settings Are a Feminist Issue》，*Quartz*，2017 年 8 月 1 日，*https://oreil.ly/DO3WR*。

圖 11-4　根據 BBC News 分析創建的圖像 [21]

當 Strava 熱點圖的問題公開後，一些責任就轉移到了用戶身上。例如，軍事人員如何避免使用帶有 GPS 追蹤功能的非軍方發配設備，以及如何關閉定位服務 [22]。

21　《Fitness App Strava Lights Up Staff at Military Bases》，*BBC News*，2018 年 1 月 29 日，*https://oreil.ly/hXwpN*。

22　Matt Burgess，《Strava's Heatmap Data Lets Anyone See》。

然而，隱私設置和用戶的選擇只能解決問題的表面。更深一層的問題，是我們今天使用的設備不斷地蒐集和報告我們的資料。這些資料必須轉移並儲存在某個地方，這就為攔截和濫用資料創造了機會。與 Amazon、Facebook、Google 等公司的熱門應用程式相比，Strava 的資料少多了。Strava 的失誤或者暴露了軍事基地的活動，但其他隱私方面的失誤可能對個人甚至整個社會造成更大的危險。

蒐集和共享資料對於人工智慧等資料驅動技術的發展至關重要。然而，這個案例研究顯示了蒐集和共享資料的隱患，即使資料應該是匿名的並且是出於善意發布的。蒐集用戶資料的應用程式開發人員必須明白，他們的用戶可能不具備為自己選擇正確隱私設置的技術知識和隱私意識，因此開發人員必須積極主動地將正確設置設為默認設置，即使要付出所蒐集的資料變少的代價。

為負責任 AI 設置框架

在本節，我們將為你作為一名 ML 從業人員打好基礎，以審核模型行為，並制定最能幫助你滿足專案需求的指南。此框架不足以滿足所有用例。在某些應用程式中，無論你遵循哪種框架，AI 的使用可能完全不合適或不道德（例如決定刑事判決、預測性警察活動）。

發現模型偏誤的來源

作為一直關注 ML 系統設計討論的人，我們知道偏誤會在整個工作流程中蔓延到系統中。我們的第一步是要發現這些偏誤如何潛入。以下是不同資料來源的一些範例，但請記住，此列表遠非詳盡無遺。偏誤可能來自項目生命週期中的任何步驟，使得這個問題難以被克服。

訓練資料

用於開發模型的資料是否代表模型將在現實世界中處理的資料？否則，模型的偏誤可能會出現於訓練資料中較少資料的用戶組。

標籤

如果你使用標記人員來標籤你的資料，你如何衡量這些標籤的品質？你如何確保人員遵循標準指南，而不是依靠主觀經驗來標籤你的資料？標記人員越依賴於他們的主觀經驗，人類偏誤的空間就越大。

特徵工程

你的模型是否使用任何包含敏感資訊的特徵？你的模型是否會對一小部分人產生差別影響？「當選擇過程對不同群體產生截然不同的結果時，即使它看起來是中性的，也會產生差別影響。」[23] 當模型決策依賴於與受法律保護階層（例如，種族、性別、宗教習俗）相關的資訊時，即使這些資訊未直接用於訓練模型，也會發生這種情況。例如，如果招聘過程利用了與種族相關的變數（例如郵政編碼和高中文憑），則可能會因種族而產生差別影響。為了減輕這種潛在的差別影響，你可能需要使用 Feldman 等人在「Certifying and Removing Disparate Impact」提出的差別影響去除技術（*https://oreil.ly/a9vxm*），或使用 AI Fairness 360（*https://oreil.ly/TjavU*）研發的功能 DisparateImpactRemover（*https://oreil.ly/6LyA8*）。你還可以使用 H2O 研發的 Infogram 方法（*https://oreil.ly/JFZCL*），識別變數中隱藏的偏誤（然後可以從訓練集中刪除）。

模型的目標

你是否使用對所有用戶公平的目標來優化你的模型？例如，你會否優先考慮模型針對所有用戶的效能，讓模型偏向於大多數用戶群組？

評估

你是否進行了充分的、細分的評估，以了解模型在不同用戶組上的效能？這部分在「切片式評估」（第 187 頁）有提及。要進行公平、充分的評估，首先要有公平、充分的評估資料。

了解資料驅動方法的局限性

ML 以資料驅動的方法解決問題。切記，僅僅了解資料是不夠的。資料涉及現實世界中的人，需要考慮社會經濟和文化方面的問題。我們需要更好了解因過度依賴資料而引起的盲點。這通常意味著我們要打破組織內外的學科和職能界限，將未來系統影響者的生活經驗也加到我們考慮之列。

例如，要建立一個公平的自動評級系統，必須與領域專家合作，以了解學生的人口分布以及社會經濟因素如何反映在歷史表現資料中。

---

23 Michael Feldman、Sorelle Friedler、John Moeller、Carlos Scheidegger 和 Suresh Venkatasubramanian，《Certifying and Removing Disparate Impact》，*arXiv*，2015 年 7 月 16 日，*https://oreil.ly/FjSve*。

了解不同需求之間的權衡

在構建 ML 系統時，你可能希望該系統具有不同的屬性。例如，你可能希望系統具有低推理時延，這可以透過模型壓縮技術（如剪枝）獲得。你可能還希望模型具有較高的預測準確性，這可以透過添加更多資料來實現。你可能還希望模型公平透明，模型和用於開發該模型的資料可供公眾審查。

ML 文獻通常做出優化單一屬性（如模型準確性）的不實際假設，以使所有其他屬性保持不變。人們可能會假設該模型的準確性或時延遲將保持不變，從而討論提高模型公平性的技術。但實際上，改善一種屬性可能會導致其他屬性的性能下降。以下是這些權衡的兩個範例：

隱私與準確性的權衡

根據維基百科，差分隱私是「一個資料共享手段，可以實現僅分享可以描述資料庫的一些統計特徵、而不公開具體到個人的訊息。差分隱私背後的直觀想法是：如果隨機修改資料庫中的一個記錄造成的影響足夠小，求得的統計特徵就不能被用來反推出單一記錄的內容；這一特性可以被用來保護隱私」[24]。

差分隱私是一種用於 ML 模型訓練資料的流行技術。這裡的權衡是差分隱私可以提供的隱私級別越高，模型的準確性就越低。然而，這種準確性下降並非所有樣本一視同仁。正如 Bagdasaryan 和 Shmatikov（2019）指出的那樣，「對於代表性不足的階層和群體，差分隱私模型的準確性下降得更多」[25]。

小巧性與公平性權衡

在第 7 章中，我們詳細討論了模型壓縮的各種技術，例如修剪和量化。我們了解到，可以以最小的準確性成本以顯著降低模型的大小，例如以最小的準確性成本，將模型的參數數目減少 90%。

如果參數均勻分布在所有類別中，最小準確性成本確實是「最小」的，但如果成本只集中在幾個類別呢？在 Hooker 等人 2019 年的論文「What Do Compressed Deep Neural Networks Forget?」中，他們發現「權重數量完全不同的模型，具有可比的頂線效能指標，但在資料集的一個狹窄子集上，模

24　維基百科，s.v.《差分隱私》（differential privacy），*https://oreil.ly/UcxzZ*。

25　Eugene Bagdasaryan 和 Vitaly Shmatikov，《Differential Privacy Has Disparate Impact on Model Accuracy》，*arXiv*，2019 年 5 月 28 日，*https://oreil.ly/nrJGK*。

型行為有很大差異」[26]。例如：他們發現當受保護的特徵（例如性別、種族、殘疾）處於分布的長尾時，壓縮技術會放大算法的危害。也就是說壓縮會不按比例的影響代表性不足的特徵[27]。

他們的另一個重要發現是，儘管所有評估的壓縮技術都具有不均勻的影響，但並非所有技術都具有相同水平的差別影響。根據他們的觀察，與量化技術到相比，修剪產生的影響要大得多[28]。

類似的取捨不斷被發掘出來。了解這些取捨很重要，這樣我們才能為 ML 系統做出明智的設計決策。如果你使用的是壓縮或差分隱私系統，建議分配更多資源來審核模型行為，以避免意外傷害。

早點行動

假設要在市中心建造一座新建築。一位承包商被要求建造一座能在未來 75 年內屹立不倒的建築。為了節省成本，承包商使用劣質水泥。擁有者不投放資源於監督過程，因為他們希望避免開銷以便快速行動。承包商繼續在那個破爛的地基上建造並按時完工。

一年之內，裂縫開始出現，看起來大樓可能會倒塌。市政府認定該建築存在安全隱患，要求拆除。最初，承包商決定節省成本，擁有者決定節省時間，最終花了擁有者更多的金錢和時間。

你可能經常在 ML 系統中遇到這種劇情。公司可能會決定繞過 ML 模型中的道德倫理問題以節省成本和時間，之後在成本大增時才發現風險，如上述 Ofqual 和 Strava 的案例研究。

26 Sarah Hooker、Aaron Courville、Gregory Clark、Yann Dauphin 和 Andrea Frome，《What Do Compressed Deep Neural Networks Forget?》，*arXiv*，2019 年 11 月 13 日，*https://oreil.ly/bgfFX*。

27 Sara Hooker、Nyalleng Moorosi、Gregory Clark、Samy Bengio 和 Emily Denton，《Characterising Bias in Compressed Models》，*arXiv*，2020 年 10 月 6 日，*https://oreil.ly/ZTI72*。

28 Hooker 等人，《Characterising Bias in Compressed Models》。

在 ML 系統開發週期中，你越早開始考慮該系統將如何影響用戶的生活，以及系統可能存在哪些偏誤，解決這些偏誤的成本就越低。NASA 的一項研究表明，對於軟體開發，錯誤成本在專案生命週期的每個階段都會增加一個數量級 [29]。

創建模型卡

模型卡是已訓練 ML 模型附帶的簡短文件，提供有關如何訓練和評估這些模型的資訊。模型卡還揭示了模型的預期使用環境及其局限性 [30]。根據模型卡論文的作者，「模型卡的目標是，在於標準化道德倫理的實踐與匯報，透過允許利益相關者比較候選部署模型。比較時不僅要跨傳統的評估指標，還要包括道德、包容性和公平性的考慮因素」。

以下列表改編自論文「Model Cards for Model Reporting」，以顯示你可能想要匯報的模型資訊 [31]：

- 模型詳細資訊：關於模型的基本資訊。

  — 模型開發者（個人或組織）

  — 模型日期

  — 模型版本

  — 模型類型

  — 關於訓練算法、參數、公平約束或其他應用方法和特徵的資訊

  — 有關更多資訊的論文或其他資源

  — 引用詳情

  — 授權條款

  — 向何處發送有關模型的問題或評論

29　Jonette M. Stecklein、Jim Dabney、Brandon Dick、Bill Haskins、Randy Lovell 和 Gregory Moroney，《Error Cost Escalation Through the Project Life Cycle》，NASA Technical Reports Server (NTRS)，*https://oreil.ly/edzaB*。

30　Margaret Mitchell、、Simone Wu、、Andrew Zaldivar、Parker Barnes、Lucy Vasserman、Ben Hutchinson、Elena Spitzer、Inioluwa Deborah Raji 和 Timnit Gebru，《Model Cards for Model Reporting》，*arXiv*，2018 年 10 月 5 日，*https://oreil.ly/COpah*。

31　Mitchell 等人，《Model Cards for Model Reporting》。

- **預期用途**：在開發過程中設想的用例。

  —主要預期用途

  —主要目標用戶

  —超出範圍的用例

- **因素**：因素可能包括人口群體或表型群體、環境條件、技術屬性或其他。

  —相關因素

  —評估因素

- **指標**：應選擇反映模型對現實世界的潛在影響指標。

  —模型效能制定

  —決策門檻

  —差異方法

- **評估資料**：卡片上資料集的詳細資料。用於量化分析。

  —資料集

  —動機

  —預處理

- **訓練資料**：在實踐中可能無法提供。如果可以的話，此部分應該對應評估資料的部分。如果不可能提供此類詳細資訊，則應在此處提供最低許可限度的資訊，例如訓練資料集中各種因素的分布詳細資訊。

- **量化分析**

  —單一結果

  —交叉結果

- **倫理考慮**

- **注意事項和建議**

模型卡是提高 ML 模型開發透明度的一步。在模型使用者與模型開發者不同的情況下，它們尤其重要。

請注意，每當更新模型時，都需要更新模型卡。對於經常更新的模型，如果要手動創建模型卡，這會給資料科學家帶來相當大的工作量。因此，擁有自動生成模型卡的工具非常重要，可以利用 TensorFlow（*https://oreil.ly/iQtrS*）、Metaflow（*https://oreil.ly/nucaZ*）或 scikit-learn（*https://oreil.ly/Yk16x*）等工具的模型卡生成功能，或團隊自行開發此功能。由於模型卡應追蹤的資訊與模型儲存庫應追蹤的資訊重疊，因此如果在不久的將來，模型儲存庫進化至能夠自動生成模型卡，我也不會感到驚訝。

建立減輕偏見的流程

構建負責任的 AI 是一個複雜的過程，過程越特別，出錯的空間就越大。對於企業來說，建立系統化的流程以使他們系統「負責任」是很重要的。

你可能想要創建一個內部工具組合，以供不同的利益相關者輕鬆存取。大公司的工具集可作參考。例如，Google 發布了負責任 AI 的最佳實踐建議（*https://oreil.ly/0C30s*），IBM 也開源了 AI Fairness 360（*https://aif360.mybluemix.net*），其中包含一組指標、解釋和算法，以減輕資料集和模型的偏誤。你也可以考慮使用第三方審計。

留意負責任 AI 的最新發展

AI 是一個快速發展的領域。AI 中新的偏誤來源不斷被發掘出來，負責任 AI 面臨的新挑戰不斷出現。解決這些偏誤和挑戰的新技術正在積極開發中。了解負責任 AI 的最新研究是非常重要的。可以關注 ACM FAccT 會議（*https://oreil.ly/dkEeG*），Partnership on AI（*https://part nershiponai.org*），Alan Turing Institute 的公平性、透明度、隱私小組（*https://oreil.ly/5aiQh*），還有 AI Now Institute（*https://ainowinstitute.org*）。

小結

儘管 ML 解決方案具有其技術層面，但設計 ML 系統不能局限於技術領域。方案由人類開發，由人類使用，並在社會留下自己的印記。在本章，我們由前八章的技術主題轉向，並關注 ML 涉及人類一面。

我們首先關注機器學習系統的機率性、「大部分正確性質」和高時延如何以各種方式影響用戶體驗。機率性質會導致用戶體驗不一致，這會導致挫敗感：「嘿，我剛剛在這裡看到這個選項，現在我在任何地方都找不到它」。如果用戶無法輕鬆把這些預測糾正過來，則 ML 系統的大多數正確性質可能會使它變得毫無用處。為了解決這個問題，可以對於相同輸入，向用戶展示多個「最正確」預測，希望至少有一個是正確的。

構建 ML 系統通常需要多種技能組合，而組織可能想知道如何分配這些所需的技能組合：讓具有不同技能組合的不同團隊參與進來，或者期望同一個團隊（例如，資料科學家）擁有所有技能。我們探討了這兩種方法的優缺點。第一種方法的主要缺點是溝通成本開銷。第二種方法的主要缺點是，很難聘請到能夠承擔起端到端開發 ML 系統過程的資料科學家。即使他們可以，他們也未必樂意。然而，如果為這些端到端資料科學家提供足夠的工具和基礎設施，則第二種方法可能是可行的，這是第 10 章的重點。

本章以負責任的 AI 作結，我認為這是本書最重要的主題。負責任的 AI 不再只是一個抽象概念，而是當今 ML 行業的基本實踐，值得採取緊急行動。將道德原則融入模型建立和組織實踐中，不僅可以幫助你脫穎而出，成為專業和走在最前的資料科學家和 ML 工程師，還可以幫助你的組織贏得客戶和用戶的信任。隨著越來越多的客戶和用戶強調他們對負責任 AI 產品和服務的需求，你的組織也可因此獲得市場競爭優勢。

重點是，不要把負責任 AI 視為滿足組織合規性要求的例行公事。本章中提出的框架，確實幫助你滿足組織的合規性要求，但它不能取代「當初應否構建該產品或服務」的批判思考過程。

結語

哇，你做到了！你剛剛閱讀完 100,000 字和 100 多幅插圖，此書由一位以英語為第二語言的作家撰寫，是一本相當技術性的書。在許多同事和導師的幫助下，我非常努力地完成了這本書，我很感激你從眾多書籍中選擇了它。我希望你從本書所得會讓你的工作變得輕鬆一些。

現在我們擁有的最佳實踐和工具，已經有許多意想不到的 ML 用例影響著我們的日常生活。隨著工具成熟，具影響力的用例數量會隨著時間的推移而增加，這點是無庸置疑的，而你可能就是實現這個目標的一分子。我期待看到你實踐的成果！

ML 系統面臨很多挑戰。並非所有挑戰都有趣，但它們都是促進成長和發揮影響的機會。如果你想談論這些挑戰和機遇，請隨時與我聯繫。可以在 Twitter 上 @chipro 或透過電子郵件 chip@claypot.ai 找到我。

索引

※ 提醒您：由於翻譯書排版的關係，部分索引名詞的對應頁碼會和實際頁碼有一頁之差。

關於作者

Chip Huyen（*https://huyenchip.com*）是 Claypot AI 的聯合創始人兼 CEO，該公司正在開發用於實時機器學習的基礎設施。此前，她曾在 NVIDIA、Snorkel AI 和 Netflix 工作，協助一些全球最大的組織開發和部署機器學習系統。

在史丹佛大學就讀時，她創建並教授了《TensorFlow for Deep Learning Research》課程。她目前在史丹佛大學教授 CS 329S：機器學習系統設計。本書基於該課程的講義。

她還是四本暢銷越南語書籍的作者，包括系列作品《Xách ba lô lên và Đi》（Quảng Văn 2012，2013）。該系列在 2014 年被 FAHASA 評為十大讀者選擇之一。

軟件工程和機器學習的交叉領域是 Chip 的專業範疇。LinkedIn 將她列為 2019 年十大軟件開發發聲者（Top Voices in Software Development）之一，以及 2020 年資料科學與人工智慧的重要發聲者（Top Voices in Data Science & AI）之一。

譯者簡介

Arthur Cho 是密西根大學（University of Michigan）資訊學院應用資料科學碩士，在資料科學／機器學習產品管理領域擁有多年經驗。

出版記事

《設計機器學習系統》封面上的動物是紅腿鷓鴣（Alectoris rufa），也被稱為法國鷓鴣。

作為一種被馴化了幾個世紀的獵鳥，這種具經濟價值的雉科是原產於西歐大陸的非遷徙性物種，但其種群已經被引入到其他地方，包括英國、愛爾蘭和新西蘭。

紅腿鷓鴣相對較小但體型粗壯，具有華麗的色彩和羽毛圖案，背部呈淺褐色至灰色，肚子呈淺粉色，喉嚨呈奶油色，嘴巴呈鮮紅色，側面有紅棕色或黑色條紋。

牠們主要以種子、葉子、草和根為食，但也吃昆蟲。紅腿山鷓鴣每年在低地乾燥地區，如農田中繁殖，並在地面巢中下蛋。儘管牠們仍在大量繁殖，但由於過度狩獵和棲息地消失等原因，這些鳥現在被認為是接近瀕危的物種。像歐萊禮封面上的所有動物一樣，牠們對我們的世界至關重要。

封面插圖由 Karen Montgomery 繪製，是基於《The Riverside Natural History》的古董線刻。

設計機器學習系統｜迭代開發生產環境就緒的 ML 程式

作　　者：Chip Huyen
譯　　者：Arthur Cho
企劃編輯：蔡彤孟
文字編輯：詹祐甯
特約編輯：王子旻
設計裝幀：陶相騰
發 行 人：廖文良

發 行 所：碁峰資訊股份有限公司
地　　址：台北市南港區三重路 66 號 7 樓之 6
電　　話：(02)2788-2408
傳　　真：(02)8192-4433
網　　站：www.gotop.com.tw
書　　號：A738
版　　次：2023 年 10 月初版
建議售價：NT$780

國家圖書館出版品預行編目資料

設計機器學習系統：迭代開發生產環境就緒的 ML 程式 / Chip Huyen
　　原著；Arthur Cho 譯. -- 初版. -- 臺北市：碁峰資訊, 2023.10
　　　面；　公分
　　譯自：Designing machine learning systems
　　ISBN 978-626-324-642-3(平裝)
　　1. CST：機器學習　2.CST：系統設計
312.831　　　　　　　　　　　　　　　　112016263

讀者服務

● 感謝您購買碁峰圖書，如果您對本書的內容或表達上有不清楚的地方或其他建議，請至碁峰網站：「聯絡我們」\「圖書問題」留下您所購買之書籍及問題。(請註明購買書籍之書號及書名，以及問題頁數，以便能儘快為您處理) http://www.gotop.com.tw

● 本書是根據寫作當時的資料撰寫而成，日後若因資料更新導致與書籍內容有所差異，敬請見諒。

● 售後服務僅限書籍本身內容，若是軟、硬體問題，請您直接與軟體廠商聯絡。

● 若於購買書籍後發現有破損、缺頁、裝訂錯誤之問題，請直接將書寄回更換，並註明您的姓名、連絡電話及地址，將有專人與您連絡補寄商品。